U0173395

高品质装饰混凝土及砂浆应用技术

廖　娟　张　涛　钟志强　编著

中国建筑工业出版社

图书在版编目（CIP）数据

高品质装饰混凝土及砂浆应用技术 / 廖娟，张涛，钟志强编著 .—北京：
中国建筑工业出版社，2019.10
ISBN 978-7-112-23656-5

Ⅰ. ① 高… Ⅱ. ① 廖… ② 张… ③ 钟… Ⅲ. ① 装饰混凝土-研究 ② 装
饰材料-砂浆-研究 Ⅳ. ① TU52

中国版本图书馆 CIP 数据核字（2019）第 081771 号

本书是关于"装饰混凝土及砂浆"的专业图书，主要内容包括超高性能混凝土
（UHPC）、彩色混凝土、清水混凝土、玻璃纤维增强混凝土（GRC）、透光混凝土、
发光混凝土等不同品种的装饰混凝土材料性能、相关制品制备工艺及生产技术、设
计与施工及工程应用等，具有先进性、适用性的特点。

本书可供从事装饰混凝土和建筑装饰设计的科研、设计、施工、生产技术人员
与管理人员阅读、参考。

责任编辑：张伯熙
责任设计：李志立
责任校对：焦　乐

高品质装饰混凝土及砂浆应用技术
廖　娟　张　涛　钟志强　编著
*
中国建筑工业出版社出版、发行（北京海淀三里河路9号）
各地新华书店、建筑书店经销
北京建筑工业印刷厂制版
天津安泰印刷有限公司印刷
*
开本：787×1092毫米　1/16　印张：19½　字数：485千字
2020年1月第一版　2020年1月第一次印刷
定价：45.00元
ISBN 978-7-112-23656-5
（33936）

高品质装饰混凝土及砂浆应用技术
编 委 会

主编单位：

中国建筑股份有限公司技术中心

    廖　娟　张　涛　王冬雁　梁艳芳　王宝华

    蔺喜强　张东华

参编单位：

中建科技有限公司深圳分公司

    钟志强　孔德宇　刘佳男

中建科技（深汕特别合作区）有限公司

    黄朝俊　李洪丰　强路路

深圳海龙建筑科技有限公司

    姜绍杰　张宗军　侯　军　李　朗

中国建筑第二工程局有限公司

    刘　培　王　荣　黄圣贤

上海共革建筑科技发展有限公司

    周兰清　李红智

前 言

装饰混凝土是一种具有一定装饰效果的混凝土，其品种繁多，有清水混凝土、彩色混凝土、纹理饰面混凝土、露骨料混凝土、发光混凝土、透光混凝土、水磨石、GRC、UHPC等品种，拥有装饰混凝土砌块、路面砖、混凝土瓦、混凝土墙板等工业化制品。

装饰混凝土集结构与装饰功能为一体，装饰砂浆作为混凝土薄层饰面的有效补充，其艺术表现形式多样。装饰混凝土通过色彩、质感、纹理、造型和不规则线条的创意设计，图案与颜色有机组合，结构与空间统一布局，形成自然独特的装饰风格和建筑效果，迎合了许多建筑大师和消费者自然、极简的价值理念，并广泛应用于城市剧院、博物馆、美术馆、别墅、住宅、河岸、桥梁、公园景观、城市家具、艺术品等领域。

装饰混凝土材料组成复杂、施工工艺、模板技术多样，设计创意层出不穷，近年来在国内发展较快，由于起步较晚，国内在设计、实施、理论研究方面还存在不足，应用技术相对繁杂、细碎、零散，系统性差，和国外高品质装饰混凝土存在一定差距。

本书编者在总结装饰混凝土多年研究成果的基础上，参考了大量国内外资料，结合工程实践经验，编写了这本著作。该著作在国内首次全面系统介绍了不同品种的装饰混凝土材料性能、制备工艺及生产技术、设计与施工等，不仅论述了超高性能混凝土、透光混凝土、发光混凝土等比较前沿的高品质装饰混凝土，还就装饰混凝土在建筑工业化方面的应用前景进行了探讨，希望该著作的出版能为我国高品质装饰混凝土的实施提供技术参考，同时也为我国高品质装饰混凝土的研究、应用和发展贡献一份力量。

本书由廖娟、张涛、钟志强总体策划，廖娟负责组织全书编写及统稿，王冬雁负责书稿审核，王宝华承担了本书大部分图表的编辑工作，各章执笔人具体分工如下：

第1章廖娟、钟志强、张涛，第2章廖娟，第3章廖娟、王荣、张东华，第4章孔德宇、廖娟、李红智，第5章孔德宇、黄朝俊、廖娟，第6章廖娟、黄朝俊，第7章廖娟、李洪峰，第8章至第13章廖娟，第14章周兰清、梁艳芳，第15章廖娟、王冬雁、王宝华，第16章姜绍杰、张宗军、刘培、侯军，第17章、第18章廖娟，第19章蔺喜强，第20章廖娟。

本书编写过程中，多处引用了国内外相关论文和书籍的内容，在参考文献中都标明了出处，在此向各位相关作者深表谢意。由于编者水平所限，本书的不足之处在所难免，希望同行专家和广大读者给予批评指正。

高品质装饰混凝土及砂浆应用技术编委会

2019 年 6 月

目 录

第1章　绪　　论

随着人们对建筑美学及城市景观艺术要求越来越高，建筑师对建筑饰面材料的应用手法更是层出不穷，如涂刷涂料、铺贴石材、瓷砖等，这些饰面做法不仅成本高，耗工耗材，而且随着使用期的延长，容易出现褪色、剥落、掉皮等问题，严重影响建筑物外观及安全性。为解决这一问题，各国开始发挥混凝土作为装饰材料的优点，使混凝土不仅能发挥承载功能，同时也在装饰工程领域发挥越来越重要的作用。

混凝土是目前世界上应用最为广泛的建筑材料之一，其材料已从简单的水泥、砂石演变成添加各种聚合物、纤维等材料来增加强度和韧性的多元组分，塑造形式也由以往的平面装饰开始走向立体化。装饰混凝土在尺寸、构造、颜色、造型等方面不像石材等材料那样受到资源、运输、加工、安装等方面的限制，装饰混凝土材料具有多样性和可塑性，可以充分发挥混凝土材质的装饰效果，国际建筑界众多建筑师通过色彩、质感、纹理、造型和不规则线条的创意设计，利用图案与颜色的有机组合，对装饰混凝土进行匠心独运的运用，使装饰混凝土形成独具特色的装饰风格，发挥其无尽的美学及空间表现力。

1.1　装饰混凝土概念及分类

装饰混凝土具有线条、图案、纹理、质感及色彩等艺术特性，是能起到一定装饰效果的混凝土。装饰混凝土材料构成丰富，在混凝土中添加任何新的元素都能将其固有形态发展为无限可能。装饰混凝土按颜色分为彩色混凝土、本色混凝土；按表面质感纹理分为光面饰面混凝土、纹理饰面混凝土和露骨料混凝土；按制品分为路面砖、装饰混凝土砌块（砖）、混凝土瓦和水磨石等；按材料分为彩色混凝土、清水混凝土、发光混凝土、透光混凝土、抛光混凝土、UHPC 和 GRC 等；按应用领域分为建筑装饰混凝土、道路装饰混凝土、城市景观装饰混凝土、家居和工艺品类装饰混凝土。

装饰混凝土可塑性强，色彩、纹理、构图均具有灵活性，其发展依赖于混凝土材料、模板技术、施工技术等相关技术，通过改变材料构成、模板技术、施工工艺、抛光和预涂装等表面处理方式，使混凝土表面呈现装饰性的线条、图案、纹理、质感及色彩，形成风格各异的设计组合，以满足建筑在装饰艺术方面的要求。如通过装饰模板、分割嵌条、混凝土表面缓凝处理等方法使混凝土表面形成不同的图案；将清水混凝土和彩色混凝土组合形成彩色清水混凝土；将发光混凝土和露骨料混凝土组合形成露骨料发光混凝土；将彩色混凝土和露骨料混凝土组合形成彩色露骨料混凝土等。

装饰混凝土具有自然质朴、装饰效果好、取材方便、成本低廉、便于施工等优点，是一种环境友好型的装饰材料，在国内外得到了广泛应用。装饰混凝土集结构与装饰功能为一体，可以与普通混凝土等基层结合作为饰面层使用，少数情况也可以单独作为结构构件使用，其优点是美观耐久又经济实用，减少现场抹灰，减轻建筑自重，省工省料，从根本上解决粉刷脱落问题，可广泛应用于城市雕塑、园林设施、道路、桥梁等，能显著提高装饰工程质量。

1.2 装饰设计要素构成

建筑装饰的最佳境界是自然环境和人造环境的高度统一与和谐，装饰混凝土的外观特性包括材料的颜色、光泽、质感、透明性、表面纹理、形状和尺寸等，装饰性是装饰混凝土的主要性能之一，是混凝土的外观特性给人的心里感觉效果，其装饰性可分为装饰混凝土结构的空间表现力（线条结构，曲面结构）、混凝土表面的色彩表现力、混凝土表面的造型表现力。混凝土表面色彩表现力主要通过不同着色处理方法并直接进行的混凝土外层装饰工艺来实现，混凝土表面造型表现力主要通过对混凝土外表面进行预处理的装饰工艺来实现。正确把握混凝土的装饰性，对其装饰设计要素正确运用，使选用的材料特性与装饰需求相吻合，从而发挥出混凝土应有的装饰效果。

1. 色彩与图案

现代建筑中，材料色彩是构成人造环境的重要内容，对建筑物外部色彩的选择，既要考虑建筑物的规模、环境和功能等因素，还要考虑与周围环境相协调，力求构成一个完美的色彩协调的环境整体。庞大的高层建筑宜采用稍深的色调，使之与蓝天衬托出庄重和深远；小型民用建筑宜采用淡色调，使人不致感觉矮小和零散，同时还能增加环境的幽雅性。对建筑物内部色彩的选择，不仅要从美学上考虑，还要考虑色彩功能的的重要性，合理应用色彩，使色彩能对人生理上、心理上均能产生良好的效果。室内宽敞的房间宜采用深色调和较大图案，房间小的可有意识利用色彩远近感来扩伸空间，采用暖色能使人感到热烈、兴奋、温暖，采用冷色则让人感到宁静、优雅、凉爽。

混凝土色彩的应用应追求统一中求变化，与整体景观相协调的同时，利用视觉上的冷暖节奏变化以及轻重节奏的变化，打破色彩过于千篇一律的沉闷感，做到稳定而不沉闷，鲜明而不俗气。例如在活动区尤其是儿童游戏场，可使用色彩鲜艳的铺装，造成活泼、明快的气氛；在安静休息区域，可采用色彩柔和素雅的铺装，营造安宁、平静的气氛；在纪念场地等肃穆的场所，宜配合使用沉稳的色调[1]。

装饰混凝土的图案主要通过压花法、装饰衬模法、分隔嵌条、镶嵌图案、拼花、露骨料对比法等构图方法实现。压花法效果如图 1-1 所示，施工工艺见第 4.4 节 4. 内容；装饰衬模法是在混凝土刚性模板表面粘贴或放置一层带纹理或图案的衬模，将衬模表面的复杂纹理复制到混凝土表面，待混凝土硬化脱模后，混凝土表面便形成立体装饰图案，依靠混凝土表面凹槽和点光源投影形成视觉图像，随着光源方向发生变化从而带来影像效果（如图 1-2 所示）。

对于由不同颜色的彩色混凝土组合而成的图案装饰混凝土面层，可采用玻璃条、铝合金条（或铜条）作为分格条，单块分隔部分最大长度不超过 6m；简单图案的露骨料路面由不同颜色的骨料镶嵌形成简单图案的露骨料路面，复杂图案的露骨料路面通常采用立瓦条、铜条作为分格条分隔，卵石等骨料填充其中（如图 1-3 和图 1-4 所示）。

不同颜色的混凝土路面砖和彩色混凝土通过拼花，形成简单的图案（如图1-5和图1-6所示）。

图1-1　压花法

图1-2　装饰衬模法

图1-3　分隔铜条

图1-4　镶嵌图案

图1-5　路面砖拼花

图1-6　彩色混凝土拼花

将表面图案带缓凝功能的转印膜平铺在预制台模上，然后浇筑混凝土，混凝土预制件拆模后，使用高压水冲洗掉有图案部分上 0.5 ～ 2mm 的水泥浆皮，将细骨料暴露出来，骨料与混凝土表面已硬化的水泥浆皮的色差形成图案（如图1-7所示），其施工工艺具体见 6.2 节 2. 内容。

2. 光泽与透光性

光线照射到材料表面，材料表面能够反射出光线的状态称为光泽。材料表面的粗糙程

图1-7 混凝土缓凝转印图案

度决定了反射光的方向，越粗糙反射光越分散，越光滑反射光越呈定向反射，使材料表面具有镜面特征，形成镜面反射，因此混凝土表面越光滑其光泽度越高。不同的光泽度可改变混凝土表面的明暗程度，还可扩大视野或造成不同的虚实对比。可通过混凝土施工工艺及材料设计使混凝土表面产生光泽效果，体现出混凝土表面的水泥浆皮或骨料的光泽度。如采用抛光工艺制作抛光混凝土；采用清水模板工艺制作光面清水混凝土、镜面清水混凝土；采用加入具有光泽效果的玻璃或金属作为装饰混凝土骨料，通过一定工艺使装饰骨料暴露从而使混凝土表面产生光泽（如图1-8所示）。

光线透过材料表面穿透到另一面的性质称为透光性，用透明度表示。不同的透明度可隔断或调整光线的明暗，造成特殊的光学效果，也可使物像清晰或朦胧，实现不同的装饰效果。根据材料的透光性，一般的材料分为透明体、半透明体、不透明体。透明体可透光、透视，如玻璃等材料；半透明体透光、不透视，如透光混凝土（如图1-9所示）；不透明体不透光也不透视，如大多数装饰混凝土。

图1-8 玻璃水磨石　　　　　　　图1-9 透光混凝土

3. 质感与纹理

质感是材料的表面组织结构、花纹图案、颜色、光泽、透明性等给人的一种综合性感觉，如做工精细，冰冷且艺术的感觉，也指材料在真实表现质地方面形成一种视觉上的冲击效果，由此引起的审美感受，如做工精细，冰冷且艺术的感觉。质感可分为材料表面呈现的天然质感、经人工处理手段实现的人工质感。不同建筑材料的质地，材料的粗细、软硬程度、凹凸不平、花纹图案等所产生的综合感观可产生多样的设计效果，表现出富丽或质朴的不同感觉。质地粗糙的材料，使人感到淳厚稳重；质地细腻的材料，使人感觉精致、轻巧，因其表面能反射光线，从而给人一种接近明亮的感观效果。从大理石的冷感，到木材的暖意、玻璃的平滑，混凝土运用得自然，还会产生某种坚固耐久的效果。如普通混凝土灰冷、僵硬、粗糙，给人以单调乏味的感觉（如图 1-10 所示）；清水混凝土光滑、细腻，给人以丝绸般柔软的感觉（如图 1-11 所示）；抛光混凝土有较高的光泽度，则给人以玻璃质般的感觉（如图 1-12 所示）。

图 1-10　普通混凝土　　　图 1-11　清水混凝土　　　图 1-12　抛光混凝土

　　"纹理"一词出自《梦溪笔谈·异事》，"纹"最初是指乌龟壳上的纹路，"理"是指石材的纹路和细腻程度，纹理则泛指物体面上的花纹或线条、线形纹路。混凝土表面可通过模板或抹压、抛光、水洗露骨料等人工手段形成一定凹凸程度的纹理、质感。混凝土表面可做成各种不同的表面纹理，特殊的纹理在混凝土表面还能形成或拼镶成各种花纹图案，如山水风景画、人物画、仿木花纹等。

　　混凝土的纹理主要有线条纹理、仿材纹理、图像纹理、几何图形等几种类型。其中混凝土线条纹理主要由混凝土表面装饰的分格缝和表面凹凸线条构成的装饰效果（如图 1-13 所示）。

　　仿材纹理指模拟天然材料如各种毛石、卵石、粗糙的树皮、木材断面纹理、砖纹、席纹等纹理，同时采用与原来材料相同或相近的彩色的混凝土，使这种仿材纹理混凝土制品无论从纹理、色彩方面几乎能达到与原物体逼真的程度（如图 1-14 所示）。

　　几何纹理是由若干简单的纹理以一定的有规律形式重复排列构成复杂的纹理（如图 1-15 所示）。

图 1-13　线条纹理

图 1-14 仿材纹理

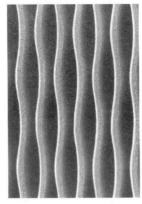

图 1-15 几何纹理

图像纹理则是指由纹理构成的图像，即可以是平面图形，也可以是平面立体浮雕。浮雕通常表现为混凝土仿砖雕图案，特殊的条纹纹理则利用光影成像原理形成一种图像纹理（如图 1-16 所示）。

图 1-16 图像纹理

4. 造型与尺寸

混凝土结构的形状和构件尺寸对装饰效果有很大影响，通过改变混凝土构件的形状及尺寸，满足不同建筑型体和线型的需要，能最大限度发挥混凝土的装饰性。如巴西利亚大教堂外形"线条"简洁，教堂内明亮宽敞，体现着现代气息，16 根抛物线状的混凝土支柱支撑起教堂的穹顶，支柱间用大块的彩色玻璃相接，远远望去如同皇冠，充分体现了混凝土的结构美。2001 年建成的密尔沃基飞翔的翅膀艺术新馆，混凝土构件作为基本元素反复叠加，现浇白色混凝土拱顺序成排，形成动态的悬臂顶盖。近观时，装饰线条艺术排列有序，在稍远处则显示出展翅飞翔的翅膀，生动诠释了装饰混凝土的艺术魅力。

混凝土构件尺寸之间的比例、尺寸关系及应用部位是决定线型和质感效果的重要因素。尺寸较大的构件，要求规矩挺拔的线型，如窗套、大的立面分格缝等（如图 1-17 所示）；用于室内的构件要适当纤细一些，用在室外构件尤其是体量较大的高层建筑，则可粗犷一些。

根据设计好的模板，混凝土可以浇筑为任意形状、任意尺寸的结构及构件，塑造个性化的建筑造型，如假山、长椅、仿树桩等造型的混凝土制品（如图 1-18 和图 1-19 所示），实现预期的建筑艺术效果[2]。

图 1-17　立面分格缝

图 1-18　混凝土圆管屋　　　　　图 1-19　混凝土仿树桩

普通混凝土需要配筋，体型庄严、厚重，通常以塑造凝重、庄重宁静的造型为代表，而一些新颖的轻薄造型则需要通过 GRC、UHPC 等材料来实现。GRC、UHPC 等特殊装饰混凝土具有较高的抗弯强度，不用配筋，无粗骨料，构件采用喷射及浇筑工艺即可实现轻盈、空透、轻薄的造型（如图 1-20 所示）。由于台湾无限循环形纪念碑地处沿海地区，建筑师使用了耐久性混凝土防止当地气候侵蚀并获得持续性的雕塑形态，混凝土纪念碑象征父母与子女的关系，通过绳结抬升与环绕最终连接成一个连续的结构，纪念碑厚重外壳下的中心钢管起到了减小横截面的作用（如图 1-21 所示）。

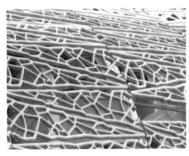
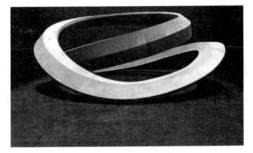

图 1-20　空透外墙造型　　　　图 1-21　无限循环形混凝土纪念碑

1.3　国内外发展现状

1824 年，英格兰的阿斯普丁发明了硅酸盐水泥；1849 年法国人朗波制造了第一只钢筋混凝土小船；1872 年第一所钢筋混凝土房屋在纽约建造完成，混凝土结构广泛应用于土木工程各个领域，目前已成为土木工程结构中最主要的结构。随着经济、技术和社会的发展，经过进一步的研究和创新，新型混凝土材料及其结构形式还在不断发展，混凝土在技术和审美上都取得了惊人的进步，新型混凝土几乎适应了所有的新挑战。新型装饰混凝土性能多样，品种繁多，既能做得和石材一样轻薄、光滑，又可以做得和糯米纸一样透明。新型装饰混凝土品种不断涌现，用途也更加广泛，应用逐渐从中低档建筑发展到高档建筑，在地面、路面、墙面、台面、城市家居及艺术品等领域均有涉及。

欧美发达国家非常注重装饰混凝土的设计和施工技术研究，国外装饰混凝土技术发展迅速，并逐渐分为室内装饰和室外装饰两个分支，室内装饰主要表现为种类繁多的水磨石、抛光混凝土、清水混凝土等应用（如图 1-22 所示），室外装饰主要表现为外墙设计、景观地面设计及各种特殊造型的装饰构件等应用。

图 1-22　清水混凝土在室内家装的应用

我国的装饰混凝土应用较晚，早期的建筑装饰通常采用对混凝土表面作拉毛或弹涂处理等施工手法来降低成本，如水刷石饰面、装饰砂浆饰面、水磨石饰面等，装饰混凝土产品的质量和应用技术水平相对落后，花色品种少，装饰效果差。20 世界 80 年代从国外引进的装饰混凝土艺术地面和装饰混凝土外墙挂板技术，极大地提升我国装饰混凝土产品的生产和应用技术[3]。随着经济的快速发展，建筑设计和建筑材料的品质逐步上升，装饰混凝土制造手法越来越多，出现了多样化的发展。装饰混凝土目前已拥有清水混凝土、抛光混凝土、彩色混凝土、露骨料混凝土、发光混凝土、透光混凝土、GRC、UHPC 等品种，并形成装饰混凝土预制墙板、路面板（砖）、混凝土瓦、装饰混凝土砌块等众多产品，其中装饰混凝土路面砖用量最大最广。装饰混凝土砌块在路面、护坡景观也有一定的应用。

　　除传统的室内外装饰外，装饰混凝土有着向城市家居、工艺品应用上延伸的趋势，甚至在 3D 打印技术方面展现了装饰混凝土外部造型的可变性。装饰混凝土工艺品具有装饰材料丰富多变的外形和清新自然的独特气质，获得越来越多人的喜爱，专家预测在未来 5~10 年中装饰混凝土工艺品的使用量将提高 3～5 倍，成为混凝土材料中一个重要的分类。混凝土 3D 打印技术是将 3D 打印与建筑施工有机结合起来的一种新型建造技术，其技术优势在于可以非常容易地打印出其他施工方式很难建造的高成本曲线造型，在装饰墙体板材、装饰构件、城市家具、小型公共建筑方面有着广阔的应用前景（如图 1-23 所示）。

图 1-23　3D 打印造型

1.4　装饰混凝土应用

　　城市建设方面，公共建筑的内外墙较多使用装饰混凝土，在欧美大量使用混凝土屋面瓦作为主要的屋面材料；在城市景观中路面砖应用很广泛，目前，亭台、雕饰、假山、花盆、雕塑等装饰混凝土小品、工艺品的应用也越来越多。

1. 建筑装饰混凝土

　　常用于建筑的装饰混凝土制品有装饰混凝土墙板、混凝土饰面板、混凝土瓦、装饰混凝土砌块等（如图 1-24 和图 1-25 所示）。传统灰色混凝土给人寒冷、厚重的感觉，通过在传统灰色混凝土中添加各种颜料可以使混凝土色彩变得丰富多彩，彩色混凝土因具有吸引力和动态感迅速发展起来。通常彩色混凝土基本构成为混凝土基层、彩色面层、保护层三个层面构造。它是在普通混凝土基层上进行面层着色强化处理，通过着色调、质感、纹理和不规则线条的创意设计，进行图案与颜色的有机组合，创造出各种天然大理石、花岗岩、砖、瓦、木地板等铺设效果，具有图形美观自然、色彩真实持久、质地坚固耐用等特点。

图 1-24　装饰混凝土围墙　　　　　　　图 1-25　装饰混凝土墙板

清水混凝土最早应用在 20 世纪初期，属于一次性浇筑成型的混凝土，成型后不做任何外装饰，表面平整光滑，色泽均匀，棱角分明，无污染，通过在混凝土表面涂刷透明保护剂，直接使用现浇混凝土的自然表面效果作为饰面，表现了质朴、天然、庄重，显示出一种最本质的美感，具有朴实、自然、沉稳的外观韵味。使用的清水混凝土代表人物是法国的勒•柯布西耶和日本的安藤忠雄，前者的代表作是位于法国东部浮日山区的朗香教堂（如图 1-26 所示），廊香教堂采用倾斜的弧形墙面及自由的曲面顶部，以一种非常规理性的形体塑造了建筑形象；后者的代表作是大阪府的住吉长屋（如图 1-27 所示），将混凝土运用到了高度精炼的层次，把原本厚重、表面粗糙的清水混凝土，转化成一种细腻精致的纹理，以一种绵密、近乎均质的质感来呈现，这所两层高的混凝土住宅获得很高的评价，多次得到日本建筑学会奖的肯定。

图 1-26　朗香教堂　　　　　　　　　　图 1-27　住吉长屋

匈牙利建筑师 Aron Losonzi 发明了光纤透光混凝土，并于 2003 年成功生产了第一块光纤透光混凝土砌块，一改传统混凝土沉闷厚重的状态，使室内环境显得更加轻盈明快和通透，还能为夜晚提供照明（如图 1-28 所示）。

1919 年混凝土瓦诞生于英格兰南部，其品种繁多、色彩丰富、使用年限长。一片瓦可以有单色甚至多种色彩叠加，造型多样，既有波纹瓦又有平板瓦，可设计优美的线条和造型，精心设计流水槽、瓦爪、榫槽等构造，混凝土瓦这些特点也给建筑设计师提供了无尽的创造空间（如图 1-29 所示）。

图 1-28　透光混凝土标牌

图 1-29　混凝土瓦屋面

2. 路面装饰混凝土

美国加利福尼亚的鲍曼先生是一位建筑师，1955 年他发明了世界上第一套混凝土压印装置及技术，研发定制砖纹图案并应用于自己建造的房子。这一发明对后来的纹理饰面混凝土产生了巨大的影响和推动力，使装饰混凝土成为当今世界上最经济耐用、最环保生态的天然资源替代材料之一，对于建设绿色环境、实现节能环保，以及实现人们对生活环境的个性化、艺术化追求具有越来越突出的应用价值。

混凝土路面砖最早来源于欧洲，有荷兰砖、西班牙地砖、S 形联锁地砖等品种，普通型路面砖透水、透气性差，影响城市水平衡系统、生态环境。随着我国海绵城市的兴起，近年来越来越多的透水型路面砖取代了普通型路面砖（如图 1-30 所示）。

图 1-30　混凝土路面砖

彩色露骨料混凝土也是一种特殊彩色混凝土，目前在市场上比较流行，其利用外加剂精确控制骨料暴露深度，使混凝土表面露出特殊装饰效果的骨料或玻璃、金属等材料，使混凝土表面与周围环境融合得更自然（如图 1-31 所示）。

图 1-31　彩色露骨料混凝土路面

装饰混凝土砌块（砖）品种繁多，主要用于路面、挡土墙、别墅、围墙、隔断等，在一些公共建筑外墙裙和立交桥的护坡上也得到应用，效果很好（如图 1-32 所示）。

图 1-32　装饰混凝土砌块墙

20 世纪 50 ～ 80 年代，我国国内传统水磨石在人民大会堂、军事博物馆、北京站、广播大厦、天文馆、自然博物馆等国家十大建筑工程中得到广泛应用，并大量出口。但随着市场需求的不断扩大，很多低劣产品涌入市场，严重影响水磨石的市场和口碑，以致水磨石的需求在一段时间内出现萎缩。近几年随着我国基础设施建设和建筑艺术的发展，性能及其装饰效果得到大幅度提高，高端产品的不断开发，相继有镜面水磨石、防静电水磨石、水泥人造石、玻璃水磨石等新产品出现，满足不同市场的需要，提高了水磨石的市场竞争力。

3. 混凝土小品

混凝土艺术作品迅速发展，但由于天然石材的资源限制，使全球越来越多的城市景观石材雕塑、大理石地面等被混凝土替代，越来越多的混凝土从普通建筑走向艺术制作，在此基础上诞生了装饰混凝土小品。装饰混凝土小品及技术可以用作建筑物内外墙表面的装饰面层，也可以广泛被用来设计制作生产精细造型艺术工艺品构件。通过对混凝土材料精心设计和施工，并进行一定的调色和表面处理来实现建筑的装饰效果或特定装饰功能的材料、产品。装饰混凝土小品的不同之处在于其工艺化、精细化、多样化，通过走进寻常百姓家，逐步替代部分木质家具、家庭装饰品、园林石材艺术小品，装饰混凝土制品甚至还包括灯具、电器、手机外壳等，发展前景广阔（如图 1-33 所示）。

图 1-33　混凝土小品

1.5　建筑工业化应用前景

装饰混凝土个性鲜明，形态各异，能实现多种彩色组合、多种图案组合和多种工艺的有机组合，使装饰混凝土无论在技术、工艺还是设计理念上永远保持领先的地位。装饰混凝土追求个性化定制依然是产品生产的重要方式。同时，装饰混凝土行业如果忽略工业化批量生产，仅仅满足个性化定制，必将陷入低水平徘徊增长的怪圈，两者齐头并进同步发展才是装饰混凝土前进的基本动力[1]，大力发展与装饰混凝土工业化相关的产品是很好的途径。

1. 建筑工业化发展概况

我国建筑业当前仍是一个劳动密集型、以现浇混凝土为主的传统产业，传统建造方式提供的建筑产品已不能满足人们对高品质建筑产品的美好需求，传统粗放式的发展模式已不适应我国已进入高质量发展阶段的时代要求。随着我国建筑发展形式发生转变，建设城市的概念不单单是追求现代化，而是更加注重绿色、环保、人文、智慧以及宜居性，装配式建筑具有符合绿色施工以及环保高效的特点，因此，全面推进装配式建筑发展成为建筑业的重中之重[4]。未来我国将以京津冀、长三角、珠三角三大城市群为重点，大力推广装配式建筑，用 10 年左右时间，使装配式建筑占新建建筑面积的比例达到 30%[5]。

以中建为首的一批国内知名企业已经开始积极的推广装配式住宅，开发工业化产品，并且有了一定的成果（如图 1-34、图 1-35 所示）。建筑工业化产品具有工期短、易标准化、绿色节能及节省人力成本等优点，将成为建筑业发展的主要方向之一[6]。

图 1-34　中建科技构件生产线

图 1-35　中建科技构件堆场

2. 装饰混凝土发展新机遇

随着装饰混凝土材料性能和制作工艺发展，装饰混凝土行业的工业化和产品化的趋势会更加明显，无论在尺寸、尺度上，还是在成品属性上，其影响已经超越混凝土材料。善于利用混凝土材料的特性，去追求混凝土材料本身的塑性能力，提高混凝土产品设计和制作的精细度[7]，可与建筑设计相得益彰。其产品的多样性，外在表达的多种变化，可以满足越来越多的设计要求，有效提高设计自由度，这必将激发建筑师更加高涨的热情和更广泛的兴趣。

建筑的装配式装修与装配式建筑同步发展，建筑墙体部品预制化，预制建筑部品的功能和装饰进行一体化集成生产。将装饰混凝土的制作直接植入到建筑部品中，通过工厂化预制生产可有效提高模具周转次数和利用率，可充分发挥其成本节约、质量保证、清洁生产等优势，随着我国经济水平的发展，行业的规范化，模板工程技术的不断完善与改进，建筑业的发展必然向工业化迈进，从而为装饰混凝土的发展开拓出一片广阔的应用前景。

另一方面，随着水磨石、混凝土地面砖、装饰混凝土砌块、装饰砂浆、透光混凝土砌块、混凝土瓦等标准化产品的推出，装饰混凝土的生产效率及产品质量都得到了很大提升，大幅度降低了产品造价及人员成本。通过标准化产品来实现不同的建筑设计效果，也是目前建筑工业化大发展一大趋势，在此背景下，装饰混凝土一定会迎来发展的新机遇。

3. 小结

本节结合我国目前建筑工业化发展的状况，以及正在大力推行的装配式建筑发展形势，阐释了装饰混凝土及砂浆在整个行业发展变革中发挥的重要作用，从而引导开发、设计、施工企业正确认识和合理应用装饰混凝土及砂浆，为装饰混凝土和砂浆在建筑工业化发展中的应用打开一扇崭新的大门。

参 考 文 献

[1] 李续业等.道路工程常用混凝土实用技术手册［M］.北京：中国建筑工业出版社，2008.

［2］丁大钧．混凝土结构与建筑造型［J］．武汉水利电力大学学报，39-45，1996 年 8 月，第 29 卷第 4 期．

［3］2016 年度装饰混凝土行业发展分析报告．

［4］仲继寿．我国建筑工业化的发展路径［J］．建筑，2018（10）：18-20．

［5］徐忠火．浅谈我国建筑工业化现状及建议［J］．四川水泥，2018（09）:345．

［6］仲继寿．对我国建筑工业化发展现状的思考［J］．动感（生态城市与绿色建筑），2017（01）:20-23．

［7］2017 年度装饰混凝土行业发展分析报告［J］．混凝土世界，2018（04）：62-68．

第2章 装饰混凝土基本材料组成

装饰混凝土材料组成具有多样性，通过不同的材料组合及配比设计，满足装饰混凝土所必需的强度、耐久性、色彩、质感、造型等要素。如混凝土的色彩可以通过不同的胶凝材料、骨料、颜料等材料配比设计组合，既可以采用水泥加颜料实现，也可以采用暴露混凝土彩色骨料实现。装饰混凝土基本组成材料为水泥、水、砂和石子、外加剂和掺合料。水、水泥形成水泥浆包裹在砂粒表面，填充砂粒间的空隙，再形成水泥砂浆包裹住石子，填充石子间空隙，砂和石作为骨料起骨架的作用（如图2-1所示）。骨料在混凝土及砂浆中除了起骨架的作用，其本身的粒形、级配、色彩还具有一定的装饰效果。水泥一般采用普通硅酸盐水泥、白色硅酸盐水泥、彩色硅酸盐水泥；掺合料多采用粉煤灰、矿渣粉、硅灰等；颜料以铁系无机颜料为主；GRC为避免玻纤后期强度下降，国内采取双保险的设计，通常采用耐碱玻纤作为增强材料，采用硫铝酸盐水泥作为胶凝材料。

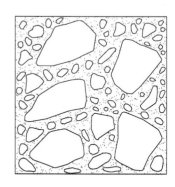

图2-1 普通混凝土结构示意图

2.1 水泥

1. 白色硅酸盐水泥

白色硅酸盐水泥（简称"白水泥"）由氧化铁含量较少的硅酸盐水泥熟料、适量石膏及水泥质量的 0～10% 规定的混合材料，磨细制成水硬性胶凝材料，代号 P·W。白水泥生产流程与普通硅酸盐水泥的基本相同，生产过程中严格控制水泥的铁含量。如，严格控制粉磨工艺及输送过程中引入的铁，选用灰分小或无灰分的燃料，采用优质的纤维石膏，提高硅酸三钙含量及水泥的粉磨细度，有利于提高水泥的白度。

白水泥 1 级白度值不低于 89，2 级白度值不低于 87，具体力学性能指标见表 2-1[1]。白水泥中 C_3S 与 C_3A 的含量比普通水泥高，使得白水泥具有早期硬化比较快，具有强度高、色泽洁白的特点，可配制各种彩色和白色灰浆、彩色水泥、砂浆及混凝土，主要应用于具有艺术性和装饰性的白色、彩色混凝土结构，如水磨石、仿大理石、斩假石等制品。

白水泥力学性能 表 2-1

强度等级	抗折强度（MPa）		抗压强度（MPa）	
	3d	28d	3d	28d
32.5	≥ 3.0	≥ 6.0	≥ 12.0	≥ 32.5

强度等级	抗折强度（MPa）		抗压强度（MPa）	
	3d	28d	3d	28d
42.5	≥ 3.5	≥ 6.5	≥ 17.0	≥ 42.5
52.5	≥ 4.0	≥ 7.0	≥ 22.0	≥ 52.5

2. 彩色硅酸盐水泥

简称彩色水泥，其力学性能如表 2-2 所示。彩色水泥按生产方式分为三大类：一类是在白水泥的生料中加入少量金属氧化物，直接烧成彩色水泥熟料，然后再加入适量石膏磨细而成，这种方法生产的彩色水泥色彩较均匀浓厚；另一类为白色水泥熟料、适量石膏和碱性颜料共同磨细而成，这种方法生产的彩色水泥着色剂用量较少，也可用工业副产品作为着色剂，成本较低，但彩色水泥色彩数量有限；还有一类是将颜料以干式混合的方法掺入白水泥或其他硅酸盐水泥中进行细磨，这种方法生产的彩色水泥生产方法较简单，色彩、数量较多，但色彩不易均匀，颜料用量较大。

彩色水泥力学性能 [2]　　　　　　　　　　　　表 2-2

强度等级	抗压强度（MPa）		抗折强度（MPa）	
	3d	28d	3d	28d
27.5	7.5	27.5	2.0	5.0
32.5	10.0	32.5	2.5	5.5
42.5	15.0	42.5	3.5	6.5

3. 普通硅酸盐水泥

普通硅酸盐水泥是由硅酸盐水泥熟料、5% ～ 20% 的混合材料及适量石膏磨细制成的水硬性胶凝材料，简称普通水泥 [3]。其初凝时间不小于 45min，终凝时间不小于 10 min，安定性合格，比表面积不小于 300 m^2/kg，力学性能如表 2-3 所示。

普通硅酸盐水泥力学性能　　　　　　　　　　表 2-3

强度等级	抗压强度（MPa）		抗折强度（MPa）	
	3d	28d	3d	28d
42.5	17.0	42.5	3.5	6.5
42.5R	22.0		4.0	
52.5	23.0	52.5	4.0	7.0
52.5R	27.0		5.0	

4. 硫铝酸盐水泥

硫铝酸盐水泥是以适当成分的生料，经煅烧所得以无水硫铝酸钙和硅酸二钙为主要矿物成分的熟料和少量石灰石、适量石膏一起磨细制成的水硬性胶凝材料[4]。该种水泥分为快硬硫铝酸盐水泥、低碱度硫铝酸盐水泥、自应力硫铝酸盐水泥。GRC采用低碱度硫铝酸盐水泥制作，其强度等级有32.5级、42.5级、52.5级，其物理性能、力学性能如表2-4和表2-5所示。

低碱度硫铝酸盐水泥物理性能　　　　　　　　　　　　　　表 2-4

项　　目		≥	指　　标
比表面积（m²/kg）		≥	400
凝结时间（min）	初凝	≥	25
	终凝	≤	180
碱度 pH 值		≤	10.5
28d 自由膨胀率（%）			0.00～0.15

低碱度硫铝酸盐水泥力学性能　　　　　　　　　　　　　　表 2-5

强度等级	抗压强度（MPa）		抗折强度（MPa）	
	1d	7d	1d	7d
32.5	25.0	32.5	3.5	5.0
42.5	30.0	42.5	4.0	5.5
52.5	40.0	52.5	4.5	6.0

5. 铝酸盐水泥

铝酸盐水泥是以铝酸盐为主的水泥熟料磨细而成的水硬性胶凝材料，代号 CA[5]。铝酸盐水泥的主要矿物组成有铝酸一钙（CA）、二铝酸一钙（CA_2）、七铝酸十二钙（C_2A_7）、钙铝黄长石（C_2AS）及六铝酸一钙（CA_6），其中铝酸一钙的含量约占70%，其化学成分如表2-6所示。该类水泥通常用于和硅酸盐水泥、石膏等材料制备装饰砂浆，其早期强度增长快、放热高（如表2-7和表2-8所示），色泽鲜艳，水化产物中的氢氧化铝凝胶能产生细腻、光泽的膜层，不易被水溶解，可有效降低装饰砂浆泛碱性，提高表面装饰效果。

化学成分（%）　　　　　　　　　　　　　　　　　　　　表 2-6

类型	Al_2O_3	SiO_3	Fe_2O_3	碱	S（全硫）	Cl^-
CA50	≥50且<60	≤9.0	≤3.0	≤0.50	≤0.2	
CA60	≥60且<68	≤5.0	≤2.0			≤0.03
CA70	≥68且<77	≤1.0	≤0.7	≤0.40	≤0.1	
CA80	≥77	≤0.5	≤0.5			

水泥凝结时间 表 2-7

类 型		初凝时间（min）	终凝时间（min）
CA50		≥ 30	≤ 360
CA60	CA60-Ⅰ	≥ 30	≤ 360
CA60	CA60-Ⅱ	≥ 60	≤ 1080
CA70		≥ 30	≤ 360
CA80		≥ 30	≤ 360

水泥胶砂强度 表 2-8

类型		抗压强度（MPa）				抗折强度（MPa）			
		6h	1d	3d	28d	6h	1d	3d	28d
CA50	CA50-Ⅰ	≥ 20*	≥ 40	≥ 50	—	≥ 3*	≥ 5.5	≥ 6.5	—
	CA50-Ⅱ		≥ 50	≥ 60	—		≥ 6.5	≥ 7.5	—
	CA50-Ⅲ		≥ 60	≥ 70	—		≥ 7.5	≥ 8.5	—
	CA50-Ⅳ		≥ 70	≥ 80	—		≥ 8.5	≥ 9.5	—
CA60	CA60-Ⅰ	—	≥ 65	≥ 85	—	—	≥ 7.0	≥ 10.0	—
	CA60-Ⅱ	—	≥ 20	≥ 45	≥ 85	—	≥ 2.5	≥ 5.0	≥ 10.0
CA70		—	≥ 30	≥ 40	—	—	≥ 5.0	≥ 6.0	—
CA80		—	≥ 25	≥ 30	—	—	≥ 4.0	≥ 5.0	—

* 用户要求时，生产厂家应提供试验结果。

2.2 矿物掺合料

矿物掺合料是以硅、铝、钙等一种或多种氧化物为主要成分，具有规定细度，掺入混凝土中能改善混凝土性能的粉体材料。混凝土常用的矿物掺合料主要有硅灰、矿渣微粉和粉煤灰等，在混凝土中加入不同掺量及品种的掺合料，可以提高混凝土强度，改善混凝土的抗泛碱性。

1. 粉煤灰

粉煤灰是煤粉炉烟道气体中收集的粉末。粉煤灰按煤种和氧化钙含量分为 F 类和 C 类。F 类粉煤灰是由无烟煤或烟煤燃烧收集的粉煤灰；C 类粉煤灰的氧化钙含量一般大于 10%，是由褐煤或次烟煤燃烧收集的粉煤灰。为避免混凝土返碱，装饰混凝土通常采用 F 类粉煤灰，其技术性能如表 2-9 所示。粉煤灰中的活性成分 SiO_2 和 Al_2O_3 等与水泥水化产物氢氧化钙发生化学反应，生成水化硅酸钙和水化铝酸钙等物质，从而改善浆体与骨料的界面结构。粉煤灰颗粒具有微骨料效应和形态效应，优质粉煤灰的颗粒大多呈微珠，粒径小于水泥，在混凝土中起到填充、润滑的作用，这两方面的共同作用使混凝土的用水量减少，和易性改善，从而提高混凝土的强度和耐久性。

用于混凝土和砂浆的 F 类粉煤灰理化性能要求 [6]　　　　　表 2-9

项　　目	理化性能指标		
	Ⅰ级	Ⅱ级	Ⅲ级
细度（45μm 方孔筛筛余）（%）	≤ 12.0	≤ 30.0	≤ 45.0
需水量比（%）	≤ 95	≤ 105	≤ 115
烧失量（Loss）（%）	≤ 5.0	≤ 8.0	≤ 10.0
含水量（%）	≤ 1.0		
三氧化硫（SO₃）质量分数（%）	≤ 3.0		
游离氧化钙质量分数（%）	≤ 1.0		
二氧化硅、三氧化二铝和三氧化二铁总质量分数（%）	≥ 70.0		
密度（g/cm³）	≤ 2.6		
安定性（雷氏法）（mm）	≤ 5.0		
强度活性指数（%）	≥ 70.0		

2. 矿渣粉

　　粒化高炉矿渣粉是以粒化高炉矿渣粉为主要原料，可掺加少量天然石膏，磨细成一定细度的粉体，其技术性能如表 2-10 所示。矿渣粉可以改善胶凝材料物理级配，改善混凝土界面结构，减少水泥初期水化物的相互连接，提高混凝土的综合性能。

用于混凝土和砂浆的矿渣粉理化性能要求 [7]　　　　　表 2-10

项　　目		级　　别		
		S105	S95	S75
密度（g/cm³）		≥ 2.8		
比表面积（m²/kg）		≥ 500	≥ 400	≥ 300
活性指数（%）	7d	≥ 95	≥ 70	≥ 55
	28d	≥ 105	≥ 95	≥ 75
流动度比（%）		≥ 95		
凝结时间比（%）		≤ 200		
含水量（%）		≤ 1.0		
三氧化硫（%）		≤ 4.0		
氯离子（%）		≤ 0.06		
烧失量（%）		≤ 1.0		
不溶物（%）		≤ 3.0		
玻璃体含量（%）		≥ 85		
放射性		$I_{Ra} \leq 1.0$ 且 $I_v \leq 1.0$		

3. 硅粉

硅粉是从冶炼硅铁合金或工业硅时通过烟道排出的粉尘，经收集得到的以无定形二氧化硅为主要成分的粉体材料。硅粉可以有效填充相对较大的水泥颗粒的孔隙，减少孔隙的体积，并和水泥水化产生的氢氧化钙反应生成水化硅酸钙凝胶，使混凝土更加密实，混凝土的耐久性得到大幅度提高，其具体性能如表 2-11 所示。

硅粉技术要求 [8]   表 2-11

项　　目	指　　标
总碱量（%）	≤ 1.5
SiO_2 含量（%）	≥ 85.0
氯含量（%）	≤ 0.1
含水率（%）	≤ 3.0
烧失量（%）	≤ 4.0
需水量比（%）	≤ 125
比表面积（BET 法）（m^2/g）	≥ 15
活性指数（7d 快速法）	≥ 105
放射性	$I_{Ra} \leq 1.0$ 且 $I_v \leq 1.0$
抑制碱骨料反应性（%）	14d 膨胀率降低值 ≥ 35
抗氯离子渗透性（%）	28d 电通量之比 ≤ 40

2.3　骨料

骨料按颜色分为普通骨料和彩色骨料，按粒径又分为粗骨料、细骨料，有连续级配的，也有分段级配的。一方面骨料在混凝土中起骨架及填充作用，能够有效地传递应力，同时抑制收缩，提高混凝土体积稳定性，满足混凝土力学性能、耐久性的要求；另一方面骨料在混凝土及砂浆表面外露，通过变换骨料本身的粒形、级配、色彩来满足装饰面层的要求。作为装饰功能用粗细骨料应选用坚硬洁净、粒形美观、不含有害杂质的普通骨料，对色彩有需求的可使用价格较高的彩色骨料。

装饰面层比较薄的选用粒径较小、表面平滑的骨料，如彩色砂浆装饰面层厚度一般为 2 ～ 3mm，其选用的骨料最大粒径一般不超过 2mm；装饰面层较厚的选用粒径较大、花型粗放的骨料。表面平滑的花型选用颗粒接近圆形的骨料，而凹凸纹理较深、表面粗糙的花型选用有棱角的骨料 [9]。装饰面要求是灰暗色调时，采用本色的普通骨料；装饰面要求形成天然色的混合效果时，可掺配有色差的小豆石；装饰面要求色艳、明快和质感效果时，采用彩色骨料。

1. 普通骨料

普通骨料多为青灰色，有天然形成无需加工的，也有天然岩石或卵石经破碎、筛分而成，主要用于混凝土基层、结构层，也可以用于装饰面层。

（1）普通细骨料

普通细骨料按砂来源可分为天然砂、人工砂。天然砂是自然形成的，经人工开采和筛分粒径小于 4.75mm 的岩石颗粒，包括河砂（如图 2-2 所示）、湖砂、山砂，淡化海砂；机制砂俗称人工砂，是经除土处理，由机械破碎、筛分制成的，粒径小于 4.75mm 的岩石、矿山尾矿或工业废渣颗粒[10]（如图 2-3 所示）。

砂按细度模数大小可分为粗、中、细三种规格，用于混凝土结构的砂主要质量指标有含泥量及有害物质含量、颗粒级配、坚固性及压碎指标，按技术要求分为 Ⅰ 类、Ⅱ 类、Ⅲ 类（如表 2-12 ～ 表 2-14 所示），Ⅰ 类砂宜用于强度等级大于 C60 的混凝土；Ⅱ 类砂宜用于强度等级大于 C30 ～ C60 及有抗冻、抗渗或其他要求的混凝土；Ⅲ 类砂用于强度等级小于 C30 的混凝土和建筑砂浆。

图 2-2　河砂

图 2-3　机制砂

① 砂含泥量及有害物质含量

含泥量及有害物质含量[10]　　　　　　　　　表 2-12

项　　目	指　　标		
	Ⅰ 类	Ⅱ 类	Ⅲ 类
含泥量（按质量计）（%）	< 1.0	< 3.0	< 5.0
泥块含量（按质量计）（%）	0	< 1.0	< 2.0
云母（按质量计）（%）	< 1.0	< 2.0	< 2.0
轻物质（按质量计）（%）	< 1.0	< 1.0	< 1.0
有机物（比色法）	合格	合格	合格
硫化物及硫酸盐（SO_3 质量计）（%）	< 0.5	< 0.5	< 0.5
氯化物（以氯离子质量计）（%）	< 0.01	< 0.01	< 0.01

② 砂的颗粒级配

砂的颗粒级配[10]　　　　　　　　　表 2-13

累计筛余（%） 级配区 方孔孔径	Ⅰ 区	Ⅱ 区	Ⅲ 区
9.5mm	0	0	0
4.75mm	10 ～ 0	10 ～ 0	10 ～ 0

续表

级配区 累计筛余（%） 方孔孔径	Ⅰ区	Ⅱ区	Ⅲ区
2.63mm	35～5	25～0	15～0
1.18mm	65～35	50～10	25～0
600μm	85～71	70～41	40～16
300μm	95～80	92～70	85～55
150μm	100～90	100～90	100～90

③ 砂的坚固性及压碎指标

砂的坚固性及压碎指标[10]　　　　　　　　　　表 2-14

项　目	指　标		
	Ⅰ类	Ⅱ类	Ⅲ类
质量损失（%）	＜ 8	＜ 8	＜ 10
单级最大压碎指标（%）	＜ 20	＜ 25	＜ 30

（2）普通粗骨料

普通粗骨料是粒径大于 4.75mm 的岩石颗粒[11]，按石来源可分为碎石、卵石。卵石由自然条件作用形成，表面光滑圆润，呈不规则的圆形或椭圆形（如图 2-4 所示）；碎石经机械加工而成，表面粗糙、有棱角，与水泥浆的粘结性好，可以提高混凝土强度，用于装饰面给人以粗犷的感觉（如图 2-5 所示）。用于混凝土结构的碎石、卵石主要质量指标有含泥量及有害物质含量、针、片状颗粒含量、压碎指标，按技术要求分为 Ⅰ 类、Ⅱ 类、Ⅲ 类（如表 2-15 ～表 2-17 所示）。

图 2-4 卵石　　　　　　　图 2-5 碎石

① 碎石、卵石含泥量、泥块含量和有害杂质含量

碎石、卵石含泥量、泥块含量和有害杂质含量[11]　　　　　　　表 2-15

项　目	指　标		
	Ⅰ类	Ⅱ类	Ⅲ类
含泥量（按质量计）（%）	＜ 0.5	＜ 1.0	＜ 1.5
泥块含量（按质量计）（%）	0	＜ 0.5	＜ 0.7

续表

项 目	指 标		
	Ⅰ 类	Ⅱ 类	Ⅲ 类
有机物（比色法）	合格	合格	合格
硫化物及硫酸盐（SO₃ 质量计）（%）	< 0.5	< 1.0	< 1.0

② 碎石、卵石的针、片状颗粒含量

碎石、卵石的针、片状颗粒含量[11]　　　　　　　　　　**表 2-16**

项 目	指 标		
	Ⅰ 类	Ⅱ 类	Ⅲ 类
针、片状颗粒含量（按质量计）（%）	< 5	< 15	< 25

③ 石子的压碎指标

石子的压碎指标[11]　　　　　　　　　　**表 2-17**

项 目	指 标		
	Ⅰ 类	Ⅱ 类	Ⅲ 类
碎石压碎指标	< 10	< 20	< 30
卵石压碎指标	< 12	< 16	< 16

2. 彩色骨料

骨料的选择关系到混凝土饰面效果，彩色混凝土除使用一般骨料外还可以使用品种繁多的彩色骨料，彩色骨料主要用于彩色露骨料装饰面，分为天然彩色骨料和人造彩色骨料。天然彩色骨料有各种颜色的石英砂、石碴、石屑、砾石及彩色卵石；人造彩色骨料有彩釉砂、着色砂、玻璃珠等品种。彩色骨料既可采用单一材质或品种的骨料，也可以复配不同材质或品种的骨料，以形成不同的色彩组合（如图 2-6 所示）。

图 2-6　不同粒径的彩色石碴

（1）石碴

又称石米或米石，由白云岩、玄武岩、大理岩、花岗岩、硅岩等岩石破碎加工而成，其粒径不大，属于细石及粗砂的一类细碎骨料，多用于水磨石、水刷石、干粘石、斩假石及装饰砂浆等。石碴色彩、粒径多样，其颗粒坚硬、有棱角、洁净，粗石碴表现粗犷、质感强烈，细石碴则趋于细腻。石碴通常按颜色规格分类堆放，具体要求如表2-18所示。

彩色石碴规格、品种及质量要求　　　　　　　　　　　　表2-18

编号	规格	粒径（mm）	常用品种	质量要求
1	大二分	约20	汉白玉、桂林白、松香黄、晚霞、蟹青、银河、雪云、齐灰、东北红、东北绿、丹东绿、盖平红、粉黄绿、玉泉灰、旺青、晚霞、白云石、云彩绿、红玉花、奶油白、竹根霞、苏州黑、黄花玉、南京红、雪浪、松香石、墨玉、曲阳红等	1. 颗粒坚韧有棱角，洁净，不含有风化石粒； 2. 使用时应冲洗过筛
2	一分半	约15		
3	大八厘	约8		
4	中八厘	约6		
5	小八厘	约4		
6	米粒石	0.3～1.2		

（2）彩色卵石

彩色卵石是一种纯天然的石材，指10～40mm形状圆滑的河川冲刷石，取自经历过千万年前的地壳运动后由古老河床隆起产生的砂石山中，在山洪冲击、流水搬运过程中不断的挤压、摩擦而形成。彩色卵石（如图2-7所示）主要用于装饰混凝土中水洗石、装饰卵石路面面层的铺设。

图2-7　不同规格的彩色卵石

（3）石屑

石屑比石碴粒径更小，呈细砂状或粗粉状，主要用于配制外墙喷涂饰面用聚合物砂浆，常用的有松香石屑、白云石屑等。

（4）石英砂

石英砂外观呈多棱形、球状，纯白色，$SiO_2 \geq 90\%$，采用天然的石英矿石经粉碎、筛选、水洗等工艺加工而成，具有机械强度高、截污能力强、耐酸性能好等特点。

（5）彩砂

彩砂分为天然彩砂、人工彩砂。天然彩砂是由天然矿石破碎筛分而成，呈黄褐色与白色相间，杂质色较多，产量大，价格便宜，不褪色[12]（如图 2-8 所示）；人工彩砂是人造着色细骨料，其粒径多为 5mm，色彩丰富，可以弥补天然彩砂色彩不鲜艳及色彩品种少等缺点。按其生产工艺不同，人工彩砂有染色砂、彩釉砂等，彩釉砂使用较多。彩釉砂经石英砂或白云石粒加颜料焙烧后，再经化学处理而成，其颜色均匀，色彩鲜艳，防酸、耐碱呈度较高（如图 2-9 所示）。染色砂用矿物颜料对石英砂或白云砂细粒表面人工着色而成，其砂粒色彩鲜艳、耐久性好。

图 2-8　天然彩砂　　　　　　　　　图 2-9　彩釉砂

（6）彩色瓷粒和玻璃

彩色瓷粒粒径为 1.2～3mm，采用石英、长石和瓷土为主要原料烧制而成，具有大气稳定性好、颗粒小、表面瓷粒均匀、饰面层薄、自重轻等优点（如图 2-10 所示）。也可采用废玻璃（如图 2-11 所示）或玻璃珠作为彩色骨料，玻璃珠即玻璃弹子，是一种新型建筑装饰材料，产品有各种镶色或花芯。各种彩色瓷粒和玻璃珠可镶嵌在装饰砂浆底层作为装饰面用，建筑物内墙面、檐口、腰线、外墙面、门头线、窗套等部位均可使用，当有阳光或灯光照射时，墙面光华四射，给人一种特别尊贵、豪华、典雅的感觉，有很好的装饰效果。

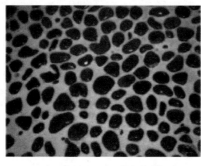 

图 2-10　彩色瓷粒　　　　　　　　图 2-11　彩色玻璃

2.4　颜料

颜料是彩色混凝土及砂浆中必不可少又极其重要的材料，其种类主要有天然颜料和人造颜料两大类。天然颜料多为矿物质颜料，天然颜料也分为有机颜料和无机颜料。有机颜料受到阳光照射会很快褪色，严重影响装饰效果，无机颜料的耐酸碱性、耐候性一般优于有机颜料。铁系无机颜料在一定的温度极限内是稳定的，超过它的温度极限，色泽就开始变化，随着温度的增加，变化的程度也越显著：如氧化铁黄超过 130℃逐渐变色为红相，氧化铁红超过 300℃逐渐变色为深红，氧化铁紫超过 400℃逐渐变色为深红，氧化铁黑超过 100℃逐渐变色为暗红，氧化铁棕超过 130℃逐渐变色为红相。为保持颜料色度与自然状态相接近，铁系无机颜料使用环境温度不宜超过 100℃。铁系无机颜料价格比较便宜，是彩色混凝土最常用的颜料，其优异的性能是其他无机颜料或有机颜料所不能兼有的。

1. 无机颜料种类

常用的无机颜料有氧化铁（可制红色、黄色、褐色、黑色），氧化铬（绿色），钴蓝（蓝色），群青蓝（蓝色）等（如图 2-12 所示）。除氧化铁蓝不耐碱外，这类颜料细度和着色力要求很高，与水泥混合时能均匀分散，避免形成色差，颜料的化学成分组成既不会被水泥影响，也不会对水泥的组成和性能起破坏作用，同时不含可溶性盐，在太阳辐射和大气干湿循环中能耐久不褪色（如表 2-19 所示）。

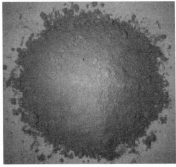

图 2-12 红黄绿颜料

氧化铁红的成份为三氧化二铁，它是铁氧化物中最稳定的化合物，具有着色强度高、耐酸碱、纯度高、热稳定性好、与应用体系中的其他成分兼容性好、可吸收紫外线特点，成本低廉。目前，在建筑业中偏爱使用棕黄色或土黄色，需要大量的铁黄来配色。氧化铁黄的化学成份为水合氧化铁，生产成本低 (仅为有机颜料的 1/5 ～ 1/10)，用量仅次于氧化铁红。氧化铁黄色泽带有鲜明而纯洁的赭黄色，有令人喜爱的淡色调，着色力强，耐光、耐碱、耐久性好，可吸收紫外线等良好性能。氧化铁黑化学成分是四氧化三铁，具有饱和的蓝墨光黑色，着色力强，对光和大气的作用十分稳定，耐碱性好，易分散，比炭黑比重大，可防止在体系中浮色，防渗性好。氧化铁红、氧化铁黄、氧化铁黑属于单色颜料，氧化铁橙、氧化铁棕则属于复合颜料，由两种或两种以上的单色铁系颜料与有机颜料经表面助剂处理后复合而成。如氧化铁橙用氧化铁黄和氧化铁红拼混而成，性能类似氧化铁棕；氧化铁棕用拼混或沉淀法制得，颜色由浅到深排列，其耐久性好，着色力强，无毒，能防止基料降解。

在彩色混凝土制品及砂浆中，氧化铁颜料添加量为 1%～ 10%，超过 10%则对混凝土的抗压强度有副作用，影响混凝土的凝固时间，用于混凝土的氧化铁一般为 4%～ 8%，同时氧化铁中不应含有铝、锌化合物，因为这些化合物会对混凝土的强度和凝固时间产生不利影响。

常用颜料及基本性能

表2-19

颜色	颜料名称	性质
白色	钛白粉（二氧化钛）	钛白粉的遮盖力及着色力都很强，折射率很强，化学性质稳定，性非常强，适用于室内外抹灰。钛白粉有两种：一种是金红石型二氧化钛，密度为4.26g/cm³，耐旋光性较差；一种是锐钛矿型二氧化钛，密度3.84g/cm³，耐旋光性较差，适用于室内抹灰。
黄色	氧化铁黄（含水三氧化二铁）俗称铁黄（土黄色）	遮盖力比任何其他黄颜料都高，着色力几乎与铬黄相等。耐光、耐大气影响，但不耐碱。是抹灰中既好又经济的黄色颜料之一。
黄色	铬黄（铬酸铅）俗称铅铬黄、柠檬黄	颜色从浅到深均有，铬黄颜色鲜艳，着色力高，遮盖力强，但不耐碱。可用于内、外抹灰。
紫色	氧化铁紫	紫红色，如市场无货，可用氧化铁红与群青配制代替。
红色	氧化铁红（三氧化二铁）俗称：红土、铁朱、西红	铁红、西红，有天然和人造两种，遮盖力和着色力强，有优越的耐光、耐高温、耐大气影响，耐污浊气体及耐碱，是较经济的红色颜料之一，可用于内外抹灰。
红色	甲苯胺红	为鲜红色粉末，遮盖力、着色力、耐光、耐酸碱，较经济的红色颜料之一。
蓝色	群青 俗称：云青、洋蓝、石头青、佛青	着色力高，在大气中无敏感性，耐热、耐光、耐酸碱，为半透明鲜艳的蓝色颜料，是一种既好又经济的蓝色颜料之一，一般用于高级装饰工程。
蓝色	钴蓝 学名：铝酸钴	由氧化钴、磷酸钴等氢氧化铝混合煅烧而成，为一种带绿光的蓝色颜料。耐热、耐光、耐酸碱性能较好，可用于内抹灰。
绿色	铬绿	是铬黄与普鲁士蓝的混合物。颜色变动较大，取决于两种成分比例的混合。遮盖力强，耐气候、耐光、耐热均好，但不耐酸碱，所以最好不要用石灰和水泥为胶凝材料的抹灰中。
绿色	群青与氧化铁黄配用	由于群青及氧化铁黄都能耐碱，所以在全绿色的抹灰中多用此两种颜料配用。
棕色	氧化铁棕	俗称：铁棕，是氧化铁红和氧化铁黄的机械混合物，有的产品还掺有少量氧化铁黄，可用于内外抹灰。
黑色	氧化铁黑 学名：四氧化三铁 俗称：铁黑	遮盖力、着色力都很强，（但不及炭黑）对阴光和大气的作用都很稳定，耐一切碱类，是一种既好又经济的黑色色颜料之一，适用于内外抹灰。
黑色	炭黑 俗称：乌烟	根据制造方法不同分为槽黑（俗称硬质炭黑）和炉黑（俗称软质炭黑）两种，抹灰工程中常用的为炉黑，性能与氧化铁黑基本相同。
黑色	锰黑 俗称：二氧化锰	黑色或黑棕色晶体或无定形粉末，遮盖力颇强。
黑色	松烟	松烟系用松材、松根、松枝在窑内进行不完全燃烧所熏得的黑色烟炱，遮盖力及着色力均好。
赭色	赭石	赭色、着色力、耐久性好，颜色明亮，施工性能好，适用于内外抹灰。

2. 颜料调色

在众多的色彩中，每一种颜色都可用三种颜色按不同的比例相匹配而得到，把用来产生混合色的红、黄、蓝叫做三原色（如图 2-13 所示），但一种原色不能由其他两种原色相加混合得到。

颜料调色时，两种原色拼成一种复色，而另一种原色就称为互补色，加入复色中会使颜色变暗或变白色或变灰色。同一种颜料会有不同的色度，所配出颜色的效果也有所不同。因此在配色之前要进行系统的分析、观察，正确地选择颜料。彩色混凝土通常采用

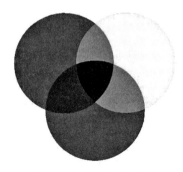

图 2-13　颜料的三原色

耐候性优异的铁系无机颜料，通过研究颜料掺量对彩色混凝土力学性能和色度的影响，先进行小批量试验，确认后方可进行大批量调色，以免造成色差或浪费。

2.5　混凝土用水

装饰混凝土拌合用水和混凝土养护用水可采用饮用水、地表水、地下水等，不得使用再生水，其技术性能要求如表 2-20 所示。

混凝土用水技术性能要求 [13]　　　　　　　　　　表 2-20

项　目	预应力混凝土	钢筋混凝土	素混凝土
pH 值	≥ 5.0	≥ 4.5	≥ 4.5
不溶物（mg/L）	≤ 2000	≤ 2000	≤ 5000
可溶物（mg/L）	≤ 2000	≤ 5000	≤ 10000
Cl^-（mg/L）	≤ 500	≤ 1000	≤ 3500
SO_4^{2-}（mg/L）	≤ 600	≤ 2000	≤ 2700
碱含量（mg/L）	≤ 1500	≤ 1500	≤ 1500

2.6　外加剂

混凝土外加剂是混凝土中除胶凝材料、骨料和纤维组分以外，在混凝土拌制之间或拌制过程中，用以改善新拌混凝土和（或）硬化混凝土性能，对人、生物及环境安全无有害影响的材料，简称外加剂，其对混凝土各项性能的影响如表 2-21 所示。外加剂按主要使用功能可分为以下四类 [14]：

（1）改善混凝土拌合物流变性能的外加剂，如减水剂、泵送剂。

（2）调节混凝土凝结时间、硬化性能的外加剂，如缓凝剂、早强剂、促凝剂和速凝剂。

（3）改善混凝土耐久性的外加剂，如引气剂、防水剂、阻锈剂。

表 2-21

受检混凝土性能指标

项目		外加剂品种											
		高性能减水剂 HPWR			高效减水剂 HWR		普通减水剂 WR			引气减水剂 AEWR	泵送剂 PA	早强剂 Ac	缓凝剂 Re
		早强型 HPWR-A	标准型 HPWR-S	缓凝型 HPWR-R	标准型 HWR-S	缓凝型 HWR-R	早强型 WR-A	标准型 WR-S	缓凝型 WR-R				
减水率（%），不小于		25	25	25	14	14	8	8	8	10	12	—	—
泌水率比（%），不大于		50	60	70	90	100	95	100	100	70	70	100	100
含气量（%）		≤6.0	≤6.0	≤6.0	≤3.0	≤4.5	≤4.0	≤4.0	≤5.5	≥3.0	≤5.5	—	—
凝结时间之差（min）	初凝	$-90 \sim +90$	$-90 \sim +120$	$>+90$	$-90 \sim +120$	$>+90$	$-90 \sim +90$	$-90 \sim +120$	$>+90$	$-90 \sim +120$	—	$-90 \sim +90$	$>+90$
	终凝	—	—	—	—	—	—	—	—	—	—	—	—
1h 经时变化量	坍落度（mm）	—	≤80	≤60	—	—	—	—	—	—	<80	—	—
	含气量（%）	—	—	—	—	—	—	—	—	$-1.5 \sim +1.5$	—	—	—
抗压强度比（%），不小于	1d	180	170	—	140	—	135	—	—	—	—	135	—
	3d	170	160	—	130	—	130	115	110	115	—	130	—
	7d	145	150	140	125	125	110	115	110	110	115	110	100
	28d	130	140	130	120	120	100	110	110	100	110	100	100
收缩率比（%），不大于	28d	110	110	110	135	135	135	135	135	135	135	135	135
相对耐久性（200次），（%），不小于		—	—	—	—	—	—	—	—	80	—	—	—

注 1：表 2-21 中抗压强度比、收缩率比、相对耐久性为强制性指标，其余为推荐性标准。

注 2：除含气量和相对耐久性外，表中所列数据为掺外加剂混凝土与基准混凝土的差值或比值。

注 3：凝结时间之差性能指标中的"－"表示提前，"＋"表示延缓。

注 4：相对耐久性（200 次）性能指标中的"≥80"表示将 28d 龄期的受检混凝土试件快速冻融循环 200 次后，动弹性模量保留值≥80%。

注 5：1h 含气量经时变化量指标中的"－"表示含气量增加，"＋"表示含气量减少。

注 6：其他品种的外加剂是否需要测定相对耐久性指标，由供、需双方协商确定。

注 7：当用户对泵送剂等产品有特殊要求时，需要进行的补充试验项目、试验方法及指标，由供需双方协商确定。

（4）改善混凝土其他性能的外加剂，如膨胀剂、防冻剂、着色剂等。

装饰混凝土用得较多的外加剂有减水剂、缓凝剂、早强剂等。

1. 减水剂

减水剂是具有减水功能的外加剂，按其减水率大小，可分为普通减水剂、高性能减水剂。普通减水剂以木质素磺酸盐类为代表，其减水率不小于 8%；高效减水剂以萘系、密胺系、氨基磺酸盐系、脂肪族系等为代表，其减水率不小于 12%；高性能减水剂以聚羧酸系高性能减水剂为代表，其减水率不小于 25%。按化学成分，减水剂主要分为木质素磺酸盐类、奈磺酸盐类、水溶性树脂系、糖蜜系、复合系。

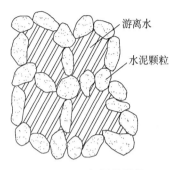

图 2-14 絮凝状结构

水泥在加水搅拌及凝结硬化过程中，会产生一些包裹着许多拌合水的絮凝状结构（如图 2-14 所示），这种结构减少了新拌混凝土流动所需的水，降低了混凝土和易性。加入减水剂后，减水剂的憎水基团定向吸附于水泥质点表面，使水泥质点表面带有相同符号的电荷，亲水基团指向水溶液，组成单分子或多分子吸附膜。在电性斥力的作用下，水泥-水体系处于相对稳定的悬浮状态，水泥加水初期形成的絮凝状结构被分解开，结构内的游离水被释放出来，从而使混凝土达到减水的目的[15]。

2. 缓凝剂

缓凝剂是能延长混凝土凝结时间的外加剂，使新拌混凝土在较长时间内保持塑性，在装饰混凝土中主要用于混凝土露骨料的表面处理。缓凝剂分为糖蜜类、木质素磺酸盐类、羟基羧酸盐类和无机盐类四类，常用的缓凝剂主要有木钙和糖蜜，其中以糖蜜的缓凝效果最好。

（1）无机盐类缓凝剂

常用的无机盐类缓凝剂有硼酸盐、磷酸盐等，磷酸盐与 Ca（OH）$_2$ 的反应在已生成的熟料相表面形成不溶性的磷酸钙，使水泥水化诱导期变长，从而阻碍正常水化的进行。硼酸盐与混凝土溶液中的 Ca^{2+} 形成络合物，络合物在水泥颗粒表面形成一层无定形的阻隔层，延缓水泥水化及 Ca（OH）$_2$ 结晶析出。

（2）有机盐类缓凝剂

有机盐类缓凝剂使用较广泛，按分子结构分羟基羧酸盐类、糖类及其化合物、多元醇及其衍生物，多元醇及其衍生物缓凝作用较为稳定。羟基羧酸盐类、糖类缓凝剂的分子具有（OH）、（COOH），有很强的极性，被吸附到水化物的晶核上，阻碍了结晶继续生产，延缓和推迟 CS 水化物结晶转化的过程。

3. 早强剂

早强剂就是能加速混凝土早期强度发展的外加剂，在装饰混凝土中主要用于混凝土表面硬化处理，以便能对混凝土表面二次处理，加速模板及台座的周转。早强剂分为无机盐类、有机类和复合早强剂。无机盐类早强剂主要以硫酸盐为主，硫酸盐对水泥的反应速度快得多，可以与混凝土中氢氧化钙生成细粒二水石膏，水化反应生成硫铝酸钙，从而提高自然养护及蒸汽养护混凝土强度。有机类早强剂主要有三乙醇胺等，三乙醇胺能促进 C_3A 的水化，加快钙矾石的生成，提高水化产物扩散速率，缩短水泥水化过程中的潜伏期，提高早期强度。常用的单一类型早强剂通常不能满足混凝土性能要求，而将多种类型的早强剂相互复合早强剂与减水剂组合使用可以更好地提高混凝土综合性能，复合早强剂既能提高混凝土早期强度，又有利于促进后期增强，还具有一定的减水效果。

参 考 文 献

[1] 中国建筑材料科学研究总院 . GB/T 2015—2017 白色硅酸盐水泥［S］.

[2] 建筑材料工业技术监督研究中心 . JC/T 870—2012 彩色硅酸盐水泥［S］.

[3] 中国建筑材料科学研究总院 . GB 175—2007 通用硅酸盐水泥［S］.

[4] 中国建筑材料科学研究总院 . GB/T 20472—2006 硫铝酸盐水泥［S］.

[5] 中国建筑材料科学研究总院 . GB/T 201—2015 铝酸盐水泥［S］.

[6] 中国建筑材料科学研究总院 . GB/T 1596—2017 用于水泥和混凝土中的粉煤灰［S］.

[7] 中国建筑材料科学研究总院 . GB/T 18046—2017 用于水泥、砂浆和混凝土中的粒化高炉矿渣粉［S］.

[8] 中国建筑材料检验认证中心有限公司 . GB/T 27690—2011 砂浆和混凝土用硅灰［S］.

[9] 罗庚望 . 彩色装饰砂浆的配方、调色与质量控制［J］. 商品混凝土，2013 年第 9 期，26-29.

[10] 中国砂石协会 . GB/T 14684—2011 建设用砂［S］.

[11] 中国砂石协会 . GB/T 14685—2011 建设用卵石、碎石［S］.

[12] 孙顺杰，乔亚玲，王强强 . 彩色石英砂应用现状及发展趋势，绿色建筑［J］. 2013 年 4 期，58-61.

[13] 中国建筑科学研究院 . JGJ 63—2006 混凝土用水标准 .

[14] 中国建筑材料科学研究总院 . GB/T 8075—2017 混凝土外加剂术语 .

[15] 熊大玉，王小虹 . 混凝土外加剂［M］. 化学工业出版社，2002 年 .

第3章 彩色混凝土

3.1 概述

混凝土色彩主要通过其构成材料如胶凝材料、骨料、颜料等来实现,彩色混凝土是一种以混凝土表面色彩作为装饰效果的混凝土,彩色混凝土按施工方式可分为整体着色混凝土和表面着色混凝土两种。整体着色混凝土是将颜料掺入混凝土拌合物中,使整个混凝土结构具有同一色彩。表面着色混凝土是将水泥、砂、无机颜料均匀拌和后,浇筑在刚成型好混凝土表面并抹平,或在普通混凝土基材表面加做彩色饰面层。与整体着色混凝土相比,以表面着色的彩色混凝土作为面层装饰的应用十分广泛。

表面着色的彩色混凝土分为以彩色骨料作为装饰面层的露骨料混凝土和以彩色水泥原浆为装饰面层的彩色混凝土,露骨料彩色混凝土色彩的实现主要是通过在混凝土中加入彩色骨料,在混凝土终凝前用高压水冲刷掉混凝土表面的水泥浆或等混凝土硬化后抛光打磨掉混凝土表面水泥浆皮,使混凝土表面呈现出彩色骨料的自然色彩及粒形。以彩色骨料作为装饰面层的露骨料混凝土技术在第6章露骨料混凝土、第7章水磨石重点介绍,本章着重介绍以彩色水泥原浆为面层的彩色混凝土相关技术。

1. 交通工程[1]

彩色混凝土路面可与周围景观组合形成视觉敏感区,应用互补或对比色可使路面脱颖而出,便于访客能很快找到入口。另外,彩色路面还提高了狭窄巷道、交通环岛和车行、人行道的可视性,起到减少交通阻塞、降低交通事故率等重要作用。在欧美、日本等地,普遍把彩色混凝土路面技术应用于交通工程的安全管理,在停车场,事故多发点(环形路、交通指示灯、人行横道、交通减速区、桥梁、站台、走道),人行道,自行车道等场所铺筑彩色路面,可以使交通的管理更科学化、直观化(如图3-1和图3-2所示)。

图 3-1 公园园路   图 3-2 小区人行道

（1）诱导车流，使交通管理直观化

彩色混凝土路面应用于区分不同功能的路段和车道，可以提高驾驶员的识别能力，增加道路的通行能力和交通安全。在欧洲，彩色路面被广泛用来提示路面功能和通行时间，为行人和车辆提供了方便。

（2）有效减少交通事故

彩色混凝土路面可以通过鲜艳的色彩与路面颜色形成强烈反差，在视觉上造成冲击，使驾驶员注意到接近的危险路段和瓶颈路段，并有足够的时间采取有效措施减速慢行，从而减少了交通事故的发生。

（3）管理交通速度和交通流

彩色混凝土路面可与其他道路标志结合使用，起到控制交通流的作用，同时也为城市道路、桥梁、停车场和大型社区等区域的美化提供新的手段。

2. 公共生活区

彩色混凝土在满足结构承载力的同时，在外观上已经具有了装饰性的颜色及造型图案，省去了后期的装饰工程，因而可以缩短工期。彩色混凝土具有美化城市、改善道路环境、展示城市风格的效果，可广泛应用于路面、墙面、屋面（如图 3-3 和图 3-4 所示）。彩色混凝土路面不但生态环保，且色彩、质感、花式多变，运用到居住区人行道、城市街道、广场、风景区、公园和旅游观景道等领域，使场地更加活泼、更富趣味，受到居民特别是儿童的欢迎。彩色透水性混凝土铺装依靠其特有的多孔结构，通过摩擦和空气运动的黏滞阻力，将部分声能转化成热能，从而起到有效的吸声降噪作用。与普通外装饰材料相比，彩色混凝土更具外观的持久性及安全性，从长远的经济效益角度看，更经济、更环保。

图 3-3　彩色混凝土地面

图 3-4　彩色混凝土外墙

3.2　彩色混凝土着色技术

广义的彩色混凝土，主要包括白色混凝土、除了白色和灰色外的其他彩色混凝土。其他彩色混凝土是用彩色水泥或其他水泥掺加彩色颜料以及彩色粗、细骨料配制而成的，即狭义的彩色混凝土。白色混凝土是以白水泥为胶凝材料，白色或浅色矿石为骨料，或掺入一定数量的白色颜料配制而成的，具有白度高、早期强度高的特点。

1. 彩色混凝土着色系统

彩色混凝土着色系统分为酸性着色和水性着色。酸性着色是指着色剂和混凝土中的矿

物质发生反应，使颜色渗透至混凝土表层，渗透到混凝土每一部分的各种颜色将保持美丽的色泽，着色效果为不均匀弥漫形式，使颜色成为混凝土永久的一部分，这种方法避免了起皮、碎裂等问题。水性着色是指着色剂附着在混凝土的表面，具有高附着力和高强度的特性，不会出现起皮、碎裂现象，附着在表面的各种颜色将保持美丽的色泽。这两种着色剂的用途很广泛，通过无限想象的设计和能工巧匠的精湛手工制作，可以使彩色混凝土产生风格迥异的景观效果。

2. 彩色混凝土的着色方法

彩色混凝土着色方法主要有配制彩色水泥法、掺加化学染色剂法、干撒着色硬化剂法和浸渍混凝土法[2]。

（1）配制彩色水泥法

利用白色水泥或彩色水泥作为胶凝材料来制备的各种颜色的彩色混凝土，其耐久性好，耐碱性强，制作工艺简单，容易保障均匀的色彩，其成本比普通混凝土高。

（2）掺加彩色化学外加剂法

彩色化学外加剂是将颜料和其他改善混凝土性能的外加剂一起充分混合磨制而成。这种外加剂不同于其他混凝土着色剂，除了使混凝土着色外，还能提高混凝土强度、改善拌合物和易性，对颜料和水泥有分散作用，能使颜料均匀地分布在混凝土中。

（3）掺加各种颜料

在混凝土中直接加入无机矿物氧化物颜料能使混凝土着色，这些颜料基本上属于惰性，不与混凝土成分发生有害反应，在正常掺量的情况下对制品强度影响不大。同彩色化学外加剂比较，无机颜料价格低廉。

（4）掺加化学染色剂

化学染色剂是一种金属盐的水溶液，它能浸入混凝土中并与之反应，从而在混凝土孔隙中生成难溶的、耐磨的颜色沉淀物。该方法的特点是染色剂成分可以渗透很深，色彩更加均匀，适用于养护一个月以上的混凝土，具体应用见抛光混凝土内容。

（5）干撒彩色强化剂

干撒彩色强化剂是由细颜料、表面调节剂、分散剂等拌制而成，将其均匀干撒在新浇混凝土表面，可以对新浇混凝土人行道、车行道及其他水平表面着色、促凝、饰面。该方法只适用于水平表面，不适合大面积的垂直表面，具体应用见表面纹理饰面混凝土内容。

（6）浸渍混凝土法

将混凝土养护 1 ~ 3d 后，用液体颜料浸渍混凝土表面。由于混凝土或砂浆中水泥尚未完全水化，水泥具有吸收作用，这时浸到表面的颜料液体被吸入混凝土或砂浆内部一定深度，在表面形成一定的色彩。

3.3 彩色混凝土制备及生产

本节主要介绍以掺加颜料的方法制备彩色混凝土的生产技术。

1. 彩色混凝土制备

本色混凝土（不掺颜料）由于内部多余水分不断蒸发，混凝土表面及内部形成不少毛细孔；混凝土硬化后，表面的毛细孔对光产生折射、反射作用，反射出胶凝材料及骨料本身颜色，使得混凝土表面还能呈现浅浅的骨料颜色，混凝土整体表现为灰色。最常用的硅酸盐水泥呈灰色，其颜色主要由硅酸盐水泥熟料中的 Fe_2O_3 引起，随着 Fe_2O_3 含量的不同，水泥熟料的颜色也不同。当 Fe_2O_3 含量在 3% ～ 5% 时熟料呈暗灰色；当 Fe_2O_3 含量在 0.45% ～ 0.7% 时，熟料带淡绿色；当 Fe_2O_3 含量降至 0.35% ～ 0.40% 时，熟料呈白色略带淡绿色，就成为白色硅酸盐水泥。混凝土中掺合料如矿渣粉、粉煤灰由于材料本身 Fe_2O_3 含量、碳含量的不同、掺量不同，也会带来混凝土色彩的变化。

彩色混凝土（砂浆）主要是由胶凝材料浆体包裹着骨料并加入颜料或化学染色剂、撒硬化剂或彩色骨料等方法实现，颜料的呈色效果受到所用水泥和骨料本身颜色以及掺入混凝土或砂浆中方式的影响。

彩色混凝土通常采用粗骨料、细骨料、水泥、颜料和水按适当比例制备而成，其彩色效果主要是颜料颗粒和水泥浆固有颜色混合的结果，反映了混凝土内部结构的匀质性。普通硅酸盐水泥颜色从浅灰到深灰，灰色对任何颜色都会产生弱化作用，所以鲜艳、明亮的彩色如兰、黄、绿色混凝土（砂浆）通常采用白水泥加颜料配制，白色混凝土则只能采用白水泥加增白颜料配制，才可获得纯白色调；对于一些深颜色如红色、棕色和黑色混凝土，使用灰色水泥与白色水泥配制，如加大颜料掺量，实际上区别不大，用灰水泥来配制即可。

颜料颗粒很小，一般比水泥颗粒还细，掺入混凝土内的颜料把水泥颗粒表面包覆起来，颜料颗粒对可见光的选择性吸收而产生相应的色彩。当混凝土中掺入氧化铁红时，水泥颗粒的表面被颜料粒子包覆，氧化铁红颗粒将吸收可见光中除红色以外的所有颜色而将红色光反射出去，则人们看到的就只有红色。

2. 彩色混凝土生产

为了使混凝土色彩均匀，减少混凝土泛碱，混凝土在满足强度等级的同时，尽量降低水胶比，拌合物流动度不宜大。彩色混凝土生产过程中选择混凝土原材料质量能长期保持稳定且能长期保持供给的厂家，维持胶凝材料、级配骨料的出产地、批次以及用量尽量不发生变化。通常在混凝土搅拌过程中加入无机颜料（技术性能要求见 2.4 节 1.）或混凝土专用颜料，专用颜料由颜料加助剂构成且被预制成浆状物，其中助剂起分散、湿润的作用。彩色混凝土搅拌时间较普通混凝土延长 1 ～ 2min，使颜料能充分分散，避免色调不均匀的现象发生，保持其搅拌工艺和拌合物整体流动性不变。

对于数量较大的混凝土，搅拌机、运输罐车在开盘前、生产结束后都要彻底清洗，防止出现混色及杂质；每盘材料上料应精确称量，确保开盘使用的水泥、掺合料、颜料、砂、碎石等原材料不出现质量波动，砂、碎石不含其他杂质，坍落度稳定统一，水灰比恒定，使连续配料生产的彩色混凝土颜色基本保持一致 [3]。对于彩色混凝土预制构件，彩色混凝土拌合物和易性好，不离析泌水，流动度不宜过大，在施工过程中应保持混凝土搅拌工艺及生产环境和养护环境的温湿度均衡，所用的脱模剂不应与模板表面、颜料起不良反应，混凝土成型后表面密实光滑、气泡小而少、无明显色差。

3.4 彩色混凝土艺术地坪铺装

国内主题公园地面铺装通常采用彩色混凝土实现主题效果。彩色混凝土表现形式多样，可打造多种装饰效果，在线条与质感、颜色与色彩、造型与图案等多方面具有广泛的选择性。配合设计创意，针对不同环境和个性要求的装饰风格，彩色混凝土采用薄层混凝土铺装施工方法可降低成本，具有色泽鲜艳持久、通体着色、使用寿命长、施工快捷、一次成型、修复方便的特点。同时，可根据业主需要、设计师的创作构思开发出独特而适用的彩色艺术地坪。

1. 施工准备

为确保施工质量，艺术地坪的施工应避开风沙、雨雪及冰冻气候，并做好材料预备，将艺术地坪强化剂、脱模粉、密封剂、施工用具及专业模具等铺筑物料规整并按序堆积（如表 3-1 和表 3-2 所示）。

主要材料及其作用　　　　　　　　　　　　　　表 3-1

序号	材料名称	规格及技术指标	用　途
1	整体染色分散剂	25kg/ 包，每立方混凝土配 2 包	整体染色
2	脱膜粉	播撒率 100%，尤其是压模部位需适量多播撒	第二次着色涂敷，防粘结
3	表面缓凝剂	根据稀释浓度不同，缓凝效果均不同	放缓混凝型过程，使得骨料外露深度受控
4	硬化剂	播撒率 100%	增强混凝土抗压强度和耐磨能力
5	密封剂	涂覆率 100%，大约滚涂两遍即可	表面密封
6	压印模具	开模制作的特殊纹理模具	纹理制造
7	彩色骨料	不同粒径、颜色、材质约 50 种	表面播撒
8	接缝填料	10mm 珍珠棉	接缝填堵
9	滑动销	直径 160mm，长度 300mm 的圆钢筋	传力装置
10	彩色强化剂	局部新浇混凝土上色	上色处理，表面涂敷
11	化学着色剂	根据需要，后期局部二次上色	二次上色

主要设备及工具　　　　　　　　　　　　　　表 3-2

序号	名　称	序号	名　称
1	36×8 大木抹子	8	冲洗机
2	16 寸木把抹子	9	切缝机
3	14×4 抛光抹子	10	气泵、气管、喷枪头
4	不锈钢开槽刀	11	地刷
5	铝制滚子	12	滚筒
6	皮夯	13	喷涂机
7	支模线	14	坍落筒

续表

序号	名　　称	序号	名　　称
15	方抹刀	18	刮杠
16	修边器	19	滚夯
17	镁抹刀	20	圆头抹刀

2. 施工工艺

彩色混凝土地坪通过在普通混凝土中加入颜料，在混凝土罐车中均匀搅拌，浇筑完成之后的混凝土表面压印、播散骨料，实现具有一定主题效果的混凝土地坪，具有耐磨、防滑、抗冻、不易起尘、易清洁、高强度、耐冲击且色彩和款式方面有广泛的选择性、成本低和绿色环保性等特点，其施工工艺如图 3-5 所示。

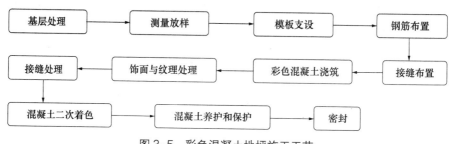

图 3-5　彩色混凝土地坪施工工艺

（1）基层处理

地基中不应存在柔软、可压缩或膨胀性土壤，清除暴露在外的石块、松散土壤及杂物。碎石、素土地基必须经碾压机压实或夯实（如图 3-6 所示），素土夯实的密实度达到 95%；100mm 厚碎石层夯实（如图 3-7 所示）；50mm 厚黄砂层达到要求平整度。临近混凝土浇筑时均匀喷水润湿地基，地基过度湿润的情况下不应浇筑混凝土。

图 3-6　素土夯实　　　图 3-7　级配碎石压实

（2）测量放样

测量员先用水准仪和全站仪将水准点和坐标控制点引进施工现场，并上报监理验收，待监理复核合格后再进行测量放样工作（如图 3-8 所示）。压印混凝土铺装的伸缩缝、装饰缝、隔离缝和锯切缝根据设计图纸进行放点标记。

（3）模板支设

按照设计图纸所示的形状、尺寸固定模板。模板应具备足够的厚度，以确保不会在承受荷载时变形，直线模板平且直，弧形模板平滑顺畅与相邻剖面相连。使用足量的夹具、斜支杆牢固固定模板，确保模板不会在浇筑混凝土过程中移动或偏斜（如图3-9和图3-10所示）。

图3-8　测量放样　　　　　图3-9　模板支设

图3-10　模板支设夹具、斜支杆

（4）钢筋布置、接缝布置

按照图纸所示布置钢筋，并使用绑扎钢丝固定所有钢筋搭接头（如图3-11所示）。按照图纸所示布置伸缩缝（如图3-12所示），在伸缩缝处安装传力杆，并确保套筒能够在混凝土浇筑过程中与混凝土板间保持横向、纵向对准。在支设模板处设置所需泡沫或硬质接缝填料。

图3-11　钢筋布置　　　　　图3-12　接缝布置

（5）彩色混凝土浇筑及收光

派专人在商品混凝土站驻场，严格按照要求调配彩色混凝土配合比，并为每批交付的混凝土提供一张批次标签。每张标签上应注明混凝土的信息，包括混凝土设计强度等级，水泥、骨料以及掺合料比例，初次搅拌时间，初次加水量，总加水量等。在混凝土浇筑前至少 24h 内，应获得已签字并获认可的混凝土浇筑卡。临近混凝土浇筑工作开始前，对地基表面均匀喷水，使地基保持稍微湿润的状态，以便对现浇混凝土板初期的快速失水进行有效控制，杜绝在过度饱和的地基上浇筑混凝土。

应在配料中加水后的 1～2h 内将混凝土浇筑入模板（如图 3-13 所示），当炎热天气温度超过 32℃时，应将浇筑时限缩短至最多 1h，沿模板内同一方向持续浇筑混凝土。使用专用木制大抹刀、镁制抹刀等工具将混凝土表面抹平，对工作面边缘使用专用修边刀进行修边处理，做到表面光滑、坚硬且密实，不存在任何工具的痕迹（如图 3-14 所示）。混凝土收平完成后，且当收平过程中混凝土表面没有带出水分后方可进行下道工序。

图 3-13 彩色混凝土浇筑 　　　　　图 3-14 收光

（6）饰面与纹理处理

除钢刀或镘刀抹光面，施工过程中常用到的饰面效果为扫面处理、开缝、播撒骨料饰面、露骨料饰面、压印与图案纹理。

①扫面处理

使用清洁的硬毛刷拖过混凝土表面，得到均匀条纹，形成刷扫饰面。

②开缝

根据设计图效果，使用专用工具在混凝土表面用工具人为手工制作"假缝"，以达到混凝土表面开裂的目的，实现混凝土表面年久开裂的效果（如图 3-15 所示）。

图 3-15 开缝

③ 播撒骨料饰面

通过在塑性混凝土表面上涂敷装饰性骨料能形成露骨料饰面。在施工前彻底清洗干净骨料，在塑性混凝土表面上均匀撒布骨料，骨料颗粒应大小均匀（如图 3-16 和图 3-17 所示），使用刮尺将骨料压入混凝土（如图 3-18 所示），然后立即开始涂敷、压实，直至骨料完全埋入混凝土表面为止，再使用水洗或缓凝剂处理浮露骨料。

④ 露骨料饰面

使用轻度受控水喷雾，结合硬毛刷擦洗，清除表面砂浆层，直至浮现出混凝土中的骨料细粒；或者通过在混凝土表面涂敷表面缓凝剂，清除砂浆表层，之后用水洗或者擦拭的方法清除缓凝剂溶液，暴露出骨料，获得预期的表面纹理。

⑤ 压印与图案纹理

通过专门设计的预成型印垫、压印模具以及其他所需工具在混凝土初凝前压印（如图 3-19 所示）。

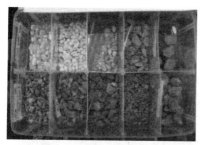

图 3-16　分类放置不同规格的彩色骨料

图 3-17　播撒骨料　　　　图 3-18　将骨料压入混凝土

图 3-19　压印模具

A．分两次抛撒彩色强化剂，在混凝土摊铺结束后混凝土初凝前表面无明水时即可抛撒彩色强化剂，按设计要求在混凝土表面进行第一次强化剂抛撒着色（如图 3-20 所示）。进行强化剂第二次抛撒着色时，使用专用收光抹刀将强化剂面层精心抹平，要求强化剂面层颜色均匀一致，不得出现明显的抹刀痕迹。

B．人工抛撒彩色脱模剂至彩色强化剂表面，脱模剂要均匀覆盖强化剂表面，不得有遗漏或过厚，同时根据混凝土情况以及压印深度需要确定脱模剂用量（如图 3-21 所示）。

C．使用与图纸相符的预成型印垫、印模以及其他压印工具对混凝土表面进行压印处理（如图 3-22 所示）。混凝土路面的压印顺序与混凝土路面的加工顺序及压印工具的放置顺序相同，即从左上角到 右下角，按这个顺序一排一排地进行加工及压印。

以直绳为基准线来摆放压印工具，特别是在摆放正方形或长方形的压印模具时，能够使压印模具摆放得整齐有序，从而使压印出的图案排列整齐。第一排压印模具必须摆直、摆正，作为摆放其他压印工具的依据，如果第一排压印工具摆放不正，则后面摆放的压印模具也会不正。在压印不规则的图案时，摆放好压印模具后，将直绳从压印成型垫的一边拉到压印成型垫的另一边，将压印模具的边缘作为参考点检测压印模具的摆放整齐度，以确保压印模具排列整齐。

图 3-20　抛撒强化剂

图 3-21　抛撒脱模剂

图 3-22　混凝土压印

（7）接缝处理

用钢丝刷对接缝进行清理。填缝料安装前，确认已清除了接缝与周围全部区域内的所有污垢和松散材料（如图 3-23 所示），保护相邻表面，以免接触填缝料。在接缝适当深度内安装泡沫棒，接缝深度不得低于 6mm 或超过 13mm。将填缝料直接浇入接缝中，填缝料顶部应位于饰面倒圆边缘底部。填缝料固化前，不得被其他杂物污染，路面不允许行人与车辆通行。

（8）混凝土二次着色

根据需要，使用刷子、海绵和手动泵喷雾器涂刷化学着色剂以达到预期效果（如图3-24所示）。

（9）混凝土养护

表面处理完成后，覆盖一层养护毯，并将施工区域隔离，设置隔离带和警示标语，严禁车辆行人通行。接下来至少7d内保持养护毯和混凝土表面湿润（如图3-25所示）。养护毯应平整，且朝向混凝土表面的一面应无褶皱。

（10）混凝土密封

在混凝土妥善养护14d后，揭开养护毯，确认混凝土表面彻底清洗，至少风干2d且表面已经达到吸收密封材料所需的干燥程度后，立即对其进行密封（如图3-26所示），涂敷表面密封材料。密封过程中需注意不得在空气温度或表面温度低于10℃或者高于32℃的情况下使用密封材料。在密封材料固化前对混凝土进行保护，严禁车辆行人在路面通行。

图3-23 清洗地面

图3-24 二次着色

图3-25 混凝土养护

图3-26 使用渗透性密封剂进行密封

3. 安保措施

施工人员将佩带安全防护用品；电动工具贴标签后使用，确保使用安全；新施工区域周边做好隔离防护，尤其是避免泥浆飞溅污染墙面，工完场清；对于新浇筑混凝土区域采用硬隔离维护，并悬挂警戒线。施工过程中安全措施按照《建筑施工安全检查标准》JGJ 59和《安全标准》GB 2894的规定执行，同时，施工组织设计中应遵守各项要求，如表3-3所示。

工作安全分析 表3-3

基本工作步骤		各步骤潜在危险	降低或控制风险的措施
施工人员进场		施工人员对现场不熟悉,导致摔伤、触电等事件	组织项目部全体人员进行安全教育培训,强调危险行为以及发生危险后的正确措施
基本工作步骤		各步骤潜在危险	降低或控制风险的措施
材料进场		装卸过程中出现机械碰撞、空中坠落、手指划伤	施工人员进场后佩戴安全帽、手套、安全背心等安全防护用品,远离正在运行中的各种机械
施工过程中	测量、放线、支设模板	砸伤或划伤手指	施工人员佩戴手套,并配置安全锤
	绑扎钢筋	切割机违规操作,造成事故	安全使用各项机械
	浇筑混凝土	混凝土运输车辆刮碰施工人员	设置施工车辆专用道路,人员远离正在运行中的各种机械
	面层处理	吸入各类粉体材料、腐蚀性材料灼伤皮肤	施工人员佩戴防尘口罩、手套或胶手套

3.5 彩色混凝土质量控制

混凝土搅拌应根据《预拌混凝土》GB/T 14902,《混凝土质量控制标准》GB 50164 及《普通混凝土配合比设计规程》JGJ 55 的要求对混凝土进行测量、配料、搅拌与输送;根据《混凝土质量控制标准》GB/T 50164 对每批混凝土进行坍落度测试;根据《混凝土强度检验评定标准》GB/T 50107 对混凝土样品进行养护与抗压强度测试;依照《建筑地面工程施工质量验收规范》GB 50209 对建筑地面工程施工质量进行验收。主要施工材料应及时送检,对于水泥的使用,首先检查质保书中的强度、化学成分、抗折强度、细度、初终凝时间、安定性等技术指标是否满足要求,并按要求进行抽验,使用前检查出厂日期,超过三个月和受潮结硬变质的水泥决不准使用。

1. 彩色混凝土浇筑与收光

根据气候、混凝土温度、混凝土尺寸以及饰面工人的工作能力浇筑混凝土,稳妥控制混凝土表面处理速度,并确保浇筑速度不会超过表面处理速度。混凝土摊铺后要充分振捣,尤其在工作面的边角位置要充分振捣,提高混凝土的密实度,防止空鼓。

根据混凝土的硬化情况,至少进行三次以上的手工铁板收光找平作业,且收光应相互交错进行,保证收光面均匀,有利于提高表面压印的均匀度。混凝土压制时,应保持模具固定平整,用力应均匀一致,压制图案要一次成型不能重压。

2. 彩色混凝土的色彩均匀性

施工方应按颜料供应商提供的最佳程序添加颜料,为确保颜料均匀分散在整批次的混凝土中,自动着色系统创造了更多的设计灵活性,可以随机组合,为施工方创造一个几乎无限量的自定义颜色,同时简化了质量控制精确计量的工作程序。与粉状颜料相比,液体颜料更能均匀随机分散在干硬性拌合物中,自动计量系统必须扣除液体颜料所含的水和其他任何增加的水，从而保证彩色混凝土的质量。

彩色混凝土如果不能保证色彩完全一致，其美观效果将受到严重影响。施工过程中，由于颜料数量的变化或孔隙内盐类的局部沉积作用，容易造成彩色混凝土表面产生色差现象，这时可采用化学方法处理。如通过在混凝土表面喷、刷彩色混凝土色彩修复剂，使修复剂通过透水通道浸入彩色混凝土后，深层渗透到水泥核壳生成坚硬的硅酸凝胶，起到封闭微孔，提高强度的作用。彩色混凝土修复后表面色彩与其他部分完全一致，同时可显露出混凝土的原始质感，无污染、无气味的特点。

3. 彩色混凝土盐析

当彩色混凝土中某些盐、碱被水溶解后，随水迁移到混凝土表面，而混凝土表面又呈干湿交替状态时，这些可溶性物质就会析出白色结晶物，形成白霜，俗称"泛碱"。这些白霜会严重影响彩色混凝土的美观，通常采用以下技术措施予以消除：

（1）原材料采用普通硅酸盐水泥，不使用泌水大的其他品种水泥，采用低水灰比配合比，机械振捣，可减少水分的迁移；

（2）掺加碳酸铵、丙烯酸钙，它们可与白霜反应，消除掉白霜；

（3）在硬化混凝土表面喷涂可形成保护膜的有机硅憎水剂或丙烯酸酯；

（4）骨料的粒度级配要调整合适；

（5）蒸汽养护能有效防止水泥制品初始白霜的产生。

4. 检验

彩色混凝土强度等级必须符合设计要求，在浇筑地点随机取样，对同一配合比混凝土，每拌制 100 盘且不超过 100m³ 时，取样不得少于一次；每工作班拌制不足 100 盘时，取样不得少于一次；连续浇筑超过 1000m³ 时，每 200m³ 取样不得少于一次，检查施工记录及强度报告[4]。

彩色混凝土外观质量与检验方法如表 3-4 所示。混凝土的色差可以用来衡量色彩的均匀性，色差越小，色彩的均匀性越好：色差 0～0.5 肉眼难以辨认出，可以忽略；色差 0.5～1.0，只有受过长期专业训练的人才能勉强发现；色差 1.0～1.5，通常能够看见；色差大于 1.5，则能非常明显看见。

彩色混凝土外观质量与检验方法　　　　　　　　　　　　　表 3-4

编号	项目	彩色混凝土	检验方法
1	颜色	颜色基本一致，无明显色差	距离墙面 5m 观察
2	修补	基本无修补痕迹	距离墙面 5m 观察
3	气泡	气泡分散	目测
4	裂缝	宽度小于 0.2mm	刻度放大镜

3.6　工程应用

彩色混凝土与建筑艺术完美的协调在一起，在美化城市环境等方面具有积极意义，体现一个现代化城市的特色和风格，提升整个城市形象。彩色混凝土的应用范围很广，包括住宅、社区、商业、市政和文娱等方面。彩色混凝土适用于装饰室外、室内水泥基等多种材质的地面、墙面、景点，如园林、广场、酒店、写字楼、居家、人行道、车道、停车场、车库、建筑外墙、屋面以及各种公用场所或旧房装饰改造工程，同时可根据业主需要，设计师的创作构思开发出独特而适用的彩色艺术混凝土制品及浮雕。

彩色混凝土也可用来区分不同的功能区，如家庭轿车、残疾人和其他停车区的划分，体育场、工厂和工业区的划分等。彩色混凝土突破传统混凝土灰、黑色彩的单一性，逼真地模拟天然材料的材质和纹理，在保证混凝土承载力的前提下，随心所欲地勾划出各类图案，使混凝土表面永久地呈现出不同的色彩搭配、图案和质感，使建筑、景观显得鲜明和优美，彰显其魅力，使人心情愉快放松，与人文环境、自然环境和谐相处、融为一体，更加彰显其魅力。

1. 公共建筑

（1）美国国家美术馆

美国国家美术馆东馆的天桥、平台等钢筋混凝土水平构件采用了彩色混凝土，彩色混凝土通过在混凝土中掺入粉红色的大理石碴配制而成，采用枞木作模板，表面精细，造就了清水混凝土细腻光滑的表面质感，混凝土外表面呈微红色，颜色同大理石颜色异常接近，而纹理质感又稍有不同。

（2）成都来福士广场

成都来福士广场是目前世界上最大的白色清水混凝土建筑。该项目调整了传统支模方式，首次使用 C60 自密实白色清水混凝土的自然表面效果作为饰面，饰面总面积达 5.3 万 m^2，所有立面的白色饰面清水混凝土一次浇筑成型，避免了螺栓孔的出现，不做任何外装饰，取得了更加简练的整体效果（如图 3-27 所示）。

图 3-27 成都来福士广场   图 3-28 阿尔及利亚东方商业广场

（3）阿尔及利亚东方商业广场（OBP）项目

阿尔及利亚中建总部大楼东方商业广场（OBP）项目位于阿尔及利亚首都阿尔及尔 Bab Ezzouar 商务区，临近阿尔及利亚国际机场。工程占地面积 20816m^2，建筑面积 68000m^2，由办公区与服务区两部分组成。其中有办公楼 1 座，体育馆 1 座，服务楼 8 座。办公楼有地下 3 层，主要为停车场及技术间，地上 7 层，建筑高度 31m，结构高度 29.98m，通过内部长廊集合办公、住宿、酒店、体育、餐饮、娱乐、购物等为一体多功能立体化综合性大楼（如图 3-28 所示）。

办公楼西侧外墙和西侧屋面板采用 C30 白色现浇清水混凝土，白色清水混凝土外观质量要求高，模板施工难度大。其中西侧屋面板面积约 400m²，西侧斜墙两块异形白色清水混凝土面积约 1100m²，墙体厚度 200mm。每块清水混凝土墙外立面由 4 个平面组成，其中 4 个平面均不平行于建筑轴线，2 个面不垂直于地面，墙体造型复杂[5]。

2. 主题公园

主题公园根据特定的主题创意，以文化复制、文化移植、文化陈列以及高新技术等手段，是为了满足旅游者多样化休闲娱乐需求和选择而建造的一种具有创意性活动方式的现代旅游场所。公园以虚拟环境塑造与园林环境为载体来迎合消费者的好奇心，以主题情节贯穿整个游乐项目的休闲娱乐活动空间，具有特定的主题，目前已形成一种休闲娱乐产业。

（1）上海某主题乐园

上海某主题乐园位于上海市浦东新区，其中宝藏湾区域装饰性混凝土地面（如图 3-29 所示）由中建二局装饰公司施工，室内外主题铺装面积约 11000m²，主要包括仿砂状、仿尘状、仿泥状、仿石状及露骨料等主题表现形式，其中混凝土表面播撒骨料约 50 余种，并通过搭配不同颜色的骨料和播撒密度表现不同的主题形式，充分实现与周边环境协调、统一的效果。

图 3-29　上海某主题乐园宝藏湾区域

（2）罗蒙世界主题乐园

罗蒙世界主题乐园项目占地 22 万 m²，位于宁波市南部商务区南面，总建筑面积 110 万 m²，由罗蒙世界主题乐园（室内型嘉年华）、罗蒙商业购物中心、五星级酒店三大核心业态组成，目标是汇聚娱乐、商业、旅游城市经营三大支柱于一体，以国际级的梦幻游乐园、时尚大商场、主题酒店来打造宁波城市新名片。其中室外游乐场地面使用面积 4400m²，对应不同的单体建筑周边分布不同主题的艺术肌理，为整个室外游乐场总体主题装饰效果增色不少（如图 3-30 所示）。

（3）哈尔滨永泰世界

哈尔滨永泰世界是国内一流的室内主题乐园，位于哈尔滨香坊区永泰城中心 4 层至 5 层，投资达 15 亿元，建筑面积超过 30000m²，是国内首家以梦幻天地为主题的室内主题乐园。主题乐园净高约 20m 的超大室内阳光穹顶设计，拥有银河奇境与云霄城堡王国两大主题原创区域，令宾客在四季如春的世界中感受无限的欢乐。哈尔滨永泰室内游乐场地面使用面积 1100m², 主要地面均为彩色艺术混凝土地面, 肌理效果细腻, 拥有丰富的色彩, 与整个游乐场环境相匹配 (如图 3-31 所示)。

图 3-30 宁波市罗蒙环球城项目　　　　图 3-31 哈尔滨永泰世界

参 考 文 献

[1] 论彩色路面的作用及应用. 中国特殊路面材料有限公司.

[2] 李续业等. 道路工程常用混凝土实用技术手册 [M]. 中国建筑工业出版社, 2008.

[3] 徐芬莲, 赵晚群, 姜雷山等. C30 水泥基彩色地坪混凝土的制备与工程应用 [J]. 混凝土, 2012 年第 6 期, 139-141.

[4] 中国建筑科学研究院. GB 50204—2015 混凝土结构工程施工质量验收规范 [S].

[5] 湖北日报网 (记者 钟剑桥 通讯员 郭明明).

第 4 章　纹理饰面混凝土

4.1　概述

纹理饰面混凝土是利用混凝土具有可塑性，模板几乎可以加工成任意形状和尺寸的特点，通过采用一定的施工工艺及方法，或在混凝土塑性面层上进行二次艺术加工，使浇筑成型的混凝土表面硬化后形成一定的线条或纹理质感[1]。在欧洲很多国家通常直接采用彩色纹理饰面的混凝土作为饰面材料。当混凝土基层与纹理层颜色相同时，纹理饰面混凝土可一次性振捣浇筑成型；当混凝土基层与纹理层颜色不完全相同时，也可以分层振捣浇筑成型或用后粘的方式进行。纹理饰面混凝土既可现浇也可预制，预制纹理饰面混凝土构件可采用振动成型、挤压成型或离心成型。

纹理饰面混凝土施工工艺可分为正打工艺、反打工艺、立模工艺、后粘法工艺等，其中正打工艺属于混凝土现浇技术，反打工艺、后粘法工艺属于混凝土预制技术，立模工艺采用混凝土现浇技术或预制技术，一次性浇筑成型。

4.2　后粘法工艺

工厂生产的纹理混凝土预制块具有质轻、耐用、绿色环保等优点，能够展现出天然石材的质感与内涵，具有一定的艺术性，是一种不可多得的装饰建材。纹理混凝土预制块重点应用于各类小区别墅外墙，甚至在室内电视墙和壁炉的装饰上也有一定应用（如图 4-1 所示）。

图 4-1　仿石混凝土墙面

纹理混凝土预制块通过粘贴在新建或既有建筑物外墙上起装饰作用[2]，这种工艺完美迎合了人们崇尚自然，渴望回归自然的文化追求，又称后粘法工艺，其具体施工工艺流程如下。

1. 施工准备及注意事项

（1）原材料准备

准备水泥、砂、建筑胶水、粘结剂、勾缝剂、仿石混凝土预制块及相关工具等；施工前清除墙体表面的浮灰、杂物等，平滑的墙面要先加工处理成粗糙面状后再进行施工。

（2）仿石混凝土预制块预铺贴

为了避免相似尺寸、形状、颜色的仿石混凝土预制块相邻影响整体墙面的艺术效果，在铺贴仿石混凝土预制块之前，先调整好整个墙面的均衡性和美观性，将仿石混凝土预制块置于地上并排列搭配出最佳效果，然后按照排列顺序进行铺贴施工。

（3）注意事项

由于气候、加水量、施工方法等条件的不同会使灰缝颜色产生差异，为确保证施工效果，在正式施工前应先做小面积试验确认。气温在 3℃ 以下及下雨天、刮大风且无防雨、防风措施时，建议暂停施工。

2. 仿石混凝土预制块粘贴

将仿石混凝土预制块的粘结面充分浸湿，在其粘结面中央涂抹粘结剂，呈山形状；施工过程中，先贴转角仿石混凝土预制块，以转角仿石混凝土预制块水平线为基准铺贴平面仿石混凝土。如施工需要，可通过切割对仿石混凝土预制块形状进行适当调整，具体粘贴示意图如图 4-2 所示。

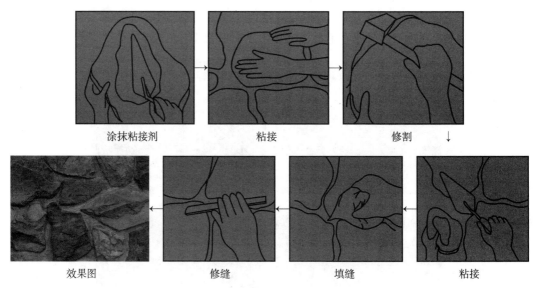

图 4-2　仿石混凝土预制块粘贴示意图

3. 填缝

粘贴完成后，进行填缝、防护处理。填缝的目的除了让仿石混凝土墙面更加美观外，还可以使仿石混凝土墙面更加牢固。用刷子、铁条等辅助工具清洁准备填缝作业的仿石混凝土预制之间块缝，确保填上的填缝料能牢固地粘贴在接触面上。填缝料可根据仿石混凝土预制块需要的颜色自行调配，将拌好的料装进专用施工挤料袋，剪开漏料口往块缝里挤料，在填缝处理过程中，应根据实际需要把握缝隙深浅，自行确定填缝料所填的深度。料挤完后，待填缝料有一定塑性时，对仿石混凝土预制块灰缝进行压缝，且要压密实。压缝完毕，待填缝进一步失水硬化后，用棉布球等工具轻擦灰缝表面，以实现砂质感粗糙灰缝面，再用软硬适中的毛刷扫去灰缝及仿石混凝土预制块表面的浮料，并用干净湿毛巾轻擦仿石混凝土预制块表面。

4. 防护处理

待仿石混凝土预制块和填缝料完全干燥后，可在其表面喷涂防护剂进行防护处理。喷涂防护剂可在仿石混凝土表面形成无色、看不见的憎水层，能有效地阻止水的渗透，起到防水、防污染、防风化的作用。防护剂对仿石混凝土的渗透越深，防水效果便越好，还能保留仿石混凝土预制块原有透气性，在仿石混凝土预制块表面形成光亮保护层，以增强抗紫外线、抗氧化、防磨损及耐污能力。

4.3 反打成型工艺

反打成型工艺是在浇筑混凝土的底面模板上做出凹槽或直接采用凹凸的线型刚性底模，或在光面刚性底模上加垫具有一定花纹、图案的衬模，拆模后使混凝土表面呈现凹凸线型纹理、立体装饰图案或粗糙面立体纹理效果（如图 4-3 所示）。底模合理的线型脱模锥度是保证混凝土制品顺利脱模的关键，脱模锥度应根据线型大小、疏密及脱模方式等确定，锥度过大会使制品表面线型不挺，偏小则会使制品脱模困难，并易损坏制品表面线型。底模脱模锥度一般以不大于线型深度的六分之一为宜，这种底模可用于成型表面尺寸较大的线型，如混凝土窗套等。衬模脱模吸附力小，易脱模，不粘饰面的边角，工艺比较简单，其成型的线条挺拔、棱角整齐，制成的饰面质量也较好（详见第 18 章）。

图 4-3 混凝土制品反打成型效果

反打成型工艺主要用于生产预制混凝土构件，不仅工艺比较简单，凹凸程度可大可小，而且层次多，制成的饰面质量较好，图案花纹丰富多彩，但模具成本高。这种工艺能够将纹理饰面层与混凝土结构层进行复合或用同一种混凝土材料浇筑构件，通过变换模具类型成型各种规格及外形的混凝土制品，还能够满足预制混凝土构件防水、保温等其他要求，常用于纹理饰面混凝土夹心保温外墙板生产。先将制作好的不同形状、样式的衬模铺设固定于模具上，模具清理干净后喷涂脱模剂，浇纹理饰面层，待饰面层混凝土初凝后，吊入钢筋笼，再浇筑混凝土结构层，最终使得纹理饰面混凝土预制件在工厂一次生产成型，然后运输构件到施工现场进行整体起吊安装，具体工艺流程如图 4-4 所示。该工艺能大大缩减施工流程，减少后贴装饰层易脱落、现场高空作业带来的安全隐患[3]。

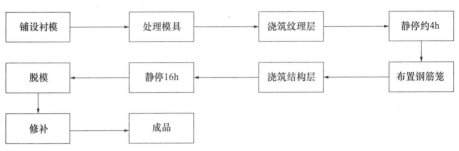

图 4-4 预制混凝土构件反打成型工艺流程

4.4 正打成型工艺

正打工艺是指在混凝土浇筑后，混凝土初凝前，运用压花、印花或辊花、挠刮等方法使混凝土表面，取得纹理装饰艺术效果的一种施工形式[4]。压印工艺一般有凸纹和凹纹两种做法：凸纹一般用镂花图案的模具，在刚浇筑成型的混凝土压印而成；凹纹一般用直径 5～10mm 焊接钢筋或用硬质塑料、玻璃钢制作成设计图案，在新浇筑混凝土表面压出来的。除以上三种正打工艺外，还有一种挠刮工艺，即在已抹平的混凝土表面上，用硬棕毛刷等工具在其表面进行挠刮，以形成具有一定粗犷质感的装饰表面工艺。

正打成型工艺的优点是模具制作简单、投资少、易于更换图形，但缺点是板面花纹图案较少、凹凸程度小、层次少、质感不够丰富、塑形效果较反打成型工艺差。

1. 压花工艺

压花工艺是利用按设计要求加工好的模具，在浇筑并经过振捣、抹平的混凝土或者砂浆表面压出花纹、图案，从而使混凝土表面达到一定的装饰效果（如图 4-5 和图 4-6 所示）。模具上的线型或花饰要根据图纸要求加工，模具材料可选用硬质塑料、玻璃钢制作，也可以用角钢等金属型材焊接而成。压花工艺同印花工艺相同，线型和花饰的凹凸度相差较大，立体感强，装饰效果较好，但压花的操作技术要求较高。

2. 印花工艺

印花工艺也称压印工艺，是利用刻有镂花图案的模具（如图 4-7 所示），在浇筑并经振捣成型的混凝土表面印出凸形纹理或花饰，本质上属于印刷技术中漏印方法在建筑装饰中的应用。印花正打工艺的技术难度不大，模具与饰面操作均比较简单，且便于线型和花饰灵活多样化；线型和图案的凹凸度相差较小，立体感较差。印花工艺所用模具多采用橡胶或塑料板材制成，柔韧性和弹性较好，使用寿命较长。印花模具大小要根据平面或立面分块大小确定，厚度应根据花纹凸出的程度确定，但一般不超过10mm。因为混凝土中粗骨料较多，为取得较理想的模印效果，一般先在浇筑、振平的混凝土表面铺抹一层水泥砂浆，然后再在其上面进行印花操作，或者将模具铺放在刚浇筑完且已经抹平、表面无泌水的混凝土面层上，用水泥砂浆将模板上的镂花处填满抹平，使混凝土表面形成凸出类似浮雕的图案，满足面层装饰的要求（如图4-8所示）。

图4-5 压花模具

图4-6 压花花纹

图4-7 镂花图案的模具

图4-8 压印路面

3. 辊花工艺

辊花工艺也称辊压工艺，它是在已经成型的混凝土表面，再抹上一层10～15mm厚的1:2～1:3的水泥砂浆，待砂浆初凝后，用专门设计加工的辊压工具，如具有各种砖形、卵石、乱石、青石板等图形的滚筒（如图4-9和图4-10所示），利用滚筒压力在混凝土表面辊压出具有一定装饰效果的线型、花饰和图案，使混凝土表面获得多种纹理。辊花工艺可以选择的图案很少，其辊压前如在塑料薄膜上撒小粒径颗粒还可以获得带凹坑的表面效果。这种工艺压花辊压速度极快，简便易行，可以实现装饰效果的多样化。

图4-9 压花滚筒

图4-10 滚筒表面纹理

通常在混凝土抹平后0.5～1h进行滚筒辊压。为避免混凝土直接粘在滚筒上，辊压前将一层塑料薄膜覆盖在彩色混凝土表面或在已撒彩色硬化剂的混凝土表面，塑料薄膜应展平并固定在木模板边缘上，避免塑料薄膜出现皱褶影响图案效果。如果需要粗糙的纹理，尤其是接缝和边缘部位的混凝土，则混凝土表面不用覆盖塑料薄膜，直接使用滚筒在混凝土表面进行辊压。

为确保证滚筒和图案成一条直线，辊压前应在辊压区域的塑料薄膜上用直尺划线标示。某些带接缝的图案，如砖纹施工时应注意接缝的一致性。施工的混凝土表面尺寸应为滚筒宽度的整数倍，滚筒宽度通常是 1m，在所剩宽度不足滚筒宽度的地方支模时，应调整其高度，使其比其他模板低 6mm。然后在模板顶部钉 6mm 厚的木条，使刮平的混凝土表面能够与其他板面相平。辊压施工前应去除木条，将滚筒的一部分放在混凝土表面，制成完整的印花效果。滚筒不能施工的地方，可采用手工压花工具施工。混凝土完全硬化前应除去塑料薄膜，混凝土覆盖塑料薄膜的时间越长，表面的光滑平整度越好。

4.5　立模工艺

立模工艺特点是模板垂直使用，并具有多种功能，既可以用于现浇混凝土，也可以用于预制混凝土。立模预制工艺通常用于生产外形比较简单且要求两面平整的构件，如内墙板、楼梯段、柱子等，也可将衬模粘合在外模内侧，脱模后的外立面则显示出设计要求的图案或线型，这种施工工艺使外立面饰面效果更加别具一格。与平模工艺比较，可节约生产用地、提高工作效率，而且构件的两个表面都带装饰面。

立模工艺用于预制混凝土时，通常成组组合使用，又称成组立模工艺（如图 4-11 所示）。每块立模均装有行走轮，能以上悬或下行方式做水平移动，模板是箱体，腔内可通入蒸汽，侧模装有振动设备，从模板上方灌注混凝土后，即可分层振动成型，以满足拆模、清模、布筋、支模浇灌混凝土、振动成型、养护、脱模等工序的操作需要。制品成型操作班组在生产过程中由一组成组立模移至另一组，如果成组立模组数恰当，可实现连续的生产流水。

立模工艺用于现浇混凝土较厚墙体施工时，模板必须布设对拉螺栓，安装位置应上下交错，螺栓安装应避免在模板上任意钻孔留洞[5]，螺栓安装与拆卸如图 4-12 所示。制品在竖直状态的成组立模中成型后，一直放到混凝土达到所需的强度才拆模。利用墙板升模工艺，脱模时使模板先平移，从侧边整个长度方向上轻轻把模板脱出来，模板离开新浇筑混凝土墙面再提升。

图 4-11　立模预制工艺

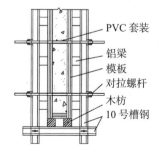

PVC 套装
铝梁
模板
对拉螺杆
木枋
10 号槽钢

图 4-12　立模现浇工艺

4.6　混凝土压印与着色系统

压印混凝土是一种用于地面的纹理饰面混凝土，替代传统的普通水泥路面、路面砖路面，不存在脱落的问题。混凝土压印与着色系统由彩色强化剂、彩色脱模粉、封闭剂、专业模具、填缝料和专业的施工工艺六个部分组成。通过六个部分的搭配与完美组合，对混凝土表面进行彩色装饰和艺术处理后，能够真实地模拟传统建材中的石材、板岩、木纹、墙、地砖等图案，使混凝土表面呈现出的色彩和图案与周围景观达到完美融合。压印混凝土造型凹凸有致、纹理鲜明、色彩丰富，天然仿真、充满质感，其艺术效果超过花岗岩、青石板等（如图 4-13 所示），既美化了城市地面的这块画布，又降低了采用天然石材所带来的高昂造价。

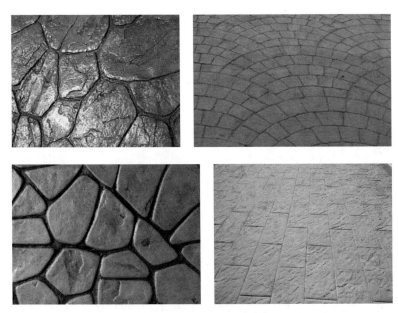

图 4-13　压印混凝土路面效果

压印混凝土铺装采用一体化成型施工，路面无接缝，可广泛用于人行道、车行道、广场、住宅区及园林景观路面，特别适合于不规则的迂回路面。具有施工快捷、整体感强、一次成型、不变色、不粉化、使用期长、维护成本低等优点。压印混凝土路面构造模式为混凝土基层、彩色面层、保护层这三个基本层面构造（如图 4-14 所示），通过对地面着色强化处理及渗透保护处理，以达到洁净地面与保养地面的要求。

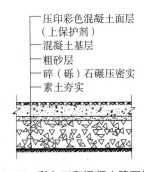

压印彩色混凝土面层
（上保护剂）
混凝土基层
粗砂层
碎（砾）石碾压密实
素土夯实

图 4-14　彩色压印混凝土路面构造

1. 彩色强化剂

彩色强化剂由高强水泥、细骨料和无机化合物及专用的外加剂调配而成，是一种专门用于现浇混凝土上色、强化的即用型干粉状材料，通常在混凝土初凝前撒布 2 ～ 3mm 厚强化剂，对混凝土表面进行强化和渗透。强化剂与混凝土发生化学反应并形成整体，使普通混凝土表面呈现丰富的色彩，具有超强的耐磨性能、力学性能、抗紫外线性能，从而有效地避免面层的脱落和磨损，色彩能持久保持，从而大大地提高了其装饰性和耐用性。

2. 脱模粉

脱模粉是一种无色或有色的防水粉质材料，在压模前撒布于强化剂表面，在压模模具和强化剂之间形成隔离层，便于脱模。有色脱模粉由无机颜料、超细粉末基料、活性剂等材料组成，实现脱模功效的同时进行二次着色，可使混凝土表面色彩更逼真、更丰富。

3. 封闭剂

封闭剂由环氧树脂、有机高渗透溶剂、抗氧化剂、抗紫外线剂、稳定剂等材料组成，混凝土封闭剂中的有效活性成分经过混凝土结构中的毛细管渗透到混凝土内部，与其中的活性钙离子和毛细管壁的羟基发生反应，生成交联结构的凝胶，封闭混凝土表面下的所有毛细孔隙，从而增强混凝土地面的强度、硬度、密实性、防污染，同时使混凝土色彩更鲜艳、更稳定、更耐久。

4. 填缝料

接缝填缝料应选用与混凝土接缝槽壁粘结力强、回弹性好、适应混凝土板收缩、不溶于水、不渗水、高温时不流淌、低温时不脆裂、耐老化的材料。常用的填缝材料有聚氨酯焦油类、聚氯乙烯胶泥、橡胶嵌缝条等。

5. 压印模具

压印模具通常采用预先做成各种图形的塑胶模具或纸模（如图 4-15 所示），选好模具式样，排列在新浇筑的混凝土面上，通过压印以形成不同的石纹和图案；混凝土成型 24h 后，拆掉模板，用水清洗混凝土表面，然后上封闭剂，便可使混凝土表面历久弥新。

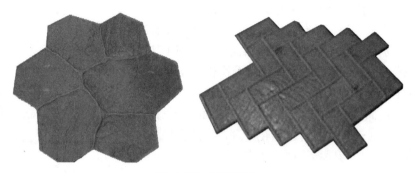

图 4-15　压印模具

6. 施工工艺

混凝土压印与着色施工工艺如图 4-16 所示。

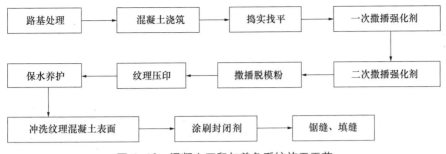

图 4-16 混凝土压印与着色系统施工工艺

（1）路基处理

为保证路基排水良好且具有充足的载荷特性，建议在天然土壤上使用碎石垫层或建筑砂浆垫层，以便路基排水均匀。路基必须充分润湿，表面无存水或任何软泥，并在浇筑混凝土时无冻结现象。

（2）表层处理

严格控制混凝土配合比，保证每批浇筑的混凝土性能保持稳定。混凝土浇筑后按要求摊铺平整，对混凝土表层进行均匀振动、提浆，然后用专用大刮板或手刮板将混凝土表面抹平，并等候表面水份散去。

（3）着色处理

分别用彩色硬化剂、彩色脱模粉直接撒播于混凝土表面，调配出所需的颜色，当采用2 种或 2 种以上色彩拼色时，应在色彩交界处做好隔离措施，保证不串色。在混凝土初凝前，其表面水分较少并处于塑性状态时，分两次在混凝土表面撒播彩色强化剂。初次撒播约三分之二的彩色强化剂时，用木抹板充分抹平收光，然后再第二次撒播约三分之一的彩色强化剂，随即均匀撒播一薄层脱模粉，其厚度以能防止混凝土拌合物溢出到压印模具上为宜。等混凝土表面充分湿润后，用抹刀抹平收光，使彩色强化剂充分浸透混凝土表层并结合密实。

（4）混凝土压印

待强化料完全吸水强化后，根据混凝土硬化情况，综合考虑施工面积大小、基层混凝土状况、天气状况等影响因素，确定进行压印的时间，以用手按压混凝土表面以强化料不沾手为宜。在垫层混凝土初凝前且找平收光后，使用配套的压印模具在其表面进行纹理压印与修饰。在开始压印前，用钢抹子收光表面不完美的地方，根据所选模具纹理的深浅，确定在强化剂表面播撒脱模粉的数量。检查彩色面层是否光滑平整，再次进行找补后，均匀布撒彩色脱模粉。使用已选定图案及形状的模具，从最早铺设的混凝土一端开始压印，为了得到满意的压印效果，并能连贯快速完成压印，可设计参考线。将压印模具沿参考线放置，并将其表面纹理垂直压入混凝土内，使混凝土表面纹理成型，然后向任何方便的方向移动。在压印过程中要保持模具的相交线横平竖直，边角完全压到位，在压模时，每掀起一块模具都必须仔细观察，压印是否饱满，压印深度是否一致，如出现有双缝或未压出沟槽的现象时，必须及时进行修补。在路牙石、侧石、模板结合处，采用专用圆边器进行倒圆处理。

（5）混凝土表面冲洗

压印结束，做好防雨防冻措施，采取全封闭养护，杜绝上人上车。当混凝土面层强度达到设计强度的 70% 后，采用高压水冲洗干净表面的脱模粉及污垢，以表面不得有深浅不一且差异很大的色泽为宜。大面积的色彩分布一定要均匀，色泽过深处用 5% 的稀盐酸刷洗，以满足色彩需求。

（6）涂刷封闭剂

混凝土完全干透后，清除施工面上所有的灰尘及杂物，用高固含量的优质封闭剂做封闭保护，封闭剂可采用滚涂或喷涂，使封闭剂均匀地分布在混凝土表面即可。

（7）锯缝与填缝

收缩缝一般采用假缝的形式，只在板的上部设缝，混凝土抗压强度达到 8 ～ 12MPa 时即可锯缝，也可用试锯法来确定合适的锯缝时间。混凝土锯缝宽度宜为 5 ～ 10mm，缝深约为板厚的三分之一至四分之一处，一般为 40 ～ 60mm，如施工现场天气炎热或温差较大时，可在中间锯缝，然后依次补锯，必要时，每隔一定距离先做一条压缝，以防混凝土板未锯先裂。

假缝内需浇灌色彩与彩色混凝土面层相近的填缝料，填缝料一般可采用聚氨酯低模量嵌缝油膏和聚硫橡胶类嵌缝油膏。先清除每条缝中漏入的水泥砂浆及彩色强化剂等杂物，并在缝隙的两侧面层贴美工纸或其他材料作为隔离层。先用泡沫塑料填塞收缩缝，然后再填塞填缝料。填缝料深度以 20mm 为宜，用刮刀将面层多余的填缝料铲去，如图 4-17 所示。

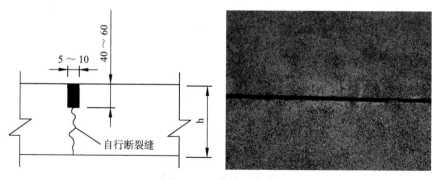

图 4-17　收缩缝构造

4.7　工程应用

随着我国高层建筑越来越多，很多建筑物为实现华丽的装饰效果，在外装修过程中喜欢选用涂料、面砖或石材作为饰面材料，与这几种材料相比，纹理饰面混凝土饰面工艺减少了装修程序，减小了外墙厚度，整体性好，饰面牢固，减少面层脱落的安全隐患，造价低，耐久性好，使建筑实用性更高。纹理饰面混凝土靠成型、模压等工艺手法，还可采用角钢或塑料条作分格条，增加纹理饰面混凝土的层次和质感，使混凝土外表面产生要求的线型、图案、凹凸层次等纹理，其表面质感更加丰富，在外观上更亲近、更温和。纹理饰面混凝土应用打破了混凝土工程常规用途，既满足工程结构要求又能美化工程环境，提高了混凝土的工程应用范围和使用价值，使混凝土走进了一个新的应用领域。

除线条纹理、图像纹理、几何图形纹理外，纹理饰面混凝土常用的仿材纹理有竹纹纹理、席纹纹理、仿石材纹理、木纹纹理等。混凝土仿制了天然材料外形及纹理，与原生态材料的使用产生了对比的美感，体现了建筑与自然的和谐共生，主要应用于博物馆、高档别墅、景观路面等（如图4-18所示）。

图4-18　仿石材纹理外墙面

彩色压印混凝土能通过色彩、色调、质感、款式、纹理、机理和不规则线条的创意设计，图案与颜色的有机组合，在混凝土表层创造出天然大理石、花岗岩、砖、瓦、木地板等各种铺设效果（如图4-19所示），对空间会产生不同影响，给环境带来轻松、温馨、开阔、舒适等不同的感受，达到人文环境和自然环境的和谐统一。

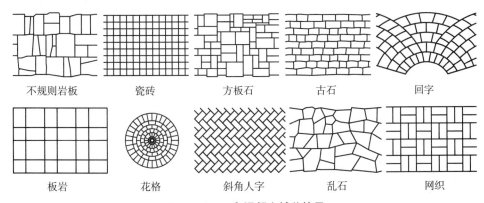

图4-19　压印混凝土铺装效果

彩色压印混凝土可用作多种色彩图案的饰面设计与施工，使直线形、弧面曲线形的广场、庭院、人行道、车行道等建筑设施处处显得靓丽迷人，起到美化生活空间的作用（如图4-20和图4-21所示）。

图4-20　压印混凝土路面清洗　　　　图4-21　别墅区压印混凝土路面

1. 竹纹及席纹混凝土

（1）南京佛手湖国际艺术会展中心

南京佛手湖国际艺术会展中心位于南京珍珠泉佛手湖风景区，旨在推动建筑艺术发展和进步，促进国际建筑艺术的交流，推动中外建筑艺术对话，创造一个国际化融建筑与其他艺术于一体的艺术世界。该项目建筑面积 42000m²，总投资 11530 万元，由 A、B、C、D 四栋公共建筑以及 20 栋别墅组成。其中 A 栋建筑为艺术博物馆，建筑物的平面外形如图 4-22 所示，屋面为两个斜交的四边形，外墙 1950m²，六个角点高度在 7.19 ～ 14.85m 之间不等，由两个倾斜的长方体斜交而成。竹纹模板通过在刚性模板面板上粘贴竹片衬模制作而成，然后使用竹纹模板来浇筑混凝土的施工方式使建筑物外墙表面形成凹凸有序的竹纹效果 [6]（如图 4-23 所示）。

图 4-22 艺术博物馆　　　　　　　　图 4-23 外墙竹纹造型

其中 15 号别墅为钢筋混凝土框架结构，部分采用钢框架结构，建筑屋顶为人字形弧形屋面，屋面底部则体现了竹席纹混凝土的建筑装饰效果。采用定制的竹席纹模板，弧形屋面以屋脊处向两边排版，模板长边与屋脊平行，短边与屋脊垂直，自上而下用整板进行铺设。在竹席纹模板上完成混凝土浇筑后，使混凝土屋面表面呈现出竹席形花纹，形成竹席纹混凝土 [7]。

（2）宁波博物馆

宁波博物馆位于宁波市鄞州区的核心区，北部是鄞州区政府，南部紧邻鄞州公园，东部为文化广场，整体建筑呈现着集中与分散、整与散的对立与统一，体现着对历史的辩证哲思，对自然的尊敬与演绎。宁波博物馆总占地约 60 亩，建筑面积为 30325 m²，建筑主体较为方整，外观就像人为切割的方砖，又如开裂的山体，反映了宁波现代化国际港口城市风貌，凸现国家历史文化。

在博物馆外围的混凝土墙面竹纹肌理等设计，竹纹肌理与室内竹子景观相映成趣，刚柔相济，动静相宜，与博物馆整体建筑以及周围环境相辅相成，浑然一体，营造出江南水乡的清幽意境，共同演绎着宁波这一方水土独具的地域特色与传统文人气质 [8]。

2. 木纹混凝土

（1）上海徐汇区西岸玻璃房

上海徐汇区西岸玻璃房位于徐汇区龙腾大道黄浦江西岸，玻璃房以矩形封闭的混凝土筒体作为建筑外墙，以高强钢化玻璃作为建筑的楼板结构，整个建筑物以顶面玻璃屋盖和墙体侧面留置的横向长条形洞口采光，私密和隔声效果很高（如图 4-24 和图 4-25 所示），上海西岸建筑与当代艺术双年展将玻璃房建为永久展馆之一。

玻璃房建筑面积约 50m²，外墙高 13.5m，总面积 170m²，表面由 2500mm×160mm 及 700mm×1600mm 锯齿木纹条带分割交替循环排列组成，采用锯齿木纹作为混凝土成型模板，混凝土浇筑成型后形成清晰的木纹质感，古朴而典雅，体现了建筑与自然的和谐共生（如图 4-26 所示）。

图 4-24　玻璃房外部　　　　　图 4-25　玻璃房内部

图 4-26　木纹清水混凝土大面

（2）上海华鑫慧享中心

华鑫慧享中心项目位于上海市徐汇区田林路 142 号，项目主要用于展示、会议，建筑规模约 4600m²，建筑造型高低错落，由悬空的封闭围墙及四个异形单体组成，每个单体均含有倾斜的墙体，倾斜角度为 57° 和 79° 不等。最大的一个单体为 3 号楼，其平面轴线尺寸为 15m×13m。为了更好地体现清水混凝土的建筑风格，整个建筑小而精致，具有浓厚的艺术气息，采用无梁楼盖板、双面木纹清水斜墙、大跨度悬空结构、弧形屋面及预应力结构等设计[9]（如图 4-27 和图 4-28 所示）。

本项目外侧围墙为悬空的大跨度结构，为大量的双面木纹清水混凝土斜墙构件，围墙上设置很多装饰孔洞，外墙面涂刷白色氟碳漆，内墙面涂刷透明防护剂（如图 4-29 和图 4-30 所示）。

（3）上海松江巨人生物科技产业园

上海松江巨人生物科技产业园总建筑面积为 20926m²，主要包括办公楼、培训中心、招待所，该工程的外墙体均采用原状木纹清水混凝土，墙体类型为直墙、斜墙、三维曲面墙；墙厚为 300mm、400mm、500mm、800mm 不等，混凝土结构形式比较复杂。采用已排板好的原状木纹衬板来成型混凝土，成型后的原状木纹混凝土墙体由横向为 80mm 左右宽的原木纹条自然错开拼接而成，竖向缝隙为 3～5mm 宽灰缝，五组原木纹条为一个有机组合，循环成型组成，使整个工程外墙条纹清晰且分布错落有致、具有纯天然木材的装饰效果[10]。

图 4-27　室外实体效果　　　　　图 4-28　室外实体效果

图 4-29　白色木纹外墙混凝土　　　图 4-30　本色木纹内墙混凝土

3. 小结

混凝土纹理和色彩的结合可以给建筑外表面带来细腻的光影变化和微妙的感观差别，在高档小区山墙、阳台、入口以及楼梯间等处的外表面上局部使用纹理混凝土，其纹理和色彩的对比也给建筑物带来独特的装饰效果（如图 4-31 和图 4-32 所示）。

图 4-31　木纹混凝土台阶　　　　　图 4-32　仿石混凝土外墙

参 考 文 献

［1］霍李江，管彬 . 彩色纹理混凝土技术的研究与应用［J］. 辽宁建材，2001（01）:24-25.

［2］周虎 . 文化石快速粘贴用胶粘剂研究［D］. 重庆大学，2016.

［3］姜绍杰，刘梁友，侯军，孔德宇 . 浅析仿石混凝土装饰预制外墙技术［J］. 住宅产业，2017（02）:57-60.

［4］崔晓明 . 装饰混凝土板正打和反打施工技术探讨［J］. 科技信息（科学教研），2007（21）:449-450.

［5］刘谋焜 . 现浇混凝土墙体立模施工［J］. 建筑工人 1994 年 02 期，13-14.

［6］竹纹装饰混凝土斜墙施工工法 . 江苏省工法 JSGF-128-2008.

［7］郭波，黄海，欧阳召生等 . 竹席纹装饰混凝土施工技术［J］. 施工技术，2008 年 12 期，46～48.

［8］张原赫 . 建筑材料中对传统的继承与创新［J］. 建筑与文化，2018 年 02 期，81-82.

［9］王尚贵 . 木纹装饰清水混凝土在工程中的应用［J］. 建筑施工，第 38 卷第 7 期，891-895.

［10］冷正华 . 原生态立体木纹清水混凝土木纹成型技术［J］. 建筑施工，第 31 卷第 2 期，127-129.

第5章 清水混凝土

5.1 概述

清水混凝土是直接利用混凝土结构本身造型的竖线条或几何外形取得简单、大方、明快的立面效果，从而获得具有装饰效果的混凝土。不同于普通混凝土，其表面平整光滑、色泽均匀、棱角分明、无碰损和污染，只是在表面涂一层或两层透明的防护剂，整体显得非常自然、庄重。

根据对清水混凝土质量的要求程度不同，清水混凝土可划分为普通清水混凝土、饰面清水混凝土、装饰清水混凝土。普通清水混凝土除要求表面颜色无明显色差外，对饰面效果无特殊要求的清水混凝土，主要用于桥梁、水利工程以及建筑构筑物中；现浇饰面清水混凝土是以混凝土本身的自然质感和精心设计、精心施工的对拉螺栓孔眼、明缝、蝉缝组合形成自然状态作为饰面效果的混凝土工程，混凝土本身具有表面质感、颜色一致、外观整齐美观和细部精致的特征；装饰清水混凝土也称艺术清水混凝土，利用混凝土的拓印特性在混凝土表面形成装饰图案、镶嵌装饰片或各种颜色的清水混凝土，是清水混凝土发展的趋势[1,2]。

1. 国内外发展现状

（1）国外发展历程

国外清水混凝土产生于 20 世纪 20 年代，随着混凝土广泛应用于建筑施工领域，建筑师们逐渐把目光从混凝土作为一种结构材料转移到材料本身所拥有的质感上，并开始用混凝土与生俱来的装饰特征来表达建筑的情感。法国建筑大师勒·柯布西耶倡导的"粗野主义"要求暴露混凝土墙体结构，拆除模板之后不再进行抹灰装饰，这种混凝土建筑被称为清水混凝土建筑，代表建筑是法国马赛公寓，无论是白色纤细的混凝土柱，还是灰色粗糙的混凝土墙面，都为后来的建筑美学开辟了一片新天地[3]。

清水混凝土的发展有一定的时代背景，随着混凝土技术、经济发展、社会环境以及人们的需求而不断提高和发展。由于第二次世界大战的破坏，战后急需重建大量的住宅和公共设施，如校舍等，大量的清水混凝土建筑结构得到应用，以满足人们当时的迫切需求。从 1947 年～1952 年间，法国建筑家 Lugol 设计建造了大片的清水混凝土住宅，解决了当时无家可归人群的住宅问题。

当时的清水混凝土完全出于经济、简单、施工快捷考虑，没有考虑清水混凝土表面的装饰效果。到 20 世纪 60 年代，在欧洲的经济发达国家的建筑越来越多地采用了清水混凝土结构。早期的清水混凝土容易潮湿变色、耐久性也较差，由于没有采取相对应的防护措施，几年后清水混凝土就逐渐泛黄，失去了美感。当时建成的建筑学科馆建成大约 30 年后，出现钢筋腐蚀，墙体严重污染，内部钢筋腐蚀等问题，只能推倒重建[4]。到 20 世纪

70 年代，日本为了迎接东京奥运会的到来，出于缩短工期的考虑，开始大量采用清水混凝土建筑，建造了大量的体育馆、运动场和竞赛馆，尽管在 20 世纪 90 年代日本清水混凝土的应用相对减少了，但是发展到现在，日本的清水混凝土技术已经比较成熟[5]。

20 世纪 80 年代中后期，随着人们研制出防止混凝土潮湿变色的新型防护材料，清水混凝土的饰面效果进一步提高，可以保持 20 年之久（混凝土表面防护技术具体见本书第 20 章）。一批新起的建筑师延续了国际主义风格，强调建筑结构的科技含量，形成了"高技派"，其代表人物有理查德德罗杰斯、诺曼福斯特等。

（2）国内发展历程

近年来，按照清水混凝土性质和功能发展，清水混凝土可分为原始清水混凝土、清水混凝土、镜面清水混凝土和彩色清水混凝土四个阶段。

① 原始清水混凝土阶段

原始清水混凝土技术最早应用于桥梁、水利工程以及工业构筑物等方面（如图 5-1 所示），仅仅要求表面无蜂窝、麻面和漏筋等质量问题，外观质量标准较低，其模板主要采用小钢模或钢框竹胶模板。随着社会经济的飞速发展和建筑质量标准的提高，促进了新型模板技术的发展，模板主要形成了工具式、组合式和永久式模板等三大体系。

② 清水混凝土阶段

在 1995 年之后，随着一系列模板标准的颁布出台以及一些专业模板工厂的出现及发展，清水混凝土的发展进入了一个崭新的阶段，其表面不需要抹灰即可直接刮腻子、涂面漆进行装饰（如图 5-2 和图 5-3 所示）。通常根据结构类型选用适合的模板体系，如柱和剪力墙等结构一般选用大钢板或质量较好的胶合板。采用大钢模板施工的清水混凝土观感质量及表面平整度较好，能基本上达到高级抹灰标准，但缺点是一次投入大、周转率低，往往需要进行二次改造，经济性较差。竹木胶合板一次投入小、周转率较高、切割加工方便，在梁柱等构件的施工中被广泛应用；梁板的模板体系多选用支撑＋早拆头＋方木＋胶木合板方案，支拆方便、快捷，经济性较好，清水混凝土表面均可达到了不抹灰的质量要求。

③ 镜面清水混凝土阶段

2000 年前后，清水混凝土技术日趋成熟，出现了"镜面清水混凝土"技术，清水混凝土发展进入一个新阶段。镜面清水混凝土外观质量要求在光泽和平整度等方面有如"镜面"般的效果，其更加注重细部和整体艺术效果，主要应用于不做饰面的建筑工程（如图 5-4 所示）。

与普通清水混凝土相比，镜面清水混凝土技术更先进，其施工工艺是在普通清水混凝土的基础上，再进行混凝土配合比优化设计，即工程施工前通过试配选定与混凝土适宜的颜色，并确定与该颜色相对应的配合比。这样的配合比可以确保镜面清水混凝土内部结构密实、外表面如镜面一样，表面效果可媲美大理石、花岗石等高级装饰。镜面清水混凝土虽然增加了较少的成本，但却能带来了显著的经济和社会效益，因此得到了人们的广泛应用和推广。

④ 彩色清水混凝土阶段

未来清水混凝土发展的趋势应该是彩色清水混凝土，它是一种集防水、防腐和防滑为一体的绿色环保装饰材料。其施工工艺是在尚未初凝的混凝土表面浇筑一层彩色混凝土或者通体浇筑彩色混凝土，通过使用专用模具，可以使混凝土表面能永久地呈现出各种色泽、图案，展现出特有的质感，还能逼真地模拟各种自然材质和纹理。

图 5-1　原始清水混凝土

图 5-2　高铁清水混凝土桥墩　　　　图 5-3　清水混凝土隧道

图 5-4　镜面清水混凝土表面"镜面"效果

彩色清水混凝土采用特殊的混凝土浇筑及养护工艺技术，使用特制的材料和模具，产生不同外观图案及造型，如镜面、木纹及条纹效果等，使建筑整体具有特殊美感（如图5-5 所示）。彩色清水混凝土施工工艺与镜面清水混凝土基本相同，重点和关键是柱和梁板等受力构件的彩色清水混凝土的材料选择。混凝土颜色有色度、亮度、纯度和耐碱性等方面的差异，白水泥作为胶凝材料能影响结构的强度和耐久性，应在取得可靠数据和试验基础上制定彩色清水混凝土的材料设计和施工标准，推动彩色混凝土的发展和大范围的应用。

随着我国混凝土行业节能环保和提高工程质量的呼声越来越高，清水混凝土的研究、开发和应用已引起众多学者的广泛关注，并已在一些重要的结构工程和高精度的混凝土制品中得到了应用，如北京首都国际机场三号航站楼、郑州国际会展中心等清水混凝土典范工程（如图5-6和图5-7所示）。

图5-5　云南省博物馆

图5-6　北京首都国际机场三号航站楼　图5-7　郑州国际会展中心

2. 清水混凝土价值优势

清水混凝土以其特有表观质量，充分证明和显示了清水混凝土技术的先进性、优越性，其优势具体体现在以下几个方面：

（1）提高工程质量

清水混凝土不做任何修饰，无明显色差、线条流畅，集"静、细、美"于一身，是混凝土材料的最高级表达形式。清水混凝土提高了混凝土的感观质量，同时将极大地提高了混凝土力学性能、耐久性能等，消除了常规混凝土施工中可能产生的漏浆、裂纹、气孔等问题。

（2）节约工程成本

清水混凝土具有较高表面质量水平，无需做任何修饰即可以素颜示人，同时取消了抹灰层和面层，节约了大量直接工程成本与间接工程成本，降低了工程综合造价。

（3）提高建筑企业技术水平和管理水平

实现混凝土表观质量的清水状态，需要提高工程材料技术水平，同时也需要建筑企业先进的施工工艺与管理水平。混凝土感观质量的提高与建筑企业技术和管理水平的提高是相互促进的关系，提高混凝土感观质量需要建筑企业具有较高的技术与管理水平，而只有建筑企业具有较高的技术与管理水平才能提高混凝土感观质量，进而提升建筑业企业整体管理水平。

（4）推动混凝土技术发展

提高混凝土感观质量，需要在现有原材料选择、配合比设计、质量控制等基础上进一步完善、研究，以达到清水混凝土的技术要求。清水混凝土要求技术人员在保证力学性能、耐久性的前提下，提高混凝土的工作性能、感观质量，使混凝土具备"内实外美"的性能，进而推动混凝土技术的发展。

5.2　清水混凝土现浇技术

1. 原材料选用

混凝土配合比的设计与原材料的选择直接影响其外观质量及耐久性，而清水混凝土表面没有任何其他装饰材料，所以其表面的性能和功能要求都很高，可以通过施工做成不同的表面造型、呈现出不同的质感，并通过原材料和外加剂等做成不同的色彩，来达到装饰的目的。选择优良品种的水泥、矿物质掺合料以及化学外加剂，了解相关材料的特性和性能，掌握使用材料的方法和有效措施，是保证清水混凝土表面质量的前提。在对清水混凝土原材料选择和配合比设计时，必须在满足混凝土浇筑工作性能与耐久性等前提下，严格选择原材料并控制其配合比，满足清水混凝土的特殊要求。

（1）水泥

水泥的选用是整个混凝土工程施工的基础，要根据建筑周围环境污染状况选用适当品种的水泥，例如有硫酸盐腐蚀的环境或酸雨环境中应选用 C_3A 含量小于百分之五的普通硅酸盐水泥。如无特殊要求，一般首选水化热不高、碱含量低的普通硅酸盐水泥，由于我国硅酸盐水泥的生产厂家多，规模大，质量相对稳定。清水混凝土选用的水泥强度等级不宜低于 42.5 级，具有活性好、标准稠度用水量小、与外加剂的适应性良好的特点。为了保持混凝土色差一致，同一工程的水泥宜为同一厂家、同一品种、同一强度等级。生产过程中，一般不要随意更换水泥。

（2）骨料

清水混凝土对骨料的选择与普通混凝土或高性能混凝土基本相同，也应满足级配合理、空隙率低以及强度和密实度较高等要求。粗骨料选用的原则是骨料母岩强度高、连续级配好、碱活性低，颜色均匀一致、洁净，含泥量小于 1%，泥块含量小于 0.5%，针片状颗粒不大于 15%；细骨料应选择连续级配良好的河砂或人工砂，细度模数应大于 2.6，颜色一致，含泥量不应大于 1.5%，泥块含量不大于 1.0%；粗骨料和细骨料分别来源于同一砂场与同一石场的材料。

（3）掺合料

掺合料应对混凝土及钢材无害，并且能部分替代水泥，改善混凝土的施工性能，减少水泥石中的毛细孔数量和分布状态，且有助于碱 - 骨料活性的抑制，有利于提高混凝土的耐久性。目前，清水混凝土工程中应用的矿物掺合料主要有粉煤灰、矿渣微粉、硅灰、天然沸石和微珠等，其中应用最广泛的是粉煤灰。同一工程所用的掺合料应尽量来自同一厂家、同一品种。

（4）外加剂

清水混凝土中的化学外加剂掺量虽然很少，但却能显著影响混凝土的性能。化学外加剂加入清水混凝土中，通过界面的活性作用来改善混凝土的很多性能。一般来说，混凝土使用较多的外加剂，主要包括引气剂、减水剂、缓凝剂、消泡剂、增粘剂等。

清水混凝土外加剂的选择必须严格控制，选用的外加剂必须减水效果明显，同时具有降低收缩的作用，能够满足混凝土的各项工作性能。根据工程经验，使用新一代的聚羧酸类高效减水剂配制的混凝土具有更好的外观质量，聚羧酸类高效减水剂配制的混凝土除具有减水效果明显、坍落度损失小的特点外，还具有很好的和易性、黏聚性。

2. 模板技术

（1）基本要求

模板是混凝土结构用于成型的临时性模具，由面板和支撑系统、连接配件组成。混凝土表面质量与模板之间有密切关系，模板工程是清水混凝土施工中非常关键的一项内容。直接利用清水模板浇筑混凝土，拆模后混凝土表面无明显色差，外观结构尺寸准确、线条顺畅、棱角分明，表面平整无缺陷、色泽均匀。

模板体系设计应以构造简单、支拆方便、技术先进、经济合理为基本原则，其设计主要包括面板设计、模板及支撑系统设计、支撑系统及模板拆除等，根据混凝土结构的形式、构件的截面尺寸、模板所承受荷载的大小、基础或地基、支撑结构的承载能力、材料供应条件和现场施工设备情况等来确定。

模板按面板材料分为钢模板、竹胶板、木模板、塑胶板等四大类，其技术性能如表5-1所示。竹胶板一般都是一次性的，而其他模板则需要使用脱模剂、模板漆等，这样可以增加模板的周转次数或寿命，浇筑出高质量混凝土。

清水混凝土模板面板材料性能指标   表 5-1

面板材料	吸水性能	混凝土饰面效果	注意事项	周转次数	备 注
原木板材，表面不封漆	吸水性面板	粗糙木板纹理	色差大，有斑纹	2～3	
锯木板材，表面不封漆		粗糙木板纹理，暗色调	多次使用后，纹理和吸水性会减退	3～4	具体使用次数与清水混凝土饰面要求等级的高低有关
表面刨平的木板		平滑的木板纹理，暗色调	多次使用后，纹理和吸水性会减退	3～5	
普通胶合板或松木板	弱吸水性面板	粗糙木板纹理，暗色调	多次使用后，纹理和吸水性会减退	3～5	
表面封漆的平木板		平滑的木板纹理，深色调	多次使用后，纹理和吸水性会减退	10～15	具体使用次数与板材的封漆厚度有关
木质光面多层板，三合板		平滑的木板纹理	多次使用后，纹理和吸水性会减退	8～15	具体使用次数与板材的厚度有关
压实处理的三合板				15～20	具体使用次数多取决于板材的压实胶结度

续表

面板材料	吸水性能	混凝土饰面效果	注意事项	周转次数	备 注
覆膜多层板	弱吸水性面板	平滑表面没有纹理	面层不均匀和覆膜色调差异	5～30	具体使用次数与板材的覆膜厚度有关（120～600g/cm²）
平面塑料板材	非吸水性面板	平滑发亮的混凝土表面		50	
塑料、塑胶、聚氨酯内衬膜		根据设计选择制作		20～50	具体使用次数与衬膜厚度和使用部位有关
玻璃钢		根据设计选择制作	混凝土表面易形成气孔和石状纹理	8～10	
金属模板		平滑表面	混凝土表面易形成气孔和石状纹理甚至锈痕	80～100	

（2）模板设计要点

模板分块设计应满足清水混凝土饰面效果的设计要求，单块模板的面板分割设计应与蝉缝、明缝等清水混凝土饰面效果一致（如图 5-8 所示）。当设计无要求时，外墙模板分块宜以轴线或门窗洞口中线为对称中心线，内墙模板分块宜以墙中线为对称中线；墙模板的分割应依据墙面的长度、高度、门窗洞口的尺寸、梁的位置和模板的配置高度、位置等确定，所形成的蝉缝、明缝水平方向应交圈，竖向应顺直有规律。外墙模板上下接缝位置宜设于明缝处，明缝宜设置在楼层标高、窗台标高、窗过梁梁底标高、框架梁梁底标高、窗间墙边线或其他分格线位置；阴角模与大模板之间不宜留调节余量；当确需留置时，宜采用明缝方式处理。

当模板接高时，拼缝不宜错缝排列，横缝应在同一标高位置，群柱竖缝方向宜一致。当矩形柱较大时，其竖缝宜设置在柱中心。柱模板横缝宜从楼面标高开始向上作均匀布置，余数宜放在柱顶，水平模板排列设计应均匀对称、横平竖直，对弧形平面宜沿径向辐射布置，装饰清水混凝土内衬模板的面板分割应保证装饰图案的连续性及施工可操作性[6]。

图 5-8　模板工程

（3）模板制作

模板下料尺寸应准确，切口应平整，组拼前应调平、调直，其制作尺寸的允许偏差与检验方法应符合表 5-2 的规定；模板龙骨不宜有接头，当确需接头时，有接头的主龙骨数量不应超过主龙骨总数量的 50%。木模板材料应干燥，切口宜刨光。模板加工后宜预拼，应对模板平整度、外形尺寸、相邻板面高低差以及对拉螺栓组合情况等进行校核，校核后应对模板进行编号。

清水混凝土模板制作尺寸允许偏差与检验方法　　　表 5-2

项次	项　目	允许偏差（mm）		检验方法
		普通清水混凝土	饰面清水混凝土	
1	模板高度	±2	±2	尺量
2	模板宽度	±1	±1	尺量
3	整块模板对角线	≤3	≤3	塞尺、尺量
4	单块板面对角线	≤3	≤2	塞尺、尺量
5	板面平整度	3	2	塞尺、2m 靠尺
6	边肋平直度	2	2	塞尺、2m 靠尺
7	相邻面板拼缝高低差	≤0.5	≤0.5	塞尺、平尺
8	相邻面板拼缝间隙	≤0.8	≤0.8	塞尺、尺量
9	连接孔中心距	±2	±2	游标卡尺
10	边框连接孔与面板距离	±2	±2	游标卡尺

（4）模板运输和安装

模板应存放在坚实平整、排水良好的场地上，无论钢模板、木模板或胶合板，无论水平堆放还是竖直堆放，都应适当架高，防止模板受潮引起变形或腐蚀。模板经过验收合格后，在装车运输的过程中必须妥善放置，一般采用水平堆码方式装车，各层模板之间的垫木要放平对齐。堆好的模板用绳索和卡具绑好固定，模板与绳索卡具接触的部位应垫好塑料泡沫等柔性材料，防止模板弯曲变形、板面磨损和边棱破坏。当采用竖放的方式装车时，应设置模板支架，将每块模板放入支架固定好，并避免碰撞损坏。

模板检查完毕之后需要及时进行模板安装，模板安装尺寸允许偏差与检验方法应符合表 5-3 规定。模板安装过程中应严格按照模板编号顺序进行准确安装，对模板面板、边角和已成型清水混凝土表面进行保护，定点使用，模板板面应干净，隔离剂应涂刷均匀。安装的模板接缝一定要平整、严密、避免漏浆，模板支撑应设置正确、连接牢固，以保证浇筑出来的混凝土满足设计要求和功能需要。对拉螺栓安装应位置正确、不得硬拉强撬造成模板损伤，注意拧紧顺序使锁紧程度一致，并且固定牢固，保证模板受力均匀。

模板安装时应搭设必要的临时支撑架，如脚手架等，使吊装到位且尚未校正和固定的模板有一个临时依托；外墙模板应用专用的支架，支架用顶撑和对拉螺栓固定在施工缝下混凝土结构的适当部位，顶撑与混凝土接触的部位需设置海绵垫保护混凝土表面。吊装模板时要注意保护模板，防止模板碰撞、弯曲和损伤。

清水混凝土模板安装尺寸允许偏差与检验方法　　　表 5-3

项次	项　目		允许偏差（mm）		检验方法
			普通清水混凝土	饰面清水混凝土	
1	轴线位移	墙、柱、梁	4	3	尺量

续表

项次	项　　目		允许偏差（mm）		检验方法
			普通清水混凝土	饰面清水混凝土	
2	截面尺寸	墙、柱、梁	±4	±3	尺量
3	标高		±5	±3	水准仪、尺量
4	相邻板面高低差		3	2	尺量
5	模板垂直度	不大于5m	4	3	经纬仪、线坠、尺量
		大于5m	6	5	
6	表面平整度		3	2	尺量、塞尺
7	阴阳角	方正	3	2	方尺、塞尺
		顺直	3	2	线尺
8	预留洞口	中心线位移	8	6	拉线、尺量
		孔洞尺寸	+8.0	+4.0	
9	预埋件、管、螺栓	中心线位移	3	2	拉线、尺量
10	门窗洞口	中心线位移	8	5	拉线、尺量
		宽、高	±6	±4	
		对角线	8	6	

3. 清水混凝土技术

（1）清水混凝土制备

清水混凝土的配合比设计与普通混凝土基本相同，都需要经过计算、试配、调整和确定施工配合比等阶段，先确定混凝土表面颜色，然后按照混凝土原材料试验结果确定外加剂型号和用量。清水混凝土配合比设计原则上应满足《普通混凝土配合比设计规程》JGJ/T 55 和《混凝土结构工程施工质量验收规范》GB 50204 的要求，此外，清水混凝土中胶凝浆体应相对充分，使清水混凝土表面尽量少或不出现蜂窝、麻面现象。

清水混凝土的配制必须要考虑到应满足施工要求的流动性以及抗离析性能，通常90min 的坍落度经时损失值宜小于 30mm，减少因现场二次增加混凝土外加剂而改变混凝土均质性和稳定性现象的发生，一般柱的混凝土流动性宜为 150±20mm，墙、梁、板的混凝土流动性宜为 170±20mm，在满足混凝土施工的前提下，尽量减少混凝土坍落度，从而减少浮浆厚度和混凝土色差。此外，混凝土必须满足设计要求的抗压强度、保证混凝土的耐久性，还要注意降低干缩，避免混凝土开裂。

（2）搅拌与浇筑

采用强制式搅拌设备生产搅拌清水混凝土，每次搅拌时间宜比普通混凝土延长 20～30s，可以提高混凝土拌合物的匀质性和稳定性，同一视觉范围内所用清水混凝土拌合物的制备环境、技术参数应保持一致。混凝土浇筑前应保持模板面板清洁、无积水；竖向构件浇筑时，应严格控制分层浇筑的间隔时间，分层厚度不宜超过 500mm，防止冷缝出现。宜从门窗洞口两侧同时浇筑清水混凝土，防止模板被一侧混凝土挤压变形及位移。清水混凝土应振捣均匀，严禁漏振、过振、欠振；振捣棒插入下层混凝土表面的深度应大于 50mm；

后续清水混凝土浇筑前，应先剔除施工缝处松动石子或浮浆层，并剔凿后清理干净。

（3）养护和成品保护

高层建筑建设周期长，穿插作业多，混凝土的成品保护显得尤为重要。拆模后应对易磕碰的阳角部位采用多层板、塑料等硬质材料进行保护，阳角可采用木胶合板进行包角保护。严禁随意剔凿成品清水混凝土表面，确需剔凿时，应制定专项施工方案。后续工序施工时，要注意对清水饰面混凝土的保护，不得碰撞及污染清水饰面混凝土结构；在混凝土交工前，用塑料薄膜保护外墙，以防污染，对易被碰触的部位及楼梯、预留洞口、柱、门边、阳角处，混凝土拆模后钉薄木条或粘贴硬塑料条保护。为确保对清水混凝土的保护，塔吊附着时不和清水混凝土墙面发生接触，避免由于附着所用的铁件、拉杆等对墙面造成破坏和污染；外脚手架安装时不在清水混凝土面上穿洞，预埋拉环；施工升降机在外墙清水面安装时，所有拉结杆件不与清水混凝土面发生接触，并对拉结杆件进行防锈处理，确保不污染墙面；当挂架、脚手架、吊篮等与成品清水混凝土表面接触时，应使用垫衬保护。

清水混凝土为尽量避免形成表面色差，抓好混凝土早期硬化期间的养护十分重要。清水混凝土拆模后应立即养护，养护时，不得采用对混凝土表面有污染的养护材料和养护剂。混凝土养护措施是持久地保持表面湿润，即混凝土浇筑后进行覆盖或外挂麻袋、严包塑料布，12h后开始洒水养护，根据气候情况连续洒水使麻布保持湿润3～7d，防止混凝土因表面脱水产生裂缝。

（4）混凝土表面处理

清水混凝土追求的是混凝土一次成型的原始饰面效果。由于全国不同地区的材料水平、施工工艺等都存在很大不同，大面积的清水混凝土施工中要做到表面效果一致难度较大，大部分工程均需要进行表面处理，如混凝土表面气泡、螺栓孔眼、漏浆部位、明缝处胀模、错台、螺栓孔封堵等。

① 气泡处理

清理混凝土表面，用与混凝土强度等级相当的水泥浆刮补墙面，待硬化后，用细砂纸均匀打磨，用水冲洗洁净。

② 螺栓孔眼处理

清理螺栓孔眼表面，将原堵头放回孔中，用专用刮刀取界面剂的稀释液，调制与混凝土强度等级相当的水泥砂浆，并刮平周边混凝土表面，待砂浆终凝后擦拭混凝土表面浮浆，取出堵头，然后喷水养护。

③ 螺栓孔封堵

采用三节式螺栓时，中间一节螺栓留在混凝土内，在两端的锥形接头拆除后，用补偿收缩水泥砂浆封堵，并套用专用封孔模具装饰，使修补的孔眼直径、孔眼深度与其他孔眼一致，并喷水养护。采用通丝对拉螺栓时，用补偿收缩水泥砂浆和专用模具封堵螺栓孔，取出堵头后，进行喷水养护。

④ 漏浆部位处理

清理混凝土表面松动砂子，用刮刀取界面剂的稀释液调制成颜色与混凝土基本相同的水泥腻子，并抹于需处理部位。待腻子终凝后用砂纸抹平，刮至表面平整，阳角顺直即可，然后喷水养护。

⑤ 明缝处胀模、错台处理

胀模、错台处用铲刀铲平，打磨后用水泥浆修复平整。明缝处拉通线，切割超出部位，对明缝上下阳角损坏部位要先清理浮渣和松动混凝土，再用界面剂的稀释液调制与混凝土强度等级相当的水泥砂浆，将明缝条平直嵌入明缝内，将砂浆填补到处理部位，用刮刀压实刮平，分次处理上下部分；待砂浆终凝后，取出明缝条，及时清理被污染混凝土表面，并喷水养护。

（5）喷涂防护剂

①底涂

底涂采用喷涂或滚涂施工两遍，混凝土表面必须完全覆盖、无遗漏，否则在墙体渗水的情况下，很容易造成涂膜破裂，从而导致涂膜耐久性下降。

②中间涂层

喷涂施工一遍，混凝土表面必须完全覆盖，无遗漏，中间涂层是底漆层和罩面层间的过渡涂层，起承上启下的作用，不可或缺。

③罩面涂层

罩面涂层直接影响最终效果，采用喷涂施工两遍，要喷涂均匀，对颜色较深的混凝土墙面，可采取多喷一遍的方法，使墙面颜色及质感更加趋于一致。

（6）冬期施工

掺入混凝土的防冻剂，应经试验对比，混凝土表面不得产生明显色差。冬期施工时，应在塑料薄膜外覆盖对清水混凝土无污染且阻燃的保温材料。混凝土施工过程中应有防风措施，混凝土罐车和输送泵应有保温措施，混凝土入模温度不应低于 5℃。当室外气温低于－15℃时，不得浇筑混凝土。

（7）质量验收

清水混凝土外观质量与检验方法应符合表 5-4 和表 5-5 规定。

清水混凝土外观质量与检验方法　　　　　　　　表 5-4

项次	项目	普通清水混凝土	饰面清水混凝土	检查方法
1	颜色	无明显色差	颜色基本一致，无明显色差	距离墙面 5m 观察
2	修补	少量修补痕迹	基本无修补痕迹	距离墙面 5m 观察
3	气泡	气泡分散	最大直径不大于 8mm，深度不大于 2mm，每 m² 气泡面积不大于 20cm²	尺量
4	裂缝	宽度小于 0.2mm	宽度小于 0.2mm，且长度不大于 1000mm	尺量、刻度放大镜
5	光洁度	无明显漏浆、流淌及冲刷痕迹	无漏浆、流淌及冲刷痕迹，无油遂、墨迹及锈斑，无粉化物	观察
6	对拉螺栓孔眼	/	排列整齐，孔洞封堵密实，凹孔棱角清晰圆滑	观察、尺量
7	明缝	/	位置规律、整齐，深度一致，水平交圈	观察、尺量
8	蝉缝	/	横平竖直，水平交圈，竖向成线	观察、尺量

清水混凝土结构允许偏差与检查方法　　　　　　　　表 5-5

项次	项目		允许偏差（mm）		检查方法
			普通清水混凝土	饰面清水混凝土	
1	轴线位移	墙、梁、柱	6	5	尺量

续表

项次	项 目		允许偏差（mm）		检查方法
			普通清水混凝土	饰面清水混凝土	
2	截面尺寸	墙、梁、柱	±5	±3	尺量
3	垂直度	层高	8	5	经纬仪、线坠、尺量
		全高（H）	$H/1000$，且≤30	$H/1000$，且≤30	
4	表面平整度		4	3	2m靠尺，塞尺
5	角线顺直		4	3	拉线、尺量
6	预留洞口中心线位移		10	8	尺量
7	标高	层高	±8	±5	水准仪、尺量
		全高	±30	±30	
8	阴阳角	方正	4	3	尺量
		顺直	4	3	
9	阳台、雨罩位置		±8	±5	尺量
10	明缝直线度		—	3	拉5m线，不足5m拉通线，钢尺
11	蝉缝错台		—	2	尺量
12	蝉缝交圈		—	5	拉5m线，不足5m拉通线，钢尺检查

5.3　清水混凝土预制技术

清水混凝土预制构件对外形尺寸、表观质量、颜色均匀、整体装饰效果的要求都非常严格，通过在预制工厂或施工现场预先采用模具浇筑成型，养护至规定强度后再安装到设计部位，这些预制清水混凝土构件成功应用于软通动力研发楼、深圳湾体育中心等项目（如图5-9和图5-10所示）。与传统现浇建筑相比，预制装配式建筑能够提升质量和安全、提高效率和效益、缩短工期、改善劳动环境、节省劳动力、促进建筑节能减排、节约资源。

图5-9　软通动力研发楼　　图5-10　深圳湾体育中心

1. 预制构件生产特点

清水混凝土预制构件的生产特点是组织工厂化集中批量式生产，以机械化自动、半自动化完成生产过程，细分工艺环节，规范岗位操作，达到重复一致的产品质量。由于清水混凝土预制构件的生产是在规范操作、严密监控下进行，并由必要的辅助设施协同完成，所生产出的产品在品质稳定性和优异性比现浇构筑物要好。清水混凝土预制构件通常包括板式构件、楼梯、梁和柱等，构件不同，其成型工艺也有所区别。

（1）板式构件

在清水混凝土预制构件中，反打是指外露面作为模板面的浇筑成型方法，是清水混凝土预制构件的常用生产工艺。板式构件如预制墙板、预制看台板等板面较宽的构件（如图5-11所示），宜采用反打一次成型工艺，以保证外露面的外观效果。预制混凝土清水外墙挂板可以在平台座或平钢模的底模上，预铺带有花纹的衬模，墙板的外露面在下面，这种工艺可以在浇筑外墙清水混凝土墙体的同时一次性将外饰面的各种线型及质感带出来。

图 5-11 预制外墙板

（2）楼梯

预制楼梯常见生产方式有两种，即反打成型与侧立生产。侧立生产通常用于生产外形比较简单且要求两面平整的构件，如预制楼梯构件（如图5-12所示）。当预制楼梯踏步与背面均要求清水效果时，应采用侧立生产。侧立生产的特点是模板垂直使用，靠墙侧面或扶手侧面为手工面。与平模工艺比较，可节约生产用地、提高生产效率，且构件的两个表面同样平整，可减少手工压面的工作量，保障外露面的清水效果。

图 5-12 预制楼梯

（3）梁和柱

预制梁的梁身部分大面积外露，其上表面有出筋拉毛要求。对侧面外露和外观要求较高的预制梁构件（如图 5-13 所示），应采用正打成型方式。预制柱的制作可采用两柱共享一侧模，从而减少模具成本。预制柱（如图 5-14 所示）高度较高，宜采用侧立方式生产，在保证构件质量的基础上，可降低工人操作的危险性。

图 5-13　预制叠合梁　　　　　　　图 5-14　预制围墙

2. 预制构件生产关键技术

（1）模具工程

模具是生产预制清水混凝土构件的核心和前提，模板设计前，应了解构件生产质量标准、施工工艺、施工设备、浇筑流程和工期对模板配置的特殊要求，并将其作为设计的依据。预制清水混凝土构件一般采用钢模具，钢板选材、模具形式、细部处理、焊接工艺等均会对模具质量产生较大影响。钢模板用 3 ～ 4mm 厚的钢板加工制成，出模速度快，可减少工时，耐用不变形，可使用 5 年以上，生产效率高、任何尺寸规格都可定做。钢模板主要应用于预制构件厂，主要适用于高层建筑剪力墙、垂直墙板和大坝、隧道及立交桥、拱桥等桥梁、梁柱、预制挂板等建筑模板。

模具制作水平严重影响构件成型外观质量。钢模具外形尺寸应准确，整体刚度好；模具组装与拆卸灵活方便，不需锤击，侧帮开启时应能先平移再反转。混凝土预制构件生产制作时应对模板尺寸进行严格控制，清水混凝土预制构件模板制作允许偏差和检验方法见表 5-6 和表 5-7。清水模板面板应采用整板制造，尽量减少拼缝，如需拼接，模板拼缝应焊接饱满，打磨平整光洁，成型时，制品在上面不留痕迹。钢模具面板宜采用抛光处理，不应有裂痕、结疤、分层等缺陷。

清水混凝土预制构件模板制作主控项目　　　　　　　　表 5-6
允许偏差和检验方法

项次	项　目	允许偏差（mm）	检验方法
1	模板宽度	±1	钢尺检查
2	板面平整度	≤ 2	2m 靠尺及塞尺检查
3	相邻面板拼缝高低差	≤ 0.5	平尺及塞尺检查

续表

项次	项　目	允许偏差（mm）	检验方法
4	相邻面板拼缝间隙	≤ 0.6	塞尺检查
5	预留孔中心线位移	≤ 1	拉线及钢尺检查
6	孔中心与板面间距	± 0.5	游标卡尺检查

清水混凝土预制构件模板制作一般项目允许偏差和检验方法　　　表 5-7

项次	项　目	允许偏差（mm）	检验方法
1	模板高度	± 1	钢尺检查
2	模板板面对角线差	≤ 3	钢尺检查
3	边肋平直度	≤ 2	2m 靠尺及塞尺检查
4	孔洞尺寸	≤ 1	钢尺检查
5	连接孔中心距	± 1	游标卡尺检查

　　模板安装前必须进行清理，不得残留杂质。接缝及连接部件应有接缝密封措施。模板验收合格后，模板面板应均匀涂刷脱模剂，模板夹角处不得漏涂，钢筋、预埋件不得沾有脱模剂。脱模剂应选用与水泥兼容的、质量稳定、性能良好的脱模剂，不但要满足易于脱模的功效，而且要达到消泡和改善混凝土表面质量的双重作用，使混凝土外观光滑且气泡控制在标准要求范围之内。清水混凝土预制构件模板安装尺寸偏差及检查方法如表 5-8 和表 5-9 所示。

清水混凝土预制构件模板安装主控项目允许偏差和检验方法　　　表 5-8

项次	项　目	允许偏差（mm）	检验方法
1	板面平整度	≤ 2	2m 靠尺及塞尺检查
2	相邻模板高低差	≤ 1	平尺及塞尺检查
3	相邻模板组装缝隙	≤ 1	塞尺检查
4	预埋件、预留孔中心线位移	≤ 1	拉线及钢尺检查
5	孔中心与板面间距	± 0.5	游标卡尺检查

清水混凝土预制构件模板安装一般项目允许偏差和检验方法　　　表 5-9

项次	项　目		允许偏差（mm）	检验方法
1	模内截面尺寸		0，— 3	钢尺检查
2	孔洞尺寸		≤ 2	钢尺检查
3	侧模与底模垂直度	$H < 400mm$	≤ 2	经纬仪、线坠和钢尺检查
		$H ≤ 400mm$	≤ 3	

（2）混凝土工程

① 配比设计

　　清水混凝土预制构件应根据混凝土强度等级、耐久性和工作性等要求进行配合比设计；对有特殊要求或需要掺加其他材料的清水混凝土构件，其混凝土配合比设计尚应符合国家现行有关标准规定和设计要求。混凝土坍落度不宜大于 160mm，偏差宜控制在

±10mm 之内。

②浇筑与养护

混凝土拌合物应该具有施工性能良好，拌合物颜色均匀一致，无离析、泌水的特点。混凝土在浇筑入模时的温度不宜低于 10℃，模板表面与混凝土温度之差不宜大于 20℃。混凝土浇筑完毕后，应按样板构件确定的养护方案及时采取有效养护措施，同一工程清水混凝土预制构件可根据季节或环境温度的变化采取不同的养护方式和养护制度；静停期间，构件混凝土经过成型抹面后要及时用塑料薄膜等洁净物覆盖。当采用蒸汽养护时，预养护不应少于 1.5h，升温速率不宜超过 15℃/h，降温速率不宜超过 15℃/h，恒温最高温度不宜超过 55℃；确保构件养护温度均匀一致，蒸汽养护过程应定时进行测温并记录；当采用自然养护时，应使用塑料薄膜等洁净物覆盖浇水保湿，脱模时构件表面温度与环境温度相差不宜超过 20℃；当日平均气温低于 5℃时，不得浇水养护；当构件尺寸满足大体积混凝土条件时，在生产中应根据环境和气候条件采取相应的温度控制措施。

（3）成品保护与质量验收

表面防护技术是清水混凝土预制构件的一项重要技术，由于预制清水混凝土构件表面长期直接裸露在空气中，对混凝土抗渗透、抗冻融破坏、抗风化和抗污染性能等都有很大影响。为了减少这些情况的发生，一般在清水混凝土表面涂刷一层透明的防护剂，把混凝土同空气、水、酸性气体等隔离开来，从而大大提高清水混凝土的抗渗性能、抗冻融破坏和抗风化性能。一般的清水混凝土防护剂利用"硅烷浸渍"保护原理，硅烷类防护剂是目前所用最广泛、效果最好的混凝土表面防护剂，具有超强的渗透能力、良好的透气"呼吸"功能、优异的防水性能、极佳的环保性，防护剂无色透明、不改变基层的颜色和外观、阻止以水为载体的一些介质对混凝土的侵蚀，能提高混凝土的耐久性，延长混凝土的使用寿命。

构件在码放时，根据清水混凝土构件的尺寸确定码放的高度；同时在使用垫木进行码放时，垫木要用塑料包住，防止垫木因长时间存放产生的污损污染清水混凝土构件。码放在库区的构件，应经常进行检查，防止清水混凝土外挂板，由于长时间存放造成板的扭挠变形[7]。

清水混凝土构件感观质量标准要严于普通混凝土构件，有构件清水面和非清水面的区别。在成品任何表面上不得出现露筋、蜂窝、孔洞、夹渣和疏松等质量缺陷，这些缺陷会对构件结构耐久性产生不利影响且显著破坏清水感观；在清水面上也不应出现外形缺陷、外表缺陷、气泡和颜色偏差，这些缺陷会显著影响感观质量。在非清水面上，允许存在一些通过修饰就可以达到不影响装饰效果的缺陷，但是对于经过严格过程控制的预制构件来说，缺陷的存在应该控制在一个合理的比例范围[8]。清水混凝土预制构件成品表观质量缺陷判定和构件允许偏差及检验方法分别见表 5-10、表 5-11。

清水混凝土预制构件成品表观质量缺陷 　　　　　　　　　　　　　　　　表 5-10

序号	名称	缺陷现象	严重缺陷	一般缺陷
1	裂缝	缝隙从混凝土表面延伸至混凝土内部	存在影响使用功能或距离清水面 2m 有肉眼可见裂缝	距离清水面 2m 内肉眼可见裂缝或非清水表面存在的不影响使用功能且宽度小于 0.2mm 的裂缝
2	连接部位缺陷	构件连接处混凝土缺陷及连接钢筋、预埋件松动	连接部位有影响结构传力性能或距离清水面 2m 经修饰后有肉眼可见的缺陷	不影响结构传力性能且距离清水面 2m 内存在的肉眼可见或非清水存在缺陷

续表

序号	名称	缺陷现象	严重缺陷	一般缺陷
3	外形缺席	棱角碰撞、不顺直、翘曲不平、飞边毛刺等	影响使用功能或清水面上存在的缺陷	非清水面存在的不影响使用功能的缺陷
4	外表缺陷	麻面、掉皮、起沙和水迹玷污	清水面上存在且修饰后距离清水面 2m 肉眼可见的缺陷	非清水面存在的不影响使用功能的缺陷
5	气泡	每 m² 混凝土构件表面存在的直径 5mm 以上、深度 5mm 以上的气孔数量超过 5 个，或存在连成片的小气泡或直径大于 5mm 的气孔	清水面上存在且修饰后距离清水面 2m 肉眼可见的气泡	非清水面存在的气泡
6	颜色偏差	距离表面 2m 肉眼观察有明显颜色偏差	清水面上存在的颜色偏差	非清水面存在的颜色偏差

预制清水混凝土构件允许偏差及检验方法　　　　表 5-11

检验项目	允许偏差（mm）	检查点数	检查方法
长度	符合设计要求；当设计无要求时，不大于 5	前后各 1 点	钢卷尺量测
宽、高（厚）度	符合设计要求；当设计无要求时，不大于 5	中心一点，两侧各 1 点	钢卷尺量测
侧向弯曲	L/1500 且 ≤ 6	沿长度方向量测，两侧和中间各 1 点	拉线后用钢板尺量测最大测向弯曲处
翘曲	L/1000	长度大面测 1 点	四角拉线量测
角度偏差值	≤ 2	两端角度值各 1 点	用方尺、钢板尺量测角度正切值差
表面平整度	≤ 3	板 2 点、梁 2 点	用 2m 靠尺量测
对角线差	≤ 5	量测板底对角线差值	钢卷尺量测
预埋件、预留孔洞中心位移	≤ 3	每预埋件孔洞 1 点	钢卷尺量测

注：1. L 为构件长度，单位为 mm；
　　2. 查预埋件、预留孔洞中心位移时，应沿纵横两个方向测量，并取其中的较大值。

3. 常见质量问题及对策

清水混凝土预制构件质量较现浇的清水混凝土有很大提升，颜色更均匀，基本可以避免蜂窝、麻面、孔洞、露筋等缺陷，但是有时还会出现色差和砂线或砂斑等现象，尤其是出现色差情况较多时，影响着清水混凝土的外观效果。

（1）砂线或砂斑

原因分析：混凝土拌合物坍落度过大，导致拌合物不均匀，甚至泌水，水分（浆体）富集于一处从而导致产生砂线或者砂斑。

控制措施：严格控制坍落度，可以通过调整配合比或者外加剂等措施将坍落度控制在一定范围内，尤其是保证混凝土有较好的和易性（即保水性、黏聚性、流动性）。

（2）色差

原因分析：混凝土产生色差的原因很多，一是和易性差，振捣不均匀，导致与模板接触面的混凝土拌合物不均匀，水化后的混凝土颜色出现色差；二是坍落度变化大也会引起混凝土颜色不一致；三是原材料，如果原材料没有控制好也会引起色差；四是养护制度与温度控制，养护时间和温度出现波动也会引起混凝土色差；五是脱模后的构件受到外界环境影响，产生色差。

控制措施：一是浇筑时要控制振捣时间，保证拌合物的和易性；二是坍落度偏差控制在 ±10mm，浇筑过程中经时损失 ≤ 20mm；三是原材料使用过程中不同批次的一定要进行颜色检验，进场原材料要逢车必检；四是制定、执行一样的养护制度，控制一样的养护温度，过程中加强检查控制，防止漏气等原因影响养护质量；五是对于脱模后的构件及时防护处理，必要时要采取苫盖等措施。

5.4 清水混凝土家具及工艺品

清水混凝土家具、工艺品是现代建筑装饰材料发展的必然产物，随着我国建设的发展，清水混凝土家具、工艺品的应用范围越来越广，种类也越来越多，涉及了公园广场、体育场、会场等场区的艺术设计，包含类似笔筒、花盆等各式各样的工艺品，还有混凝土灶台、混凝土桌面、混凝土书柜等城市家具。

清水混凝土设计上追求新意，制作上强调精细，体现了人文和谐的元素，使混凝土达到人与自然的绿色融合，实现了由工业品向日用品的华丽转身。通过这些艺术构件和设施的设计来表现景观主题，可以引起人们对环境和生态以及各种社会问题的关注，产生一定的社会文化意义，改良了景观的生态环境，提高环境艺术品位和思想境界，提升整体环境品质。

1. 清水混凝土工艺品生产技术

清水混凝土工艺品生产流程如图 5-15 所示：

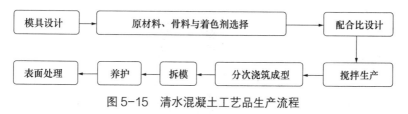

图 5-15　清水混凝土工艺品生产流程

需要注意的技术环节有以下几点：

（1）模具设计技术要点

以小件仿木笔筒清水混凝土工艺品为例（如图 5-16 所示），模具图案的设计与制造，需要将设计的图案与模具生产部门进行技术交底对接；目前工艺品的模具可分为铸铁模具、软塑胶模具、硬塑胶模具，可根据具体要求，合理采用造型衬模材料。首先，铸铁模具的铸铁材料性能稳定，刚度好，不宜变形，使用寿命长，成本高，拆模后表面光泽度较好，能够适用于大批量简单图案工艺品稳定生产。其次，软塑胶模具材料性能稳定但其刚度很低，模具自身宜变形可通过围边解决，使用寿命短，拆模后表面光泽度非常高，能够适用于复杂图案小批量工艺品稳定生产。硬塑胶模具材料性能稳定且硬度较好，不易变形，使用寿命较长，拆模困难且拆模后表面光泽度非常高，适用于稳定生产小批量图案简单的工艺品。

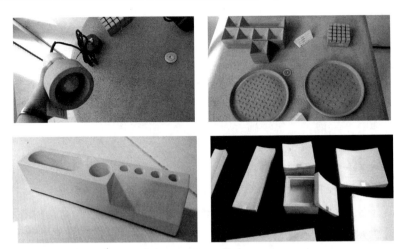

图 5-16　清水混凝土工艺品

（2）预制工艺品浇筑成型

预制工艺品分三次浇筑成型，第一层浇筑的混凝土可做着色处理和防水处理，将搅拌后的混凝土拌合物快速浇筑在模具底层 2～4cm 处，振动 10s，然后快速浇筑第二层混凝土并振动，根据设计情况确定具体浇筑厚度；处理完后再浇筑第三层混凝土并振动，分层浇筑的混凝土总时间不宜超过 3min。

（3）养护与面层修复

预制工艺品采用蒸汽养护、标准养护两种养护方式。早期使用蒸汽养护制度，能够加快水泥水化与混凝土的硬化速度，同时提高模板的周转效率；后期使用标准养护制度继续养护。为确保预制工艺品表面颜色均匀，品质稳定，避免表面泛碱现象的发生，应严格控制养护温度低于 55℃。当面层存在缺陷时，可用同配比的浆料修补并养护后，再用细砂纸将面层打磨均匀。

（4）工艺品表面处理

工艺品表面处理方式有缓凝剂冲刷处理、喷砂处理、打磨处理、喷漆处理。可根据不同喷砂处理要求采用浅喷砂、中喷砂、深喷砂。工艺品表面需打磨处理，仿木等清水混凝土表面需要喷漆处理，喷漆的颜色与原材料选择很重要，同时需要涂刷防护剂。面层干燥后涂刷两道有机硅类防护剂，干燥后用塑料薄膜覆盖或包装保护，以免污染。

2. 清水混凝土家具

随着我国建筑装饰材料的快速发展，在传统粗糙的混凝土制品中慢慢诞生了多种新型精致的混凝土家具，这类家具除应用于家庭室内，如混凝土茶几、混凝土桌椅等（如图 5-17、图 5-18 所示），还有应用于户外的城市家具。清水混凝土城市家具一般体积较小，色彩单纯，既具有实用功能，又能对空间起点缀作用，是园林、景观中的点睛之笔。户外城市家具主要有城市中各种户外环境设施，包括信息设施如指路标志、电话亭、邮箱等；卫生设施如垃圾箱、饮水器等；娱乐服务设施如坐具、桌子、游乐器械、售货亭等，交通设施如巴士站点、车棚等；艺术景观小品如雕塑、亭台、楼阁、牌坊、艺术小品等。

混凝土公共座椅是景观环境中最常见的一种户外家具，为游人提供休息和交流，其价格低廉，但艺术性、功能性、实用性、持久性，都是独一无二的，受到越来越多人的青睐

（如图 5-19）。路边的混凝土公共座椅通常和路面保持一段距离，避开人流，形成休息的半开放空间；景观节点的混凝土公共座椅背景则面对景色，让游人休息的时候能有景可观。

图 5-17 混凝土桌椅

图 5-18 混凝土茶几

图 5-19 混凝土公共混凝土座椅

优秀的景观设施与艺术构件能够给游人提供在景观活动中所需要的生理、心理等各方面的服务，如休息、照明、观赏、导向、交通、健身等需求，具有特定的区域特征，是该地人文历史、民风民情发展轨迹的反映；可以提高区域的识别性，如布告栏、指示牌、警示牌、说明牌等，起到一定的宣传、指示、教育功能。

景观中的雕塑、铺装、景观墙、门、窗栏杆、花坛等，同时兼具其他功能（如图 5-20 所示）。混凝土雕塑采用传统的雕塑手法，在混凝土材料上直接创作，反映历史、文化和思想、追求；园墙、门洞、空窗、漏窗等作为景观设施，也具有艺术小品的审美特点。园墙空窗多采用混凝土预制花格等构成灵活多样的花纹图案窗，往往通过它们分隔空间，穿插、渗透、陪衬来增加精神文化，扩大空间，使之在方寸之地能起到小中见大，随步移景的作用。

图 5-20 清水混凝土花坛

5.5　工程应用

近年来，国家大力推广装配式建筑，清水混凝土预制构件是装配式建筑中重要的构件产品，其预制技术与质量控制是预制构件企业的重要技术与管控内容。不同种类的构件，其成型方式各自不同。为保证清水混凝土的外观效果，预制构件外露面应与模板面接触，减少抹面次数。在现浇清水混凝土结构施工中，临时支撑、脚手架、模板等会耗费大量的木材、钢材。而采用清水混凝土预制构件结构体系，除对建筑物品质有保障外，材料节约方面的优越性越来越明显，可以贯穿到建筑材料的开发、生产、运输和安装的全过程中。

国外大量工程实例表明，采用预制清水混凝土结构替现浇结构可以节约 55% 的清水混凝土和 40% 的钢筋。另外，预制清水混凝土结构由于减少了现浇结构的支模、拆模和清水混凝土养护等时间，施工速度大大加快，从而缩短了贷款建设的还贷时间，缩短了投资回周期，减少了整体成本投入，具有明显的经济效益。因此实现工厂化的方式，实施清水混凝土预制构件结构体系能更合理、更环保地利用资源，给客户带来性能更高更优的品质[9]。

1. 中建技术中心试验楼

中建技术中心实验楼位于北京顺义区林河工业开发区林河大街北侧，主体结构为现浇钢筋混凝土框架 - 剪力墙结构、型钢混凝土柱、钢梁结构。实验楼建筑外立面造型由预制清水混凝土通顶的立柱造型和装饰性清水混凝土幕墙构成，其中清水混凝土构件有 211 种型号；预制清水混凝土外墙挂板 2473 块；深灰色清水外墙挂板约 215 块；清水混凝土外墙挂板约 2258 块，总面积共计 12875m²，试验楼整体建筑造型显示出清水混凝土一种最本质的美感（如图 5-21 所示）。

整个实验大厅试验系统均为大体积现浇清水混凝土结构，其施工面积约 4000m²，浇筑量约 13000m³，其中清水混凝土反力墙最高 25.5m、总长 66.7m、厚 6.5m，与世界上最大的反力地板（面积 3800m²）组成了大型建筑结构试验系统。这套大型建筑结构试验系统可为建筑结构物大比例尺寸、甚至是足尺模型的拟静力、拟动力试验提供反力。反力墙内含 4774 个孔径 80mm、每孔间距 500mm 的加载孔，单孔设计承载力为 130t，反力地板加载孔为 8692 个，外观质量要求高。

图 5-21　中建技术中心试验楼

2. 工程难点及技术措施

该项目清水混凝土外挂板 2438 块，有 2.4t、3t、7t 三种规格，重量均超过国内目前使用的最重外挂板，最大的单块面积达 20m²，属于超大型外挂板；外挂板数量越多，重量越重，控制及管理难度越大。为解决外挂板数量众多、重量偏重、型号复杂及大批量生产时质量不容易控制的难题，通过引入 RFID 无线射频识别技术，生产中将 RFID 芯片植入清水混凝土外挂板中，芯片中存入挂板生产、运输、安装全过程中的规格型号、重量、质量状况、运输时间、安装时间、位置等所有信息，以便能更好地进行质量管控。

在外挂板出厂运输到施工现场后，施工人员手持扫描仪进行扫描，便对有关这块外挂板的所有信息一目了然了解。外挂板的安装仍然需要人机完美结合，首先用吊车将外挂板起吊，将其移动至安装位置时，再由施工人员直接"接头"，借助手动葫芦将外挂板拉紧，促其就位，然后再进行准确对接安装（如图 5-22 所示）。

清水混凝土反力墙、反力板重量大，外观质量要求高，反力板地面一次成型，整体平整度控制难；清水混凝土反力墙，高 25.5m，单墙体厚 1.5m，双墙含空腔厚 6.5m，墙体设 566 束竖向有粘接预应力束（如图 5-23 所示）；双墙间 182 个门洞口处设置了截面 300mm×200mm×20mm 钢骨柱及 1100mm×200mm×20mm 钢梁。反力板厚 800mm，约 4000m²，反力墙、板共设置 13441 个直径 80mm 加载孔，加载孔加工允许偏差为 ±0.2mm，平整度为每 2m 范围内允许偏差为 3mm；反力墙垂直度为全高范围内允许偏差为 10mm；加载孔定位允许偏差 1mm。

图 5-22　预制清水混凝土外墙挂板安装　　图 5-23　清水混凝土反力墙

反力墙、反力地板的施工难度主要在于加载孔的精确定位和整体平整度的控制。施工采用测量机器人进行加载孔定位，并进行了 1：1 等比例的现场实体试验，取得了模板及支撑体系变形的基础数据，确定了加载孔工厂化精加工、单元组装、全站仪全程定位的安装工艺，解决了技术难点。清水混凝土一次性浇筑成型（不允许修补），清水混凝土墙体经测试垂直度不超过 2mm，达到了世界先进水平[10]。

3. 深圳国际会展中心

深圳国际会展中心位于粤港澳大湾区湾顶，狮子洋与内伶仃洋交汇处的空港新城片区。总建筑面积 158 万 m²，建设用地面积 125.42 万 m²，展馆面积 40 万 m²，建筑面积相当于 6 座"鸟巢"，高颜值金属屋面可覆盖 106 个标准足球场。该项目是珠三角广深澳核心发展走廊，是关系深圳未来发展的重大标志性工程，对于提升城市功能和形象、打造粤港澳大湾区核心区有着重要意义。

　　一期及周边配套设施总投资达 867 亿元。该项目采用大量的预制清水干挂外墙板、内墙板（如图 5-24 所示），属于中建集团科技推广"施工类、BIM 类"双示范工程，项目一期建成后，将成为净展示面积仅次于德国汉诺威会展中心的会展中心；整体建成后，将成为全球第一大会展中心。

图 5-24　预制清水混凝土外墙挂板施工

参 考 文 献

［1］ Hofstadler Christian. Fair-faced concrete in the precast industry detailed analyses of a poll conduc-ted among precasters［J］. Betonwerk and Fertigteil-Technik/Concrete Plant and Precast Technology，2008，74（8）：46-52.

［2］ 于本田，王起才，周立霞.矿物掺合料与水胶比对混凝土耐久性的影响研究［J］.硅酸盐通报，2012，31（2）：391-395，410.

［3］ 程磊.高层建筑清水混凝土施工工艺及工程应用研究［D］.山东大学，2012.

［4］ 陈晓芳.高性能饰面清水混凝土及其施工技术的研究［D］.华南理工大学，2011.

［5］ 李彦青，王戈.清水混凝土的发展与应用［J］.内蒙古科技与经济，2008（10）:69-70.

［6］ 张金凤.清水混凝土关键施工技术研究及工程应用［D］.山东大学，2011.

［7］ 杜文学.浅谈预制清水混凝土构件的生产工艺

［8］ 黄清杰，蔡亚宁.《清水混凝土预制构件生产与质量验收标准》简介，混凝土［J］，2010 年 07 期，116-118.

［9］ 宋大伟.预制清水混凝土构件生产工艺探讨，城市建设理论研究.

［10］李静，李安青.技术创新和质量管控措施在中国建筑股份有限公司技术中心试验楼项目中的应用［J］.建筑技术开发，2017 年 02 期，66-69.

第6章 露骨料混凝土

6.1 概述

露骨料混凝土（Exposed Aggregate Concrete）是以混凝土为基层，在混凝土硬化前或硬化后，通过一定工艺手段使混凝土骨料适当外露，或者在混凝土基层上复合一层以外露骨料的天然色泽、粒形、质感和排列为面层装饰效果的混凝土。露骨料混凝土以外露骨料的天然色泽、粒形、排列、质感等达到外饰面美感要求，具有质朴美观、绿色人文的生态元素，实现非人工雕琢的自然铺面效果，主要应用于景观路面、墙面等。

露骨料混凝土按成型方式分整体浇筑的露骨料混凝土、分层浇筑的露骨料混凝土；按骨料颜色露骨料混凝土分为本色露骨料混凝土和彩色露骨料混凝土；按骨料粒型分为卵石类露骨料混凝土、石碴类露骨料混凝土；按露骨料的平整度可分为骨料表面不平整的露骨料混凝土和骨料表面平整的露骨料混凝土，骨料表面平整的露骨料混凝土如水磨石、抛光混凝土，分别在本书第7章、第8章进行介绍，本章主要介绍骨料表面不平整的露骨料混凝土。

露骨料混凝土墙面有水刷石、斩假石、干粘石等做法，露骨料混凝土墙体基本由基层、底层、中间层、饰面层构成（如图6-1所示），混凝土墙体（基层）较光滑、通过除油垢、凿毛、甩浆、划纹等措施，提高墙体与底层粘接性能；底层起保证饰面层与墙体连接牢固、控制饰面层平整度的作用；中间层起找平与粘结的作用，弥补底层砂浆的干缩裂缝，可一次抹成，也可分多次抹成，与底层用料相同。饰面层起装饰作用，要求表面平整，色彩均匀，无裂纹，可做成光滑面、粗糙面等不同质感。露骨料混凝土路面基本由路基、垫层、基层、饰面层构成（如图6-2所示），基层与垫层共同作用，可控制或减少路基不均匀冻胀或体积变形对混凝土面层产生的不利影响，为露骨料混凝土面层施工提供稳定而坚实的工作面，并改善接缝的传荷能力。

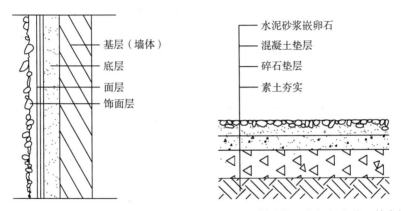

图6-1 露骨料混凝土墙体基本构造　图6-2 露骨料（卵石）混凝土路面基本构造

露骨料混凝土路面按透水性分为露骨料透水混凝土路面（如图 6-3 所示）、露骨料非透水混凝土路面（如图 6-4 所示）；非透水露骨料混凝土路面按工艺及材料不同分为水磨石地面、水洗石路面、卵石路面等。

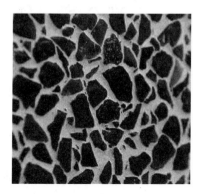

图 6-3　露骨料透水混凝土　　图 6-4　非透水露骨料混凝土（水洗石）

6.2　原材料及露骨料工艺

露骨料混凝土主要应用于景观路面、墙面等，其质量和效果关键在于骨料及制作工艺的选择，才能获得预期的装饰效果。露骨料混凝土表面的大多数骨料色泽稳定，其色彩随着表面水泥浆剥离的深浅和水泥、砂或石碴品种而异，耐久性好。表面水泥浆剥离的程度较浅、表面比较平整时，水泥和细骨料的颜色将起主要作用；随着水泥浆剥离程度加深，粗骨料颜色对装饰面层影响较大。由于露骨料混凝土表面光影及多种材料颜色、质感的综合作用，其色彩显得比较活泼。

1. 原材料

（1）水泥

水泥应使用早期强度较高、稳定性较好的水泥，所用水泥应是同一厂家、同一批号、同一颜色，要有出厂证明或试验资料。白水泥通常用于制作具有一定装饰效果的各种水刷石、水磨石等，其常用白水泥强度等级为 32.5、42.5 级；普通硅酸盐水泥用于干粘石、水刷石、透水混凝土、剁斧石等装饰制作，其常用水泥强度等级为 42.5 级。

（2）骨料

用于底层或垫层的砂子应清洁无杂质，其含泥量不得超过 3%，使用前过 5mm 孔径筛。用于面层的石碴应颜色一致，并根据抹灰部位、式样等要求选择石子粒径，使用前过筛分类、冲洗干净，堆放好并进行覆盖。

在露骨料饰面的做法中，对砂和小粒石及粉状料是有要求的。除表 2-18 的石碴规格外，小豆石粒径以 5～8mm 为宜。斩假石采用纯粗砂或粒径小于 2.5mm 的中砂、中八厘或小八厘石碴和石屑粉。当骨料的粒径较小时，通常采用石屑（粒径 0.5～1.5mm），也可以采用粒径为 2mm 的石碴，内掺 30% 的石屑。

卵石有雨花石、陈江石和普通卵石等品种，有 2～3cm、3～5cm 等多种粒径规格，其色彩多样、品种丰富、表面光滑、质感效果好，可采用多种组拼手法形成风格各异的装饰效果。

2. 露骨料工艺

露骨料混凝土表面暴露的骨料起到装饰作用，应选用同色、同批、冲洗过的骨料，骨料包括本色或彩色卵石、碎石、石碴等，其技术性能见第 2.3 节，使用的彩色骨料配色要协调美观，使用过程中要妥善保管。

露骨料工艺包括混凝土硬化前采用的缓凝法、水洗法及混凝土硬化后采用的生产工艺如研磨法、抛丸法、酸洗法、凿剁法和劈裂法等，其中劈裂法见第 13.2 节。

（1）水洗法与缓凝法

水泥硬化前的露骨料工艺主要有水洗法、缓凝法。水洗法主要用于现浇露骨料混凝土施工，也可用于预制正打技术，施工采用整体模板，在混凝土浇筑成型 1 ～ 2h 后，水泥浆即将凝固时，将一端抬起 45°，用具有一定的压力水把面层水泥浆冲去，使混凝土面层露出骨料。

缓凝法是将缓凝材料涂刷在模板上后再在其表面浇筑混凝土，或直接涂刷在已浇筑混凝土表面。缓凝材料能迅速干燥形成厚薄均匀的涂层，涂层能经受浇筑混凝土时水分摩擦作用，而不破坏其连续性，不腐蚀钢模板。混凝土与缓凝材料接触的表面层水泥浆因缓凝作用而不硬化，待其他部分的混凝土硬化或脱模后，用高压水冲洗掉带缓凝材料未硬化的表面层水泥浆，使混凝土表面露出骨料，不污染或改变制品表面的颜色。骨料露出的深浅取决于缓凝剂渗入的深度，渗入的深度与缓凝材料用量、水泥品种及用量、外加剂的品种、养护温度有关，渗入的深度越大，露出骨料越多。

还可以将缓凝材料附着在特定的转印纸膜表面，利用这种材料在纸膜表面上打印出复杂精美的图案，将转印纸膜铺在模具底部，浇筑混凝土，利用转印纸膜表面图案上的缓凝材料将图案转印到混凝土表面，使图案部分的混凝土硬化迟于周边混凝土，24h 后混凝土构件脱模后，用高压水冲洗掉未硬化的水泥浆，形成 1 ～ 2mm 深的沟槽并露出装饰骨料，素混凝土基面与露骨料图案交接面线条清晰细腻，在混凝土表面形成露骨料图案饰面和凸凹变化的装饰面。该工艺简明便捷、工期短，可以将各类图案、文字及图像转印到混凝土表面，其转印功效高，经济环保，耐久性好，特别适合设计复杂精致图案，装饰效果清晰美观，生产成本低，也被称为缓凝转印工艺（如图 6-5 ～图 6-10 所示）。

图 6-5　转印膜入模并浇成像层　　　　图 6-6　成像层拉毛

图6-7 装钢筋笼并浇筑结构层 图6-8 混凝土构件起吊脱模

图6-9 混凝土构件高压水枪冲洗 图6-10 混凝土构件冲洗后装饰效果

预制反打或立模工艺浇筑过程中，因工作面受模板遮挡，不能及时剥离水泥浆，就需借助缓凝材料使表面水泥浆不硬化，以便待脱模后可用水进行冲洗，缓凝材料在混凝土浇筑前涂刷于底模上，也可涂布于纸上，再铺放在底模上。用于正打工艺时，在浇筑成型好的混凝土表面贴上涂布缓凝材料的纸，待混凝土硬化后，再揭纸冲洗。

（2）干粘法与酸洗法

干粘法是先抹平粘石砂浆，然后粘石，粘石后及时用干净的抹子轻轻将石碴压入砂浆层三分之二处，石碴外露三分之一，以不漏浆且粘结牢固为原则，待砂浆水分稍蒸发后，用抹子沿垂直方向从下往上溜一遍，以消除拍石的抹痕。

酸洗法是利用化学作用去掉混凝土表面水泥浆使骨料外露，一般在混凝土浇筑24h后用一定浓度的盐酸进行酸洗，由于酸洗法对混凝土有腐蚀作用，成本较高，现在多不采用。

（3）研磨法与抛丸法

研磨法即水磨或干磨工艺，所不同的是平面露骨料工艺是将抹平的混凝土表面研磨至露出骨料，具体工艺见第7章水磨石、第8章抛光混凝土。

抛丸法是将混凝土制品以1.5～2m/min的速度通过抛丸室，室内抛丸机以65～80m/s的线速度抛出铁丸，利用铁丸的冲击力将混凝土表面的水泥浆皮剥离，露出骨料，由于骨料表皮同时被凿毛，故其装饰效果犹似花锤剁斧，别具特色。

（4）喷砂法与埋砂法

彩色喷砂法施工前应将混凝土、水泥砂浆基层清扫干净，无灰尘、无铁锈和油迹，基层表面无空鼓、无粉化、无起砂等现象，待混凝土基层封闭涂料干燥后，按一定顺序均匀喷涂1～1.5mm厚粘结涂料。粘结涂料做好后，使喷斗与墙面垂直、送气量均匀一致，马上喷上预先湿润好的石砂，使石砂粘接牢固，分散均匀、颜色一致。用橡胶辊进一步滚压墙面石砂，使其粘结牢固、饰面平整，然后喷涂或刷涂基层封闭涂料两遍，每遍间隔0.5h，不得有遗漏和流坠现象（如图6-11和图6-12所示）。

埋砂法类似反打法和露骨料饰面相结合的施工方法，在模板底上铺设一层湿砂，并将粗骨料部分埋入砂中，然后在骨料上浇筑混凝土，起模后把砂冲去，骨料即可部分外露，从而达到露骨料饰面效果。

图6-11　彩砂喷涂饰面　　　　　图6-12　彩砂喷涂栏杆

6.3　露骨料透水混凝土

露骨料透水混凝土是由骨料、水泥和水拌制而成的一种多孔混凝土，它不含细骨料，由水泥浆体包裹粗骨料表面相互黏结而形成孔隙均匀分布的蜂窝状结构，在混凝土终凝前用水将粗骨料表面包裹的水泥浆冲洗掉，使透水混凝土表面露出本色粗骨料，具有透气、透水、装饰性强的特点。

1. 露骨料透水混凝土制备

露骨料透水混凝土配合比设计采用体积法，各原材料的体积加上目标孔隙的体积等于单位体积，面层混凝土配合比不用细骨料[1]。因此是按照以式6-1计算：

$$\frac{M_c}{\rho_c}+\frac{M_g}{\rho_g}+\frac{M_a}{\rho_a}+\frac{M_w}{\rho_w}+P=1 \qquad （式6-1）$$

公式中 M_c 表示单位体积混凝土中水泥的质量；M_g 表示单位体积混凝土中骨料的质量；M_a 表示单位体积混凝土中矿物掺合料的质量；M_w 表示单位体积混凝土中水的质量；单位为 kg。ρ_c 表示水泥的表观密度；ρ_g 表示骨料的表观密度；ρ_a 表示矿物掺合料的表观密度；ρ_w 表示水的密度；单位为 kg/m^3。P 表示孔隙率，单位为 %。

以北京奥运公园彩色露骨料透水混凝土设计为例，根据透水系数设计要求为16%，现场施工条件要求坍落度 20～40 mm，混凝土中水泥包裹性良好，经过实验室计算和现场实际配合比检验，确定配合比如表6-1所示。

混凝土配合比　　　　　　　　　　　　　　　　　表6-1

单位（kg/m³）						透水系数 (mm/s)	坍落度 (mm)	等级
水泥	硅灰	矿渣	骨料	水	减水剂			
310	25	90	1440	124	4.5	≥ 2.5	25～30	C20

2. 露骨料透水混凝土路面

我国露骨料透水混凝土目前主要应用于景观路面，在路基和混凝土层上分为透水结构层、露骨料透水混凝土面层，采用的露骨料透水混凝土路面结构剖面图如图 6-13 所示，基于面层材料技术与方法的改善、性能和外观质量的提高，可以采用不同尺寸的骨料外露、不同颜色搭配的染色料和不同的透水系数，进一步为景观设计师提供了宽广的设计空间与艺术维度。

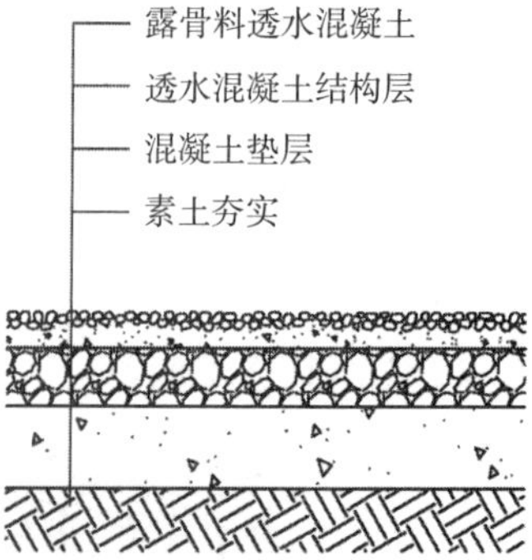

```
── 露骨料透水混凝土
── 透水混凝土结构层
── 混凝土垫层
── 素土夯实
```

图 6-13　露骨料透水混凝土
路面结构剖面图

（1）路面结构设计要点

透水混凝土路面结构设计分为单色层或双色组合层设计，采用双色组合层设计时，其面层厚度应不低于 30 mm。基层为全透水结构时，其透水混凝土面层强度等级应不小于 C20，厚度应不小于 60 mm；基层为半透水结构和基层不透水结构时，其透水混凝土面层强度等级应不小于 C30，厚度分别不小于 100 mm 和 150 mm。基层为厚度大于 150 mm 的混凝土结构时，可适当减小透水混凝土面层厚度，但不应小于 120 mm[2]。透水结构层可根据透水系数和混凝土强度指标设计的透水混凝土配合比进行施工，露骨料透水混凝土面层，则根据景观需要定制尺寸、形状、颜色并进行特殊表面处理[3]。

（2）施工要点

露骨料透水混凝土路面主要施工工艺有混凝土制备、基层平整、模板支设、混凝土摊铺、刮平碾压、表面处理、冲洗、养护、拆模等。构件厂预制时主要工艺有混凝土生产、模具入模、基层下料、振平、养护、表面处理、拆模（如图 6-14～图 6-16 所示）。表面处理主要有水洗法、酸洗法、缓凝法，目前大多采用缓凝法[4]。彩色露骨料透水混凝土路面施工详见第 9.4 节。

图 6-14　混凝土生产状态

图 6-15　混凝土拆模状态

图 6-16　混凝土表面冲洗状态

露骨料透水混凝土与透水混凝土相比，多添加了一项表面处理工艺。目前对表面露骨料的处理，主要采用缓凝剂法，首先在修整好的混凝土表面或透水混凝土立即喷涂一定量的缓凝剂，且不影响面层粗骨料根部与水泥浆体的正常硬化，但可以保证其表面水泥浆体在一定时间内不凝结硬化，便于冲洗露出面层粗骨料的本色，使其具有良好的自然铺装装饰效果。

缓凝剂的选择、喷涂量需要人工严格控制，如果高温天气时，在喷涂缓凝剂前要先喷一层水雾以保证缓凝效果，然后依次覆盖塑料薄膜和彩条布，注意相邻塑料薄膜之间需拼接重叠、紧贴着石子，覆盖完毕后注意养护温度和湿度。等到混凝土内部硬化后，用高压水均匀冲洗石子表面的水泥浆体,使骨料逐渐显露出来。冲洗时水不能直向冲洗混凝土表面,应在距表面 50 cm 左右位置倾斜冲洗,尽量让喷水呈扇形水雾。透水混凝土冲洗完毕后需及时覆盖,按照混凝土养护标准及周期养护。如果是夏天在外施工,每天至少洒水养护,洒水后及时覆膜,保证四周密闭压实。

6.4 水洗石

水洗石是以天然卵石或砾石作为骨料,水泥或专用胶剂作为胶结材料,按一定比例拌合并涂抹在基层上,采用水洗工艺将表面水泥浆冲洗干净,露出骨料原貌的一种装饰做法。水洗石颜色、形状多种多样,可以装饰出各种形状和设计要求的图案,被广泛应用于室内装饰和室外景观造型,如大面积室外地面、墙面装饰、园林景观,透出自然纯朴的感觉。

1. 基层处理

将基层表面的积灰、浮浆等杂物清理干净。局部凹凸不平处,应用 1:3 砂浆将凹处补平;有油污处应用 10% 的火碱溶液洗刷干净,并用清水冲洗晾干。先在基层上抹一道素水泥浆(内掺 108 胶水),随即分层分遍抹砂浆找平层;砂浆找平层用直尺刮平,并用木抹子搓毛,待砂浆终凝后洒水养护。

2. 石子浆面层

将水洗石和砂、水泥、水按比例混合均匀,在底层砂浆上刮一道素水泥浆,分两遍把石子浆铺在要施工的墙面或地面上,抹面应比两侧已完成的地面略高 1mm,最后将石子浆层拍平、压实。然后用刷子蘸水刷去表面水泥浆,重新压实溜光,再依次反复刷、压3 ～ 4 遍;待面层开始初凝且水洗石粒刷不掉时,再用刷子刷去水洗石表面水泥浆或用湿水后的海绵把水泥浆抹去,并用水喷洗干净露出石子后,就可用清水将面层彻底冲洗干净,并进行封闭,派专人喷水养护(如图 6-17 所示)。

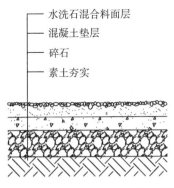

图 6-17 水洗石地面

6.5 卵石路面铺装

卵石铺装的园路,卵石附着牢固、路面平整光滑、卵石走向一致、露石纹理清晰、不沾水泥浆，看起来稳重又实用，具有一种自然、纯朴、恬静的古典美，广泛应用于园林中，常作为健身小道、树池装饰等（如图6-18～图6-20所示）。完全使用鹅卵石铺装的园路往往会稍显单调，通常在鹅卵石间加几块自然扁平的切石，或少量的彩色鹅卵石，切石与卵石的石质及颜色最好避免完全相同，相互交错形成的图案要自然，才能显出路面变化的美感。

卵石路面工艺流程如图6-21所示。

图6-18　卵石景观路面

图6-19　卵石路面广场　　　　　图6-20　卵石树池

基层处理 → 粘贴限位材料 → 素混凝土垫层 → 砂浆结合层 → 卵石面层 → 成品保护

图6-21　卵石路面工艺流程

1. 基层处理

卵石园路的路基做法与一般园路基层做法基本相同，卵石与水泥砂浆的粘结性和整体性较差，如果基层不够稳定则卵石面层很可能松动剥落或开裂，所以基层处理是整个卵石园路施工中非常关键的一步。施工前按要求弹出标高控制线，作出标高控制，将基层尘土、杂物彻底清扫干净，检查基层不得有空鼓、开裂及起砂等现象；在施工前清理完毕后，在地面弹出十字线，并根据卵石分格图在地面弹出分格线。

2. 粘贴限位材料

卵石铺设一定要有牢固的边框和细致的养护，与卵石、水洗石等材料拼接应先完成拼花施工再进行拼接面施工。拼花施工前先按1:1比例拓样、现场放样，在清理好的基层上，用工具勾勒出铺装图案的轮廓线或安放铜条、立瓦条等分隔条后（如图6-22所示），粘贴收边石等

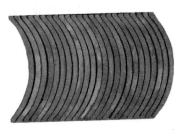

图6-22　立瓦条

限位材料并养护 3 以上。立瓦条铺贴前首先在地面上试铺，为了增加美感，应铺贴有图示
效果的花纹或方向性图案。立瓦铺贴时应按实际使用情况需要，预留 3 ～ 10mm 灰缝，铺
贴 30min 左右要及时用海绵蘸水将立瓦条表面的水泥浆擦洗干净，避免表面污染太久，难
以清洁。

3. 卵石面层

卵石园路采用的同批卵石应颜色一致、大小均匀，表面光滑无明显的斑块，无风化缺
陷。散铺卵石前应将卵石冲洗干净，晒干后均匀堆放，将色差大、斑点多、规格差别大的
卵石剔除。卵石园路面层铺装主要有湿浆种石和干灰铺制两种，即湿铺法和干铺法，其装
饰做法有平铺、竖铺、嵌缝、拼花。湿铺法多用于卵石小径等对卵石铺设无图案要求的地
方，也可用于墙面卵石贴面；干铺法多用于卵石拼花地面。

平铺以卵石扁平面向上安放，平铺卵石间可适当留出间隙（如图 6-23 所示）。

卵石竖铺与平铺基本做法相同，由于安放的方向不同，竖铺以卵石最窄面（侧面）安
入结合层，竖铺卵石应尽量拼挤密实（如图 6-24 所示）。

 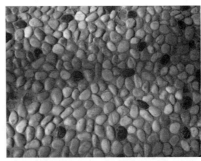

图 6-23　卵石平铺做法

图 6-24　卵石竖铺做法

卵石嵌缝做法与平铺基本做法相同（如图 6-25 所示），限位材料留缝宽度必须宽窄一
致且不宜窄于 2cm，卵石应大小均匀，不宜偏差太大；卵石嵌缝时宜竖铺，不宜平铺以免
脱落；铺完 24h 后进行勾缝，勾缝前应做好限位材料成品保护，避免污染，拼缝时卵石成
行成列拼贴，以保证整齐美观，等水泥浆凝固后再对卵石表面进行清理。

简单图案卵石路面采用各色卵石拼凑而成，通常用深色卵石构成图案轮廓线，浅色卵
石填充其中（如图 6-26 所示）。

图 6-25　卵石嵌缝做法

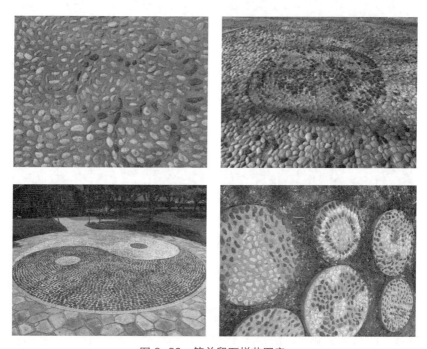

图 6-26　简单卵石拼花图案

　　复杂图案卵石路面常采用立瓦条作为分隔条构成图案轮廓，立瓦条可以拼成不同的瓦花格（如图 6-27 所示）装饰墙面及地面，卵石填充其中；立瓦条也可以利用自身曲线按设计要求构图，采用不同色彩的卵石填充其中形成复杂图案（如图 6-28 所示）。

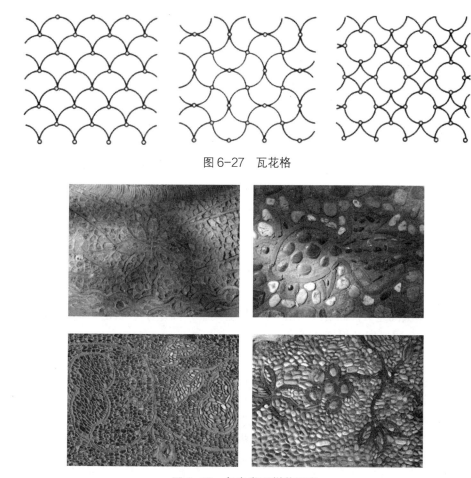

图 6-27　瓦花格

图 6-28　复杂卵石拼花图案

（1）干铺法

① 预铺

有图案的卵石路面要预先进行排版放样，然后再进行铺设。首先在设计要求的基础上，对卵石的颜色、几何尺寸、表面平整度进行严格的挑选，冲洗干净卵石表面杂质并晒干，按设计要求的图案、色彩和纹理要求进行试拼。将干水泥、干砂（粗）按 1:1.5 的比例调匀铺在地面，在灰面层上画个底稿，再按底稿插入卵石。拼花应在大面铺设完成后进行，拼花卵石大小应统一，不同颜色卵石对比明显，要注意卵石的形状、大小、色彩是否协调。

卵石铺设应平整，对于预铺中可能出现的误差进行调整、交换，直至达到最佳状态。由于卵石的大小、高低完全不同，为使铺出的路面平坦，较大的卵石埋入砂浆的部分多些可使路面整齐，高度一致，注意将卵石径向较长的一面置于垂直方向，切忌将卵石最薄一面平放在砂浆中导致脱落。卵石的疏密应保持均衡，不能出现部分拥挤、部分疏松的现象。

② 卵石图案铺装

按照设计的图案依次摆完卵石后，覆上一层以 1:1.5 比例搅拌好的干灰，并用笤帚轻轻地抹扫均匀，再用细流水冲洗路面，均匀洒水淋透直到路面露出卵石部分、表面积起薄薄的一层水为止。在水泥砂浆完全凝固之前，用硬毛刷清除卵石上面多余的粗砂和无用的材料，使鹅卵石保持干净，并检查铺装材料是否稳固，注意不要破坏刚刚铺设好的卵石，如果不稳固,还应使用水泥砂浆对其重新加固。同一分隔段内施工要一气呵成,不留接缝。干铺法施工工艺复杂,路面平整、纹理清晰、坚固美观,克服了湿铺不可避免的弊端。

每一处独立图案的卵石颜色一致,花纹通顺基本一致,卵石排列间隙的线条要呈不规则的形状,不能弄成十字形或直线形。擦缝饱满与板齐平,洁净美观;卵石挤靠严密、无缝隙,缝痕通直无错缝,表面平整、洁净,图案清晰、无磨划痕,周边顺直方正。

(2)湿铺法

湿铺法是指在欲铺设卵石的地面先铺一层水泥砂浆,抹平后将卵石插入砂浆,多用于卵石小道等对卵石铺设无图案要求或图案比较简单的地方,也可用于墙侧面卵石贴面。湿铺法较为简便,缺点是在卵石插入砂浆的过程中,卵石表面会不可避免地受到沾污,容易造成露石不清、铺装的卵石会出现高低不平的现象,即使发现嵌入的卵石位置不佳也很难返工。

用少许清水湿润基层,刷一道素水泥浆,高度比实际高度略低 3 ~ 5mm,把已搅拌好的干硬性砂浆铺到地面,用灰板拍实。基层洒浆、铺结合层和贴卵石应分段同时进行,避免砂浆硬化影响铺装质量。核实基层标高,并注意相邻区间标高衔接,一般结合层厚度以 3cm 为宜,基层高差大的部位应用细石混凝土找平,高差小于 2cm 时将高出部分凿平,使之满足施工结合层厚度及强度要求。

根据装饰标高,卵石从中间往四周铺贴。将洗净的卵石及切石按要求插入干硬性砂浆上,调整好干硬性砂浆厚度,砂浆面应比卵石面低 2mm 左右,卵石呈鹅蛋形,选择光滑圆润的一面朝上,在作为庭院或园路使用时卵石一般横向插入砂浆中,在作为健身小道使用时一般竖向插入砂浆中,卵石用橡皮锤砸实,插入深度约为卵石粒径的三分之二。

卵石铺贴完养护 24h 后用水泥浆擦缝,擦缝前将卵石表面杂物清理干净,擦缝应搭跳板,忌直接在上面踩踏,擦缝 1 ~ 2h 后用海绵将卵石面擦拭干净,然后及时洒水养护。

6.6 水刷石

外墙水刷石构造做法分底层、中层、面层三层,其构造做法如图 6-29 和图 6-30 所示。底层用 13mm 厚 1:3 水泥砂浆打底;中层刷 1mm 厚素水泥浆一道;面层为 8 ~ 12mm 厚水泥石碴浆罩面。通过结合适当的艺术处理、如分格、分色、凹凸线条等,可使饰面层获得自然美观、明快庄重、秀丽淡雅的艺术效果;不足之处是操作技术要求较高,湿作业量大,费工费时。

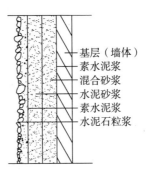

基层(墙体)
素水泥浆
混合砂浆
水泥砂浆
素水泥浆
水泥石粒浆

图 6-29 水刷石　　图 6-30 水刷石饰面分层构造

水刷石耐久性好，多应用于建筑物外墙装饰，其参考配比如表6-2所示。

水刷石参考配比 表6-2

粒径（mm）	水泥石碴比	施工厚度（mm）
大八厘（8）	1：1	20
中八厘（6）	1：1.25	15

1. 基层处理

混凝土表面应根据浇筑时所用的脱模剂种类，采取不同措施进行清理。如使用油质脱模剂时应用火碱溶液洗涤，然后用清水冲洗干净。光滑的混凝土表面应进行凿毛处理，使需要抹灰的表面凿斩成毛糙面，以增加与抹灰层之间的粘结力。基层要认真将表面杂物清理干净，混凝土墙表面脚手架孔洞应填塞堵严凸出较大的部分要剔平刷净，蜂窝低凹、缺棱掉角处，应先刷一道108胶：水＝1：1的水泥素浆，再用1：3水泥砂浆分层修补。

2. 底层和垫层砂浆施工

混凝土墙面抹灰前先刷一层薄薄的素水泥浆，紧跟着抹一层水泥石灰砂浆，表面用木抹子找平，第二天开始洒水湿润养护墙面。待底层砂浆六、七成干时，从上至下拉垂直线、水平线、贴灰饼做标筋、套方等找规矩，随即抹1：3水泥砂浆找平，根据找的规矩和标筋用靠尺刮平压实，用木抹子槎平搓毛，总厚度控制在12mm内，每层抹灰的时间间隔要适当，以防止坠裂。

3. 粘贴分格条

底层或垫层砂浆抹好待六、七层成干时，按照设计要求弹线确定分格条位置。分格条部位先固定好木条，木条断面高度为罩面层的厚度、宽度做成梯形里窄外宽，注意横条大小均匀，竖条对称一致。分格条粘贴前要在水中浸透，以防抹灰后分格条发生膨胀；粘贴时在分格条上、下用素水泥浆粘结牢固；粘贴后应横平竖直，交接紧密、通顺。

4. 面层施工

（1）抹面

在底层或垫层达到一定强度、分格条粘贴完毕后，视底层的干湿程度酌情浇水湿润，先均匀薄薄刮1mm厚素水泥浆一道，防止面层出现空鼓。将配制好的石碴浆抹在中间层上与木分格条刮平，在每一块分格内从下往上随抹随拍打揉平，用抹子反复抹平压实，把露出的石子尖棱轻轻拍平，使表面压出水泥浆来。在抹墙面的石子浆时，要略高出分格条，然后用刷子蘸水刷去表面浮浆，拍光压光一遍，再刷再压，这样做不少于3次，达到大面朝外和表面排列紧密均匀的效果。

在阳角处要吊垂线，用木板条临时固定在一侧，并定出另一侧的罩面层高度，然后抹石子浆；抹完一侧后用靠尺靠在已抹好石子浆的一侧，再做未抹的一侧，接头处石子要交错避免出现黑边。阴角可用短靠尺顺阴角轻轻拍打，使其顺直，普遍采用在阴角处加竖向分格条的做法，能够达到更为满意的装饰效果。

（2）喷刷

喷刷是水刷石的关键工序，喷刷过早或过度、石碴露出灰浆面过多容易脱落；喷刷过晚则灰浆容易冲洗不净，造成表面污浊影响美观。待表面初凝后，用手指按压无痕或用刷子刷石子不掉粒为宜，立即用高压喷枪或硬毛刷刷洗、然后由上而下的顺序分段进行喷水冲刷，冲洗掉石碴表面的水泥浆，使石碴外露部分约为粒径的三分之一至二分之一，使饰面具有天然石材质感。为了解决面层成活后出现的明显抹纹，石碴浆抹压后，可用直径 40 ～ 50mm、长度 500mm 左右的钢管制作成小滚子，来回滚压几遍，然后再用抹子找平便于提浆，同时密实度也得到提高。

喷刷阳角处时，喷头要斜角喷刷，冲洗速度要适宜，不宜过快、过慢或漏冲洗，保持棱角明朗、整齐。当喷刷出现局部石子颗粒不均匀现象时，应用铁抹子轻轻拍压，以达到表面石子颗粒均匀一致。如出现裂纹现象要及时用抹子抹压把表面的水泥浆冲洗干净露出石子后，用水由上而下冲洗干净，取出分格条后上下应清口，石子不能压条。在喷刷完后的墙面分格缝处用 1:1 水泥砂浆做深度 3 ～ 4mm 凹缝并上色。最好在水泥砂浆内加色拌合均匀后再嵌缝，以增加美观。

6.7　斩假石

斩假石又称剁假石、剁斧石，是在石碴砂浆硬化后，用剁斧、齿斧及各种凿子等工具将凝固后的水泥石碴面层剁琢露出石碴，其装饰艺术效果与天然石材类似，能形成天然花岗石粗犷的效果，可以以假乱真。斩假石常用于局部小面积装饰，如建筑外墙、勒脚、柱面、柱基、台阶、栏杆、花坛、矮墙等部位。这种工艺费工费力，劳动强度大，目前很少使用。

斩假石面层可以根据设计的意图斩琢成不同的纹样，常见的有棱点剁斧、花锤剁斧、立纹剁斧等几种效果。通常斩假石饰面的棱角及分格缝周边宜留 15 ～ 30mm 不剁，以便使斩假石看上去更像天然石材的粗糙效果。

1. 配比及构造

斩假石饰面的材料配比，一般采用水泥：白石屑 = 1:1.5 配制的水泥石屑浆，或采用水泥：石碴 = 1:1.25 配制的水泥石屑浆。为模仿不同天然石材效果，可以在配比中另加入适量 3 ～ 5 mm 粒径的彩色小粒石、无机矿物颜料。

斩假石的构造做法为：10mm 厚 1:3 水泥砂浆打底；刮 1mm 厚素水泥浆一道，表面划毛；10mm 厚水泥石碴浆罩面，小米粒石内掺 30% 白云石屑（如图 6-31 所示）。

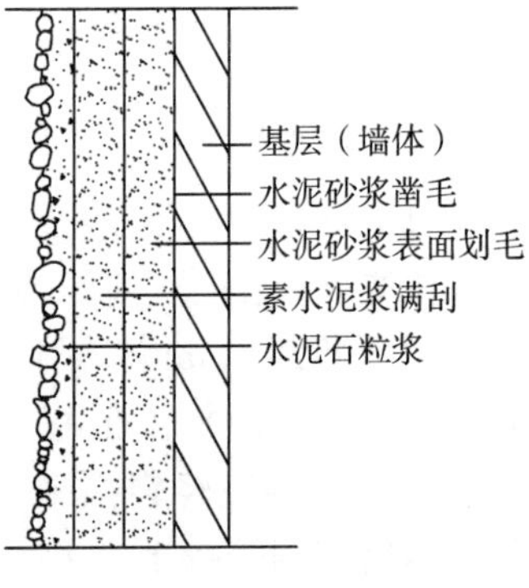

基层（墙体）
水泥砂浆凿毛
水泥砂浆表面划毛
素水泥浆满刮
水泥石粒浆

图 6-31　斩假石饰面分层构造

2. 施工工艺

斩假石施工工艺如图 6-32 所示。

斩假石表面都要求平整、密实，施工的基层处理同水刷石基层，底、中层抹灰用 1:3

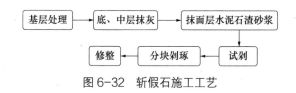

图 6-32 斩假石施工工艺

水泥砂浆，中层灰达到七成干后，浇水润湿表面，随即满刮水泥素浆一道，待素水泥浆凝结后，在墙面上按设计要求分格弹线并粘贴分格条。

面层水泥石碴浆一般分成两遍抹，厚度一般控制在 10mm 左右，在一个分格区内的水泥石碴浆要一次抹完。石碴浆抹完后，用软毛刷子蘸水顺纹清扫一遍，刷去表面的浮浆至石碴均匀外露，之后做好养护，防止面层开裂、空鼓。

常温（15～30℃）下面层经 3～4d 养护后即可进行试剁，低温（5～15℃）下 4～5d 试剁，试剁中墙面石碴不掉，声音清脆，容易形成剁纹即可以进行正式剁琢。在墙角、柱子等边楞处，宜横剁出边条、或留出 15～20mm 的边角不剁。在分格内划分垂直控制线，在台阶上划平行垂直线，控制剁纹与边线平行。

分块正式剁琢的顺序是先上后下，先左后右，先剁转角和四周边缘，后剁中间大面。凡转角和四周边缘剁水平纹，中间剁垂直纹。剁法是先轻剁一遍，再按原剁纹剁深。剁石用力要一致，垂直于大面，顺着一个方向剁，保持剁纹均匀、剁纹要深浅一致，深度控制在不超过石碴粒径的 1/3 为度，所有边框的斧纹应垂直。

剁琢完毕，用刷子沿剁纹方向清除浮尘，最后起出分格条。根据设计图纸的要求在底子灰上弹好分格线，当设计无要求时，也要适当分格，首先将墙、柱、台阶等底子灰浇水湿润，然后用素水泥浆将分格条贴好，待分格条有一定强度后，便可抹面层石碴，先抹一层素水泥浆即抹面层，面层用 1∶1.25 的水泥石碴浆，厚度 10mm 左右，然后用铁抹子横竖反复压几遍直至赶平压实，边角无空隙。随即用软毛刷蘸水把表面水泥浆刷掉，使露出的石碴均匀一致，面层抹完以后隔 24h 浇水养护。

6.8 干粘石

干粘石基层处理、底层、中层抹灰与水刷石相同，面层做法有手甩粘石、机喷粘石两种（如图 6-32 所示）。干粘石施工操作比水磨石、剁斧石、水刷石等都简单，造价较低、饰面效果较好、既能节约水泥、石碴等原材料，又能减少湿作业和提高工效。根据石碴的粒径选择粘结层厚度，一般抹干粘石砂浆应低于 1～2mm，干粘石是将石碴直接甩、抛撒并拍入中层抹灰层上，中层抹灰表面应先用水润湿，并刷水灰比为 0.4～0.5 的水泥浆一遍，粘石后要用力均匀轻拍，将石碴拍入抹灰层三分之二处，拍平压实形成外露石饰面（如图 6-33 所示）。干粘石一般选用小八厘石碴，因粒径较小，甩粘在砂浆上易于排列密实，暴露的砂浆层少；中八厘也有应用，但大八厘很少用到。

1. 手甩粘石

手甩粘石手工操作，劳动强度大，一手拿托盘，托盘内装石碴，另一手拿小木拍，铲上石碴后在小木拍上晃一下，使石碴均匀撒布在小木拍上，再往粘石砂浆上甩。先甩四周

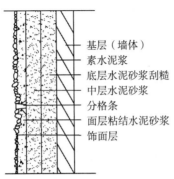

基层（墙体）
素水泥浆
底层水泥砂浆刮糙
中层水泥砂浆
分格条
面层粘结水泥砂浆
饰面层

图 6-33　干粘石构造做法　　　　　　　图 6-34　干粘石

易干部位，然后甩中间，一拍接一拍的甩，做到大面均匀，边角不漏粘。甩时应用托盘接着掉下来的石碴，粘石后及时用干净的抹子轻轻将石碴压入灰层中。要求将石碴粒径的三分之二压入灰中，外露三分之一，并以不漏浆且粘结牢固为原则。待到粘结层表面粘满石碴、水分稍蒸发后，用抹子沿垂直方向从下往上溜一遍，以消除拍石的抹痕。

2. 机喷粘石

针对大面积的粘石墙面，机喷粘石法采用压缩空气带动的喷斗喷射石碴，代替了手甩石碴的饰面做法，喷石后应及时用橡胶滚子滚压，将石碴粒径的三分之二压入砂浆中，使其粘结牢固。机喷粘石比干粘石机械化程度高，工效快，石碴也粘结牢固。

6.9　露骨料饰面质量控制

水刷石表面石碴应清晰分布，均匀、紧密、平整，色泽一致，应无掉粒和接槎痕迹。斩假石表面剁纹应均匀顺直，深浅一致，无漏剁处；阳角处应横剁并留出宽窄一致的不剁边条，棱角应无损坏。干粘石表面应色泽一致，不露浆、不漏粘，石碴应粘结牢固，分布均匀，阳角处应无明显黑边[5]；整个喷砂饰面必须质感、颜色均匀一致，阴阳角颜色、石砂密度与面层一致。露骨料饰面层与基层粘接牢固，不能有空鼓、裂缝，分格条（缝）的设置应符合设计要求；宽度和深度应均匀，表面应平整光滑、棱角整齐，露骨料饰面墙面允许偏差和检验方法如表 6-3 所示。

露骨料饰面墙面允许偏差和检验方法　　　　　　　　　表 6-3

项次	项目	允许偏差（mm）			检验方法
		水刷石	斩假石	干粘石	
1	立面垂直度	5	4	5	用 2m 垂直检测尺检查
2	表面平整度	3	3	5	用 2m 靠尺和塞尺检查
3	阴角方正	3	3	4	用直角检测尺检查
4	分隔条（缝）直线度	3	3	3	拉 5m 线，不足 5m 拉通线，用钢直尺检查
5	墙裙、勒脚线上口直线	3	3	—	拉 5m 线，不足 5m 拉通线，用钢直尺检查

6.10 工程应用

露骨料混凝土主要用于景观路面、室外路面、地面装饰、景墙装饰（如图 6-35 ～图 6-38 所示）。露骨料透水混凝土在城市中能够充分利用雨水资源，能让雨水流入地下，并能有效消除地面上的油类化合物等对环境污染，提高环境自净能力，改善了生态环境，减少外排流量，降低南方地区的防洪压力，有利于人类生存环境的良性发展及城市雨水管理与水污染防治等工作，实现水资源的可持续开发与利用，是保护自然、维护生态平衡、缓解城市热岛效应的优良铺装材料，属于典型的绿色功能混凝土。

图 6-35　水刷石花坛

图 6-36　水刷石分格缝

图 6-37　卵石路面

图 6-38　露骨料栏杆

露骨料透水混凝土在欧美、日本等地被最先开发使用，我国的应用研究在 20 世纪末才开始，并随着海绵城市的开发得到广泛应用。目前露骨料透水混凝土种类也越来越多，针对不同的环境及个性化的装饰风格，为设计师提供足够的自由度，广泛应用于公园广场、体育场、人行道、停车场、道路等场区，达到人与自然的绿色融合。

1. 露骨料透水混凝土路面

（1）北京奥林匹克公园

北京奥林匹克公园（以下简称奥运公园）是实现 2008 北京"绿色奥运、科技奥运、人文奥运"目标的一个重要载体，充分体现了生态学思想，反映了近代自然生态设计的理念。奥运公园透水混凝土园路项目采用露骨料透水混凝土技术，工程总量 11700m²，作为体现绿色奥运主题的工程之一，透水混凝土园路自奥运公园水系北岸沿龙湖延伸至"鸟巢"，路面质朴、美观，与周围的绿景和龙湖水系融为一体，是绿色奥运的一个新亮点（如图 6-39 所示）。奥运公园露骨料透水混凝土路面用天然石子拌制而成，在摊铺后进行表面处理，露出石子原色，属于自然渗水路面，具有很好的透水功能，路面质朴美观，与周围景观及植被和谐搭配，集生态、环保、美观于一体，有很好的装饰效果。

图 6-39　北京奥运公园北岸沿龙湖延伸至鸟巢路段

（2）西安大明宫国家遗址公园

大明宫国家遗址公园保护改造工程是中国"十一五"大遗址保护总体规划重点项目之一，是一项浩大的文化工程，该工程的建成将有效地保护大明宫遗址历史文化遗产，弘扬博大精深的中华文化，受到全世界华人的广泛关注（如图 6-40 和图 6-41 所示）。工程采用露骨料透水混凝土路面约 40 万 m²，主要颜色有土黄色和浅灰色，集历史的沧桑与人文元素的融合效果。露骨料透水混凝土园路分 10m 宽一级园路和 5m 宽二级园路，其中 10m 宽园路：面层厚 4cm、底层厚 8cm，颜色：中间 6m 为灰色、两侧 2m 为黄灰色，5m 宽园路：面层厚 4cm、底层厚 6cm，颜色为黄灰色。随着露骨料透水混凝土走进了我国许多的城市，露骨料透水混凝土施工技术、工艺得到了进一步改善[6]。

图 6-40　大明宫国家遗址公园鸟瞰图　　图 6-41　大明宫国家遗址公园露骨料透水混凝土

2. 露骨料透水混凝土树池

树池又称树穴，是指在有铺装的地面上栽种树木时，树木周围保留了一块没有铺装的土地。设置树池对于树木，尤其是对于大树、古树、名贵树木的生长是非常必要的。据园林专家研究证实：大量游人的践踏，使树木周围土壤的密度过高，透水透气性不良，夏季土温过高，一方面阻断了土壤与外界的空气交流，另一方面阻碍了地表水渗透到植物根部，导致古树死亡。

通过使用透水混凝土铺装透水树池可起到防止游人踩踏的作用，与其他材料相比，透水混凝土不反射太阳辐射，铺层下的水分慢慢蒸发，在一定程度上能起到调节地面温度的作用，同时也可提高土壤持水率，降低土壤温度，使土壤养分的利用率提高，有利于缓解城市热岛效应；透水混凝土对粉尘有很好的吸附能力，能减少扬尘，对调节城市小气候，有效保护了地面下动植物及微生物的生存空间[7]，对保持生态平衡起到了良好的作用。

透水混凝土树池形状有方形、圆形和多角形等。可根据道路以及周围自然环境，将树池周围的地面设计成与其他地面不同颜色的铺装，进行图案设计和色彩搭配，这样既可起到提示的作用，又实现不同的装饰风格，起到一定的装饰效果。在北京的北海公园、中山公园、日坛公园均采用透水混凝土树池铺装，用于树木保护，起到良好效果（如图6-42和图6-43所示）。

图6-42 露骨料透水混凝土树池　　图6-43 露骨料透水混凝土装饰效果

参 考 文 献

[1] 林也坚. C20露骨料透水水泥混凝土配合比设计及施工技术 [J]. 福建建材，2018(10): 64-65.

[2] DB11/T 775—2010 透水混凝土路面技术规程 [S].

[3] 代铮. 彩色露骨料透水混凝土研制及在景观工程的应用 [J]. 混凝土，2016(12): 158-160.

[4] 梁月清. 露骨料透水混凝土施工技术剖析 [J]. 现代农村科技，2017(12): 101-102.

[5] 中国建筑科学研究院有限公司. GB 50210—2001 建筑装饰装修工程施工质量验收规范 [S].

[6] 李彦军. 简谈装饰混凝土 [A]. 土木建筑学术文库 (第12卷) [C]: 河南省土木建筑学会，2009: 2.

[7] 王波. 透水性硬化路面及铺地的应用前景 [J]. 建筑技术，2002，33(9):659-660.

第7章 水磨石

7.1 概述

水磨石是以水泥或树脂的混合物为胶粘剂，以砂石或玻璃等材料为主要骨料，经搅拌、振动或压制成型、养护、表面经研磨和抛光等工序制作而成的一种混凝土面层。该面层铺设在普通水泥砂浆或混凝土基层上，主要以粗骨料的配色、颗粒大小、形状等体现装饰效果 [1]（如图 7-1 所示）。水磨石按抗折强度和吸水率分为普通水磨石、水泥人造石；按生产方式分为预制水磨石、现浇水磨石；按使用功能分为常规水磨石、防静电水磨石、不发火水磨石、洁净水磨石；按加工程度分为磨面水磨石、抛光水磨石；水磨石按生产时使用胶结材料类型不同，可分为水泥基水磨石、树脂 - 水泥基水磨石。

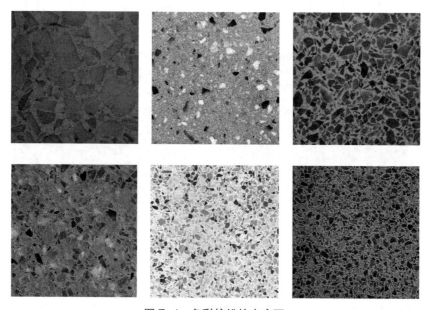

图 7-1　色彩缤纷的水磨石

水磨石花色品种多，颜色可以根据需要任意搭配，具有美观、强度高、施工方便等特点。水泥基水磨石，价格便宜、更耐火、耐久、透气、防滑，但其耐酸、耐污染能力稍差，使用年限与普通混凝土使用年限相当，主要应用于地板、楼梯或墙壁的装饰面层，应用量大 [2, 3]，本章主要介绍水泥基水磨石的制备及施工工艺。

传统水磨石为双层结构，其换代产品—单层水磨石已成为水磨石行业中比较先进的技术和主流产品，单层水磨石结构更均匀、致密。从配方、工艺、设备等方面进行改进，发展水磨石对于开拓混凝土制品市场以及利用石材资源具有十分重要的意义。目前我国天然石材资源虽然十分丰富，但天然资源有限，成材率低，大量天然碎石、粉末作为垃圾处理，造成资源严重浪费。由于水磨石有着很好的应用发展前景，通过开发高级水磨石（镜面水磨石）技术，可以将石材类垃圾变废为宝，推动合成石材和多功能石材发展，实现可持续发展，符合国家资源综合利用基本国策。

7.2 水磨石制备

1. 原材料的选择

水磨石所用的水泥强度等级不宜小于 42.5 级，不应使用火山灰质硅酸盐水泥，白色或浅色的水磨石面层应采用白色硅酸盐水泥，深色水磨石面层应采用普通硅酸盐水泥或矿渣硅酸盐水泥，掺入的颜料应选用遮盖力强、耐旋光性、耐候性、耐水性和耐酸碱性好的无机矿物颜料，掺量一般为水泥用量的 3% ~ 6%，也可由试验确定（原材料技术要求，见第 2 章）。

水磨石面层所用的石碴应质地密实、磨面光亮，如采用硬度不大的大理石、白云石、方解石或质地较硬的花岗岩、玄武岩和辉绿岩等。石碴粒径一般为 4 ~ 12mm，洁净无杂质，采用非连续级配与单一级配的结合，单一级配石碴的尺寸、颜色布置于需要打磨的面层；防静电水磨石和不发火水磨石所用石碴应经不发火试验确认，洁净水磨石所用石碴应坚硬耐磨，洁净水磨石和不发火水磨石所用石碴应预先进行防静电处理。砂应符合《建设用砂》GB/T 14684 的规定，含泥量不大于 3%；玻璃骨料可采用回收玻璃，采用人工进行颜色分类，机械进行清洗、破碎和筛分加工，加工的最大粒径按照预制块厚度的一半 (2 ~ 10mm) 控制，粒型为带尖角的不规则形状。

2. 水磨石配比

水磨石配合比中一定要控制粉料与骨料的比例，建议粉料与骨料比在 1:1.5 ~ 1:2.5 之间，尽量提高水磨石的流动性，细砂可以与粉料一起混合后加入。

（1）普通彩色水磨石

通过在水泥中加入彩色石碴、颜料，配制出不同色彩的普通彩色水磨石，其参考配比如表 7-1 所示。

普通彩色水磨石参考配合比　　　　　　　　　　　　　表 7-1

彩色水磨石名称	主要材料（kg）			颜料（占水泥质量 %）	
赭色水磨石	紫红石碴	黑石碴	白水泥	红色	黑色
	160	40	100	2	4
绿色水磨石	绿石碴	黑石碴	白水泥	绿色	
	160	40	100	0.5	
浅粉红色水磨石	红石碴	白石碴	白水泥	红色	黄色
	140	60	100	适量	适量
浅黄绿色水磨石	绿石碴	黄石碴	白水泥	黄色	绿色
	100	100	100	4	1.5

续表

彩色水磨石名称	主要材料（kg）			颜料（占水泥质量%）	
浅橘黄色水磨石	黄石碴	白石碴	白水泥	黄色	红色
	140	60	100	2	适量
本色水磨石	白石碴	黄石碴	白水泥	—	
	60	140	100	—	
白色水磨石	白石碴	黑石碴	黄石碴	白水泥	
	140	40	20	100	

（2）玻璃水磨石

玻璃水磨石参考配合比如表 7-2 所示，其色彩深浅程度主要通过调节白水泥和普通硅酸盐水泥掺合比例来实现，深色规格到浅色规格设计好以后，通过多次试制，确定白水泥和普通硅酸盐水泥的混合比例。

玻璃水磨石参考配合比[4]（%） 表 7-2

编号	水泥	水	深色玻璃（2~10mm）	浅色玻璃（2~8mm）	粗骨料（2~6mm）	细骨料（0.1~0.5mm）
1	46.5	11.6	16.3	7.0	4.6	14.0
2	39.2	7.8	19.6	11.7	10.0	11.7
3	32.8	9.8	19.7	9.8	8.2	19.7
4	40.0	10.0	14.0	6.0	10.0	20.0
5	40.8	8.2	14.3	6.1	10.2	20.4

7.3 预制水磨石板生产

预制水磨石强度高、质量好，厚度可以做到比较薄，生产一般由布料、振动、高压、养护、粗磨、精磨、抛光等工序组成。预制水磨石运输方便，施工方式与瓷砖、大理石相似，只需铺设即可，适用于各种环境。通过提高水磨石的质量稳定性和水磨石面层的设计自由度，对预制构件的面层进行模块化设计，可以制作多种花型和图案，然后再进行打磨处理并一次成型，给水磨石预制构件生产带来了很大的方便。

1. 成型

工厂预制水磨石工序基本上与现场制作相同，工厂预制操作条件较好，按设计规定的尺寸形状制成模具，可制得装饰效果优良的饰面板。在室内预制水磨石时需要注意进行板的分割，面层的布置操作要注意水泥胶砂与特制骨料的拌合。

水磨石预制板由面层和底层复合或单面层构成，厚度在 25mm 左右，也可根据工程要求制定厚度。预制水磨石复合板是为了更好地控制水磨石板面层的质量，先在成型模具中铺放面层料浆，面层厚度由石碴粒径决定，即面层厚度为石碴粒径加 2~4mm 水泥浆，面层料静置 15min 后，再在面层上铺放底层料浆。

压制型板材采用单片板材模具，由水磨石机一次压制成型（如图 7-2 所示），预制水磨石板材型成型后按照标准养护室条件养护 1d。单片板材一般采用规格板模具和大板模具，由于单片压制原料较少、单片板材在原料混合搅拌上更容易做到均匀统一，单片压制需要的压力更小，受力更加均匀，因此单片板材可控性较高，物理性能更加优异稳定。单片板材能够充分利用原材料，减少浪费与污染，可以进行大批量的工厂化生产，而且相关设备使用人员比较少，4～5 人即可完成整条生产线生产任务，生产效率较高，性价比也较高，还可根据用户需要，设计、生产各种图案和规格的产品。单片板材受模具限制，为固定厚度（一般多为 12～40mm），不能使用太大颗粒的骨料，面层难以做到超大颗粒的花色。

图 7-2　水磨石机

2. 定厚与表面处理

预制水磨石可以反面定厚或正面定厚。反面定厚是将经过养护的板材送入定厚机，通过定厚机的金刚磨头把板材的底层定到平整；正面定厚是将经过反面定厚的板材通过翻板机旋转 180° 后送入 4 头定厚机，通过 4 头定厚机的金刚磨头把板材定到需要的设计厚度。

打磨、打蜡是水磨石表面处理的关键方法。磨抛机的磨片型号有 50、100、200、300、500、600、800、1000、1200 可供选择，板材打磨后表面再进行打蜡，打蜡的目的是使水磨石表面更亮丽、光滑、美观，达到需求的装饰效果和防滑度[5]。水磨石地面磨抛机将水磨石表面风化，磨蚀的老化层刨去后露出新混凝土层，然后经特殊机械方法在水磨石表面产生极其复杂的作用并形成新的玻璃质薄膜，从而恢复水磨石自然亮丽的装饰效果。

预制水磨石品质稳定，密度大、强度高，吸水率控制在较低水平，能流水线生产，批量复制、效率更高；运输保存方便、施工便捷、高效交叉作业影响小，有利于保证整体工期进程，可应用于墙面、楼梯，甚至是台面。预制水磨石应用灵活，后期维护、更换更方便。

3. 技术性能要求

水磨石制品按外观质量、物理力学性能和尺寸偏差等分为优等品、一等品、合格品，其技术要求如表 7-3 所示。

水磨石制品的外观质量、图案偏差及物理力学性能规定[1]　　　　表 7-3

项　目		优等品	一等品	合格品
外观缺陷	返浆、杂质（mm）	不允许		长 × 宽≤ 10×10 不超过两处
	色差、划痕、杂石、漏砂、气孔	不允许		不明显
	缺口（mm）	不允许		长 × 宽 > 5×3 的缺口不应有，长 × 宽≤ 5×3 的缺口周边不超过 4 处，但同一条棱上不得超过 2 处
图案偏差	图案偏差（mm）	≤ 2	≤ 3	≤ 4
	越线（mm）	不允许	越线距离≤ 2，长度≤ 10，允许 2 处	越线距离≤ 3，长度≤ 20，允许 2 处
物理力学性能	抛光水磨石光泽度（光泽单位）	> 45.0	> 35.0	> 25.0

续表

项　目		优等品	一等品	合格品
物理力学性能	吸水率（%）	< 8.0		
	抗折强度（MPa）	平均值> 5.0，最小值> 4.0		

　　地面用水磨石的耐磨度 ≥ 1.5，有耐磨要求的水磨石的防滑等级应符合表 7-4 的要求或设计要求，通常情况下，防滑等级不低于 1 级。

水磨石地面防滑指标要求　　　　　　　　表 7-4

防滑等级	0 级	1 级	2 级	3 级	4 级
抗滑值 F_B	$F_B < 25$	$25 \leqslant F_B < 35$	$35 \leqslant F_B < 45$	$45 \leqslant F_B < 55$	$\geqslant 55$
摩擦系数	$\geqslant 0.5$				

7.4　水磨石地面施工

　　传统水磨石是将碎石、玻璃、石英石等骨料拌入水泥胶结料，制成混凝土制品后，经表面研磨、抛光的预制产品，然后在现场铺装，或直接在现场浇筑水磨石地坪。现场浇筑水磨石地坪既可以在地面施工，也可以在楼板施工（如图 7-3 所示）。水磨石通常在一个区域一次性成型，如面积太大则划分成多个区域，同一区域可以实现无接缝、无明显色差、拼花效果震撼，整体十分大气美观。现场浇筑水磨石人工操作，对施工人员的技术要求高，没有经过高频振动、高压压制，水磨石物理性能有限。

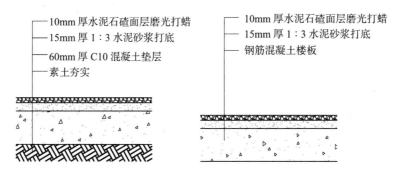

　　- 10mm 厚水泥石碴面层磨光打蜡
　　- 15mm 厚 1：3 水泥砂浆打底
　　- 60mm 厚 C10 混凝土垫层
　　- 素土夯实

　　- 10mm 厚水泥石碴面层磨光打蜡
　　- 15mm 厚 1：3 水泥砂浆打底
　　- 钢筋混凝土楼板

图 7-3　水磨石地面构造

1. 现浇水磨石地面施工

　　水磨石现场浇筑施工时，自流平成型，必要时用模板固定面层混凝土，可进行特殊纹理的施工。表面平整度要求高，施工条件要求苛刻，禁止交叉作业，施工完必须进行区域保护，避免影响整体工期使地面无法应用；水磨石与基层粘结很重要，如粘结强度不够，骨料容易松动脱落，面层吸水率较高，则容易被污渍渗透；如水磨石密度、强度不够，则容易出现开裂，后期破损难以修复如初的问题。

　　（1）施工准备

　　① 分格条

　　分格条有玻璃条、塑料条、铜条等品种（如图 7-4、图 7-5 所示）。玻璃条厚 3mm，由普通平板玻璃裁制而成，宽度根据面层厚度而定，一般 10mm，长度因分块尺寸而定；铜条由 1 ~ 2mm 厚铜板裁成，宽 10mm（还可根据面层厚度而定），长度因分格尺寸而定，用前必须调直调平。

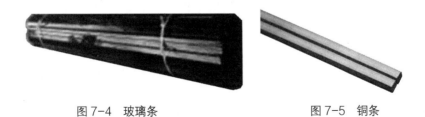

图 7-4　玻璃条　　　　　　　　　　　图 7-5　铜条

② 水泥砂浆

面层结合层的水泥砂浆体积比宜为 1∶3，相应的强度等级不应低于 M10，水泥砂浆稠度以 30 ~ 35mm 为宜。

③ 主要机具

水磨石机，滚筒，木抹子，毛刷子，靠尺，手推车，平锹，5mm 孔径筛子，粗、中、细规格金刚石片，胶皮水管，水桶，扫帚，钢丝刷等（如图 7-6 和图 7-7 所示）。

图 7-6　水磨石机　　　　　　　　　图 7-7　金刚石片

（2）施工流程

现浇水磨石地面施工流程如图 7-8 所示。

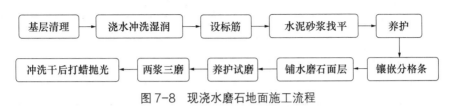

图 7-8　现浇水磨石地面施工流程

（3）施工要点

① 基层

将混凝土基层上的杂物清理干净，不得有油污、浮土。洒水湿润基层，刷一道水胶比为 0.4 ~ 0.5 的水泥浆，面积不得过大，随刷浆随铺抹 1∶3 找平层砂浆。先将砂浆摊平，并用 2m 长刮杠以标筋为标准进行刮平，再用木抹子搓平压实。要求表面平整密实、粗糙，找平层抹好后，养护 1 ~ 2d。在找平层上按设计图案弹出纵横两向或图案墨线，然后按墨线截裁分格条。

② 嵌分格条

按墨线固定分格条，分格条应镶嵌牢固。分格条宽度与水磨石面层厚度相同，接头严密，顶面在同一平面上，检查其平整度及顺直。玻璃条通常用素水泥浆抹成八字角嵌入牢固，涂抹高度略大于分格条高度的二分之一，水平方向以 30° 为准（如图 7-9 所示）；铜条则穿铁丝绑牢。分格条交叉处应留出 15 ～ 20mm 的空隙不抹水泥浆，以便在铺设水磨石浆时石粒能靠近分格条交叉处。分格条镶嵌好以后，隔 12h 后浇水养护 2d。

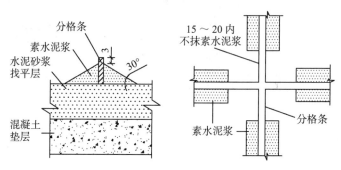

图 7-9 分格条设置

③ 抹水磨石浆面层

先清除地面积水和浮灰，刷素水泥浆一道，铺石碴浆并高出分格条 1 ～ 2mm，用木抹子搓平。铺完后，在表面均匀撒一层石粒，拍实压平，用滚筒反复滚压至出浆，抹子抹平，24h 后开始养护。如在同一平面上有几种颜色的水磨石，先做大面，后做镶边；先做深色，后做浅色，待前一种色浆凝固后，再抹后一种色浆。

④ 研磨

大面积水磨石施工宜用磨石机研磨，小面积及边角处用小型磨光机或手工研磨。水磨石过早开磨石粒易松动，过迟则造成磨光困难。应根据水泥强度和气温高低合理确定水磨石的开磨时间（如表 7-5 所示），先进行试磨，在石子不松动时方可开磨。

水磨石面层开磨参考时间表 　　　　　　　　　　　表 7-5

平均温度（℃）	开磨时间（d）	
	机磨	手工磨
20 ～ 30	2 ～ 3	1 ～ 2
10 ～ 20	3 ～ 4	1.5 ～ 2.5
5 ～ 10	5 ～ 6	2 ～ 3

水磨石一般采用"二浆三磨"法，即整个研磨过程中磨光三遍，补浆二次。第一遍先用 60 ～ 80 号粗金刚石粗磨，边磨边加水冲洗，随时用靠尺检查平整度，磨匀、磨平，分格条和石粒全部露出，用水冲洗掉水泥浆，用同色水泥浆涂抹填补面层中出现的小孔隙和凹痕，洒水养护 2 ～ 3d。第二遍用 100 ～ 150 号金刚石平磨，方法同第一遍，磨光后再补一次浆。第三遍用 180 ～ 240 号细金刚石精磨，要求打磨平整光滑，无孔隙砂眼，石子颗颗显露均匀，高级水磨石面层应适当增加磨光遍数及提高细金刚石的目数[6]。

⑤抛光

在影响水磨石面层质量的其他工序完成后，将地面冲洗干净，涂上10%浓度的草酸溶液，随即用280～320号细金刚石进行细磨或把软布固定在磨石机上进行研磨，直至水磨石表面光滑为止。用水冲洗、晾干后，在水磨石面层上满涂一层蜡，稍干后再用磨光机研磨，或用钉有麻布的木块代替细金刚石，装在磨石机上研磨出光亮后，再涂蜡研磨一遍，直到表面光滑洁亮为止。

（4）质量问题及对策

①分格条折断，显露不清晰

主要原因是分格条镶嵌不牢固（或未低于面层），滚压前未用铁抹子拍打分格条两侧，在滚筒滚压过程中，分格条被压弯或压碎。为防止此现象发生，必须在滚压前将分格条两边的石子轻轻拍实。

②分格条交接处四角无石粒

主要是粘结分格条时，水泥浆应呈30°粘贴，分格条顶部距水泥浆4～6mm，同时在分格条交接处，粘结砂浆不得抹到端头，要留有间隙抹石碴浆。

③水磨石面层有洞眼、孔隙

水磨石面层机磨后有孔洞的地方一般均采用补浆方法，即磨光后用清水冲洗干净，用较浓的水泥浆（如彩色磨石面时，应用同颜色颜料加水泥擦抹）将孔眼擦抹密实，待硬化后磨光；普通水磨石面层用"二浆三磨"法，即整个过程磨光三次补浆二次。如果为图省事少补浆一次，或用扫帚扫而不是补浆等，都易造成面层有小孔洞（另外由于补浆后未硬化就进行磨光，也易把孔洞中灰浆磨掉）。

④面层石粒不匀、不显露

主要是由于石子规格不好，石粒未清洗，铺拌合料时用刮尺刮平时将石粒埋在灰浆内，导致石粒不匀。

2. 预制水磨石板地面施工

预制水磨石板地面施工工艺如图7-10所示。

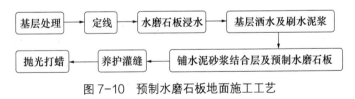

图7-10　预制水磨石板地面施工工艺

（1）基层处理

将粘结在基层上的砂浆及浆皮清除掉，用扫帚将表面浮土清扫干净。

定线：根据设计图纸要求的地面标高从墙面上已弹好的＋50cm线，找出板面标高，在四周墙面上弹好板面水平线。

（2）确定标准块的位置。

确定的十字线交叉处最中间的一块为标准块位置，标准块作为整个房间的水平及经纬标准，铺砌时应用角尺及水平尺细致校正。确定标准块后，即可根据已拉好的十字基准线进行铺砌。

（3）水磨石预制板铺装

基层刷好水泥浆后，即开始铺设 25～30mm 厚的 1∶3 干硬性砂浆结合层，确保地面平整度、密实度。先用刮杠刮平，再用铁抹子拍实抹平，放上水磨石预制板时比地面标高线高出 3～4mm 为宜。为确保砂浆找平层与预制水磨石板之间的粘结质量，在铺砌板块前，预制水磨石板应预先用水浸泡。对好纵横缝，进行水磨石预制板试铺，用橡皮锤敲击板中间，振实砂浆至铺设高度后，将试铺合适的水磨石预制板掀起移到一旁，检查砂浆上表面，如与水磨石预制板底吻合后，满抹一层素水泥浆，预制水磨石板铺装要四角同时落下，用橡皮锤轻敲压实，并用水平尺找平。

（4）养护和填缝

水磨石预制板铺砌 2d，检查表面无断裂、空鼓后，用水泥浆填缝，并随时将溢出的水泥浆擦干净，灌三分之二高度后，再用与水磨石预制板同颜色的水泥浆灌满，最后铺上保湿材料覆盖保持湿润，养护时间不应少于 7d。

水磨石晾干后，用蜡洒布均匀；水磨石表面应色泽一致、厚薄均匀、光滑明亮、图纹清晰、表面洁净。

（5）打蜡

水磨石预制板面层清洗干净后，表面晾干，用蜡均匀涂抹在水磨石表面上，再用磨石机压磨后打第一遍蜡，用同样方法打第二遍蜡达到表面光亮、图案清晰、色泽一致。

7.5 验收

水磨石品种、强度（配合比）及颜色，应符合设计要求和施工规范的规定，水磨石面层厚度按石粒粒径确定。除有特殊要求外，一般宜为 12～18mm。用小锤轻击检查，面层与基层的结合必须牢固，无空鼓、裂纹等缺陷。水磨石面层的颜色和图案应符合设计要求。面层表面应光滑；无明显裂纹、砂眼和磨痕；石碴密实，显露均匀；颜色图案一致，不混色；分格条牢固、顺直和清晰 (如表 7-6 所示)。

建筑水磨石制品的外观质量、图案偏差及物理力学性能规定　　　　　　表 7-6

项　　目		优等品	一等品	合格品
外观缺陷	返浆、杂质（mm）	不允许		长 × 宽≤10×10 不超过两处
	色差、划痕、杂石、漏砂、气孔	不允许	不明显	
	缺口（mm）	不允许		长 × 宽>5×3 的缺口不应有，长 × 宽≤5×3 的缺口周边不超过 4 处，但同一条棱上不得超过 2 处
图案偏差	图案偏差（mm）	≤2	≤3	≤4
	越线（mm）	不允许	越线距离≤2，长度≤10，允许 2 处	越线距离≤3，长度≤20，允许 2 处
物理力学性能	抛光水磨石光泽度（光泽单位）	>45.0	>35.0	>25.0
	吸水率（%）	<8.0		
	抗折强度（MPa）	平均值>5.0，最小值>4.0		

水磨石面层的允许偏差应符合表 7-7 的规定，并按表 7-7 中的检验方法进行检验[7]。水磨石踢脚线与墙面应紧密结合，高度一致，用小锤轻击、钢尺检查和观察检查，局部虽有空鼓，但其长度不大于 200mm，且在同一检查范围内不多于 2 处。水磨石楼梯和台阶相邻两步的宽度和高差不超过 10mm，旋转楼梯梯段的每踏步两端宽度的允许偏差为 5mm，楼梯踏步的棱角应整齐，防滑条应顺直，楼梯踏步的宽度、高度应符合设计要求。水磨石地面镶边的用料及尺寸应符合设计和施工规范的规定，边角整齐光滑，不同面层颜色相邻处不混色。

整体面层的允许偏差和检验方法（mm）　　　　　　　　　　表 7-7

项次	项　目	允许偏差		检验方法
		普通水磨石面层	高级水磨石面层	
1	表面平整度	3	2	用 2m 靠尺和楔形塞尺检查
2	踢脚线上口平直	3	3	拉 5m 线和用钢尺检查

7.6　工程应用

水磨石具有任意调色拼花、施工方便等独特的优势，从 20 世纪 50 年代后期到 80 年代，被称为高档建筑材料，产品花色、质量可与天然石材媲美，曾在国内大型高档工程中采用，尤其是在国内空间较大、人流密集的地方得到大量使用，如北京火车站、人民大会堂、地铁站、北京百货大楼等主要工程。从 20 世纪 60 年代起该产品出口至东南亚、欧洲、日本等地，对建筑物室内装饰发挥着重要作用，在国内家装界运用愈加广泛，地面、墙面、橱柜台面等均有应用，受到很多用户的青睐。

现浇水磨石多用于地面、墙面、台面、柱、水池等工程部位，预制水磨石多用作墙面和柱面、楼梯踏步、窗台板、踢脚板、台面板、地面板等构件，水磨石越用越亮，品种多样，在日常生活中维护保养起来比较方便。如防静电水磨石地板广泛用于各类中高档建筑地面使用，如机场、车站、地铁、超市、机房、生产车间、学校、医院等。镜面彩色水磨石、玻璃水磨石等新产品在学校、景观路面也得到一定的应用。

1. 地铁项目

1965 年建设的北京地铁一号线，是当时国内唯一的地铁建造项目，地铁一号线站台用的水磨石地板砖成为一道亮丽的风景。北京各个地铁站台、通道、站厅、楼梯采用以红、黄、绿为主色调的水磨石产品，铺设着水磨石踏步板和站台板、地面，方、圆柱和墙面上铺设着柱面板、墙面板，将车站装饰得华丽典雅，古朴大方[8]（如图 7-11 ～图 7-14 所示）。防静电水磨石还可应用于地铁机房、控制室，防静电水磨石美观、防静电、易施工，有一定的抗压能力，铺装后整体效果非常好，成了需要安装大型机柜、设备的场所的首选。

图 7-11　北京地铁站水磨石楼梯

图 7-12　北京地铁站通道水磨石地面

图 7-13　北京地铁站站厅水磨石地面

图 7-14　北京地铁站水磨石柱子

2. 办公楼及厂房

（1）数字北京大厦

数字北京大厦工程位于奥林匹克公园中心区，该工程建筑面积 96518m²，建筑高度 56.35m，大楼地上 11 层，地下 2 层，是一座高科技智能化的电信通讯及办公大楼。它作为首都信息化基础设施的核心工程之一，为数字北京的规划建设和协调管理发挥重要作用（如图 7-15 所示）。该工程采用筏板反梁基础，现浇钢筋混凝土框架剪力墙结构，大楼首层大堂地面采用石材、吊顶采用金属网和 FRP 新型材料，墙面为采用清水混凝土。电梯厅地面采用石材，吊顶采用轻钢龙骨石膏板、硅钙板等，墙面采用清水混凝土。外装饰采用石材幕墙、玻璃幕墙、FRP 格栅幕墙，专用网络机房地面为防静电预制水磨石，墙、顶为乳胶漆。

（2）广州捷普电子厂五期扩建工程

广州捷普电子厂五期扩建工程，位于广州市萝岗经济开发区骏成路 128 号，包括 2 单体公寓（框架）和 1 栋钢结构厂房，总建筑面积 60000m²。防静电水磨石施工设计面积为 5200m²，具有良好的防静电效果，能保证厂房生产车间正常的生产作业，且维护起来方便简单，受到了业主和监理的高度好评 [9]。

（3）浙江经济职业技术学院教学实验楼工程

浙江经济职业技术学院教学实验楼工程位于杭州市下沙高教园区东区，与浙江工商大学相邻，教学实验楼为地下 1 层，整体联结在一起，上部为 5～6 层独立三幢教学楼，地下室建筑面积 14500m²，总建筑面积 48200m²，其中大小教室、阶梯教室、走廊等均采用镜面彩色水磨石，整个工程水磨石面积达 28000m² [10]。

图 7-15　数字北京大厦

3. 景观路面

上海市嘉定新城"紫气东来"城市景观轴线南至天祝路，西至温泉路，北至塔秀路，贯穿嘉定新城中心区东西向的城市开放空间，对整个新城中心区的空间形态起着举足轻重的作用。该项目中设计了一条 3 ～ 30 m 宽窄不一的动感走廊步行道路和广场，由回收紫色废弃玻璃的水磨石制品铺装而成，由于玻璃本身有颜色，同时具有折射、反射、成像等良好的光学特性，表面达到水磨石亮度，在反射和折射等光学作用下，白天阳光照射或夜晚灯光照射在玻璃水磨石上会反射出不同的色彩，体现出紫气东来的色彩变换和动感效果[4]。

参 考 文 献

[1] 苏州混凝土水泥制品研究院有限公司 . JC/T 507—2012 建筑装饰用水磨石 [S].
[2] 杜夕彦，罗贺斌，史学礼 . 水磨石现状与展望 [J]. 混凝土世界，2010(04): 40-42.
[3] 侯建华 .《建筑水磨石制品》建材标准完成修订 [J]. 石材，2010(04): 40.
[4] 王新南 . 废弃玻璃混凝土水磨石的配合比设计与压制 [J]. 新型建筑材料，2014 年第 9 期，25-27.
[5] 曾明祥 . 105 米预应力水磨石台座设计与施工 [J]. 中国西部科技 (学术)，2007(10): 13-14.
[6] 中国建筑工程总公司，ZJQ00-SG-003-2003 建筑地面工程施工工艺标准 [S]. 中国建筑工业出版社，103 ～ 106.
[7] 江苏省建筑工程集团有限公司 . GB 50209—2010 建筑地面施工质量验收规范 [S].
[8] 马志平 . 华岩水磨石扮靓京城地铁站 [J]. 石材，2000 年 10 期，29-30.
[9] 严达，陈凯，李晓东，孟忠，钟伟 .SZJXGF17-2008 防静电水磨石地面施工工法 [S]. 中建三局第二建设工程有限责任公司 .
[10] 严国忠，陈永其，陈谷峰 . 镜面彩色水磨石施工工艺的探讨 [J]. 浙江建筑，第 24 卷第 4 期，2007 年 4 月，33-34.

第8章 抛光混凝土

8.1 概述

抛光混凝土是指对化学硬化剂渗透硬化后的混凝土表面采用机械打磨和干法抛光工艺，从而使混凝土平整度和光泽度得到大幅提高，使混凝土表面在满足使用功能的同时，还能起到特殊的装饰效果[1]。最早的抛光混凝土干法抛光工艺诞生于 1998 年，一个突尼斯承建商在检查混凝土项目过程中发现，与湿磨法相比，工人用干磨法对混凝土进行抛光，其表面光泽度高，于是混凝土干磨抛光工艺被发现并得以在欧美等地区飞速普及。在美国拉斯维加斯，1999 年第一块机械抛光混凝土地坪在 Bellagio 库房诞生，面积达到 4 万平方英尺（约 3716m² ）。

随着抛光技术的发展，特别是 2008 年全球经济衰退以后，抛光混凝土流行趋势逐渐由追求光泽度转变为哑光和缎面[2]。2015 年，随着混凝土垂直墙面研磨抛光设备诞生，抛光由水平面的地坪延伸到垂直墙面抛光，标志着混凝土抛光技术发生了历史性的转变。

8.2 分类

抛光混凝土地坪按照原有地坪种类可分为新浇筑地坪、以旧翻新地坪。新浇筑地坪是在混凝土地面硬化后在其表面涂刷混凝土密封固化剂，固化剂与混凝土化学反应生成永久性凝胶，使用抛光工艺能够有效降低成本，再通过机器直磨得到一个防尘、致密的整体；以旧翻新地坪是对原有混凝土地坪进行抛光，使混凝土表面的天然骨料逐渐呈现出来，焕发出温润的光泽，从而达到以旧翻新的目的。混凝土通过控制抛光打磨得到不同暴露程度的骨料外观，如细骨料轻微暴露、细骨料充分暴露和粗骨料轻微暴露、粗骨料充分暴露，形成不同的装饰效果。

抛光混凝土按照光泽度级别可以分为低反光度、中反光度、高反光度，其耐磨性能和表面耐候性好，非常耐用，防滑、防渗漏、耐磨损、耐油、耐灰尘，仅需清水拖地，易于清洁，其维护成本低、使用寿命长，非常适用于高人流量的公共场合。低光泽度地面其反光度为 30～40，细骨料轻微暴露，主要应用于超市和百货公司、大面积仓库等室内地坪，其特点是生命周期内成本最小，能承受最恶劣的使用环境。中光泽度地面其反光度 40～55，地坪进行中等光泽的抛光，使细骨料充分暴露，粗骨料轻度暴露，主要应用于零售业的室内公共区域，其特点是容易清洁和保养，耐磨损、防渗漏、防滑。高光泽度地面反光度大于 55，是对粗骨料充分暴露的地面进行高光泽度装饰性抛光，能够提高自然光亮，可以减少照明能耗，主要应用于博物馆、展览馆、高档别墅等需要强化地面平整度和光泽度的地坪。高光泽度抛光混凝土可减少对天然石材的开采，减少了对天然石材进行再加工的耗能损失。

8.3 抛光混凝土制备

普通混凝土毛细孔多，边角十分脆弱，遭受外力时，其伸缩缝或锯切缝会被破坏，混凝土地面出现"起尘"，以致 20 世纪 90 年代美国许多没有上硬化剂的抛光混凝土地坪很快就出现磨损、失光严重现象。为提高地面平整度和反光度，通常采用密闭固化剂渗透混凝土表面来填堵混凝土毛孔，提高地面强度及致密度。混凝土表面经密封固化剂硬化后进行抛光处理，不同的装饰元素便能呈现出不同的花色效果及质感，使原来的光线漫反射更多的转化为镜面反射，地面产生像大理石一样的美丽光泽，平整度极佳，反光性、装饰性好，更能表现出混凝土的自然本色，使其成为样式丰富、漂亮的一种装饰混凝土（如图 8-1 和图 8-2 所示）。

图 8-1 办公楼大厅抛光混凝土地坪　图 8-2 地下车库抛光混凝土地坪

1. 混凝土硬化处理

混凝土液体硬化剂分为两大类：一类是碱性金属硅酸盐类硬化剂，另一类是二氧化硅硬化剂。碱性金属硅酸盐类硬化剂产品主要有：钠基、钾基、锂基硅酸盐和偏硅酸盐产品、氟硅酸盐产品。混凝土液体硬化剂由在美国加利福尼亚州的一名德国科学家发明，美国地坪行业内称这类化学材料为致密剂，中国国内行业标准将其定义为混凝土液体硬化剂，俗称混凝土密封固化剂，其技术性能如表 8-1 所示。

混凝土液体硬化剂物理性能指标 [3]　　　　　　　　表 8-1

序号	项　　目		指　　标
1	固含量（%）		规定值 ±2%
2	pH 值	≥	11.0
3	24h 表面吸水量 (mm)	≤	5
4	24h 表面吸水量降低率（%）	≥	80
5	耐磨度比（%）	≥	140
6	VOC（g/L）	≤	30
规定值为生产商和相关方明示值			

这些混凝土密封固化剂可以有效地渗透混凝土 3 ～ 5mm，与混凝土中的水化产物氢氧化钙产生化学反应生成硅酸钙凝胶，并能够有效地填充混凝土中的毛细孔，以减少水分渗透路径，阻止有害物质进入混凝土内部，提高混凝土表面的致密性。

2. 混凝土着色处理

抛光混凝土既有通用的又可定制个性化的，混凝土色彩既可采用在硬化混凝土表面喷涂着色剂的方式实现，也可通过改变水泥或骨料的颜色来实现。混凝土着色剂色调稳定，渗透能力强，对人体无害，通过与混凝土中的矿物质颗粒发生化学反应，形成具有天然石材的颜色效果，具有永久不掉色、色调稳定的特点，适合于各种室内混凝土地坪及制品的着色处理。还可以预先根据设计需要，在混凝土浇筑过程中可以添加不同级配和颜色的骨料，或在成型阶段把贝壳、海螺、玻璃碎片等其他装饰元素嵌入刚浇筑完的混凝土面层，形成风格各异的装饰效果。

8.4　施工工艺

混凝土无论新旧均可抛光处理，抛光混凝土效果可根据不同的混凝土地面状况及客户的需求，任意调配颜色，使用固化剂、染色剂，采用专业的混凝土抛光设备和磨片、干湿结合的抛光方法，调整使用的研磨工具和步骤，将混凝土表面抛光到所需的光泽度，实现最终的设计效果。

1. 施工准备

（1）混凝土基层

混凝土基层强度等级不小于 C25，采用硅酸盐水泥、普通硅酸盐水泥配制，保证地坪的硬度和强度。准备采用表面抛光技术处理的混凝土在浇筑期间要有很好的和易性，现场搅拌的混凝土坍落度应不大于 5cm，泵送混凝土坍落度应控制在 10 ～ 12cm。现场应尽量收光表面，混凝土至少养护 28d。

对于二次浇筑的混凝土地坪，其混凝土面层厚度应不低于 5cm。伸缩缝可根据地面面积尽量划分均匀。面层提浆 3 次并机械收光 3 次，地面收光平整，无抹刀印、无蜂窝麻面、无空鼓脱层。平整度差的混凝土表面需要提前找平，混凝土基层表面平整度必须小于 10mm，抛光时，平整度应小于 5mm，可减少后期的抛光程序[4]。

（2）施工机具

施工设备主要有地坪研磨机、手提式角磨机、吸尘器、多功能擦地机（如图 8-3 和图 8-4 所示）。

图 8-3　地坪研磨机

图 8-4　手提式角磨机

工具配件主要有树脂磨片、喷壶、刮水器、滚筒、水管（如图8-5所示）等；大面积地坪研磨采用地坪研磨机，边角部位则采用手提式角磨机研磨加抛光；用多功能擦地机、吸尘器将灰尘清理，直到地面整体出现亮度。

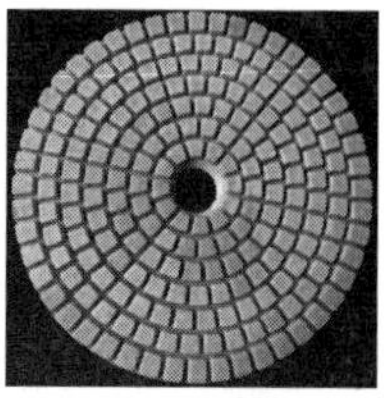

图8-5 树脂磨片

2. 工艺流程

干法抛光不需要用水，抛光机上安装有吸尘装置（如图8-6所示），可以有效地吸收粉尘颗粒，施工速度更快、操作更简单环保，是目前工业领域最常用的抛光方法之一。干法抛光用于初始研磨阶段，一般粗抛3～4遍混凝土表面，除去混凝土表面涂层或其他污物，表面变得光滑；湿法抛光用于精抛阶段，根据抛光工艺及抛出的粉末量，确定更换不同目数磨光片的时间，在不同阶段更换不同目数磨片，为最终的抛光做准备。抛光混凝土施工流程通常如图8-7所示。

图8-7 抛光混凝土施工流程

图8-6 吸尘器

（1）基层处理

在施工之前，清洗、清除地面的杂物、油污、涂料、养护剂等。采用水泥基修补嵌缝砂浆修补混凝土地面的气泡痕迹、裂缝，将细微的凹穴填平，并养护3d。

（2）粗磨

粗磨（研磨）是指使用金刚石工具进行打磨，用60号磨片纵横交叉反复打磨，将地面打磨至结实的基层，去除地面上的污迹、细微麻点、瑕疵、着色剂或其他薄涂层，将松散、脱空层、起灰地面打磨干净，直至混凝土表面均匀、平整，用水将水泥浆冲洗干净，最终形成平滑的表面。

（3）一次上固化剂

用150号磨片磨完后，待地面表干后，将混凝土密封固化剂均匀喷洒在清洁好的地面上，并用滚筒均匀滚涂一次。地面被固化剂湿润4h以上，使固化剂与氢氧化钙充分反应，产生更多的凝胶填充混凝土毛细孔，提高混凝土密实度，可以最大限度地保护地面上那些脆弱的低点边角部分。观察地坪表面，凸起或干燥过快的地方要重新喷洒混凝土固化剂。待第一遍混凝土固化剂完全被渗透后，清除表面多余的混凝土固化剂。

（4）细磨

尽量将地面处理平整、均匀，使用300号树脂磨片对混凝土表面进行细磨。对地面残留的细微的材料再用500号水磨片带水磨干净，根据地面所需的光泽使用越来越细的磨片进行研磨，直到手摸地面感受到细腻光滑为止。

（5）再上固化剂、着色剂

非着色部位及墙面等做好成品保护。地面经密封固化剂硬化、研磨平整后充分晾干，用滚筒将着色剂均匀地滚涂在混凝土表面，由于混凝土地面吸收染色剂速度不均匀，对出现部分快干的地面增加涂刷，让着染色剂充分渗透到混凝土地面中，直至被混凝土完全均匀吸收。待着色后的地面完全干燥后，用 1000 号树脂磨片磨去着色地面表面的杂质，使着色地面颜色无差异。等地面晾干后，第二次喷洒混凝土密封固化剂，并采用机器细磨，加速材料的渗透及反应。

（6）抛光（精磨）

地坪研磨机尽量控制为匀速，根据地面情况及光泽度要求，使用不同目数的树脂磨片打磨，使地面呈现素雅、纯粹的哑光感，或高反光度的光泽感。使用 1000 号树脂磨片打磨至地面出现光泽，接着用 2000 号、3000 号树脂磨片同法打磨抛光，直到地面呈现出预期的光泽度为止。地面抛光处理后清扫地面，保持地面整洁。地面 24h 后方可上人，48h 可交付使用。

8.5　验收

抛光混凝土地面表观质量包括：表面平整度、表面缺陷、表面均匀度、露骨均匀度、反光均匀度、反光表面成型质量，其他性能包括：抗滑性能、表面硬度、耐磨性能、耐腐蚀性、防污性能。抛光混凝土地面平整度应符合表 8-2 的规定，因为硬度越高，经过人行走摩擦越用越亮，使用时间越长光泽度就越好，后期无需打蜡维护保养，只需平时用清水或者用湿拖布清洁即可。

整体面层的允许偏差和检验方法（mm）　　　　　　　　　　表 8-2

项次	项　　目	允许偏差		检验方法
		水泥混凝土面层	水泥砂浆面层	
1	表面平整度	5	4	用 2m 靠尺和楔形塞尺检查
2	踢脚线上口平直	4	4	拉 5m 线和用钢尺检查

抛光混凝土地面的硬度可以采用莫氏硬度笔（如图 8-8 所示）测试，或者用非尖锐金属物在表面划动，间接推算出它的耐磨性和耐刮伤性。硬度高的抛光混凝土地面不会有伤痕，无开裂现象，表面平整、防滑，无明显色差，呈现出打蜡般的光泽。

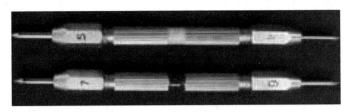

图 8-8　莫氏硬度笔

抛光混凝土反光度定性检测可以采用肉眼观察的方式，当地面光泽度达到 85 左右时，肉眼就可以很直观的看出光泽度。定量检测多使用便携式反光度检测仪检测抛光混凝土地面的反光度（如图 8-9 所示），为提高测量的灵敏度，对于不同光泽范围，应选用不同角度的光泽仪进行测试，如表 8-3 所示。

图 8-9　便携式反光度检测仪

光泽度测试推荐的角度　　　　　　　　　　　　　　表 8-3

光泽程度	数值	推荐的角度
中光泽	10 到 70 单位	60° 光路
高光泽	> 70 单位	20° 光路
低光泽	< 10 单位	85° 光路

在抛光混凝土地板上划定规格不小于 600mm × 600mm 的测区，九个测点，即测区中心一个测点，四周边 3 个测点，见图 8-10，在每组测区测量中应保持相同的几何角度。

抛光混凝土取 9 个点的算术平均值作为测区的试验结果，计算精确至 0.1 光泽单位，以每组测区的平均值作为被测抛光混凝土的镜向光泽度值[5]。

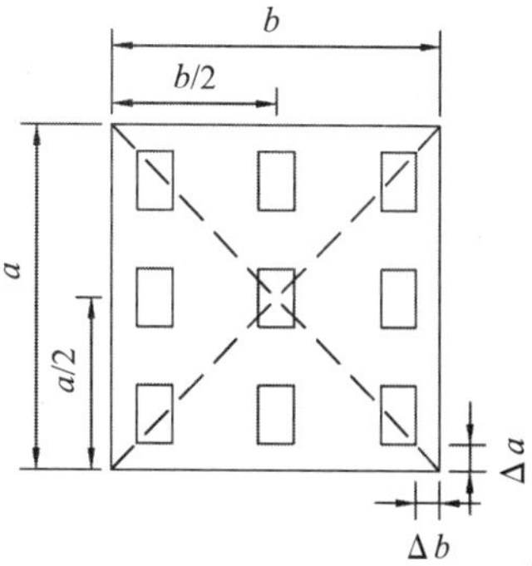

注：Δa，Δb 测区边缘与试样边缘距离 10mm。

图 8-10　测点布置示意图

8.6　工程应用

抛光混凝土凭借其独特的装饰效果和自然朴实的风格、良好的物理化学性能及无污染的特点，在世界各地得到了越来越多的应用，如工业厂房、物流仓库、餐厅、咖啡厅、专卖店、大卖场、运动场馆、图书馆、博物馆、医院、学校等各种混凝土地坪（如图 8-11 所示）。抛光混凝土也可以用于破旧地面翻新改造，在普通混凝土垂直墙面、楼梯等领域上也有应用。如美国佛罗里达州的迈阿密海滩有世界上最大的倾斜立式抛光混凝土，美国圣何塞州立大学艺术与设计博物馆利用回收玻璃作为骨料制成表面抛光露骨料混凝土。预制的抛光混凝土楼梯已经成为常用的地面结构性材料，尤其是在公共建筑、高层写字楼、公寓大楼等大型项目的实施中，与传统的施工方式相比较，其设计更简单、安装速度更快、施工更稳定。

图 8-11　抛光混凝土地坪

抛光混凝土地坪耐磨持久且维护成本低，通过在老旧混凝土地面、自流平地坪等水泥基地面上再施工，对起砂严重的地坪有很好的硬化和增强效果。抛光混凝土地坪的发展前景广阔，将来会逐步向施工一体化、工艺标准化、品质可量化方向发展。

参 考 文 献

［1］章明，裴汉泽. 混凝土抛光地坪［J］. 建筑技艺，2014 年第 07 期，116-121.

［2］约翰·丹尼斯. 装饰性混凝土的趋势，2015 国际装饰混凝土技术与应用大会，96-104.

［3］JC/T 2158—2012 渗透型液体硬化剂［S］.

［4］刘同军，刘靖环. 混凝土硬化地面的施工技术［J］. 重庆建筑 2004 年第 5 期，30-31.

［5］GB/T 13891—2008 建筑饰面材料镜向光泽度测定方法［S］.

第9章　发光混凝土

9.1　概述

发光混凝土是一种利用长余辉材料和水泥、砂石等材料制备的混凝土，这种混凝土白天可以吸收日光或紫外光，储存光能，晚上可以把储存光能以可见光的形式释放出来的。1997年日本清水研究所把5%～30%的带有硫化锌发光物质的颜料与水泥、骨料混合制备发光混凝土，便会产生发光性[1]。1998年，施工人员在丙烯酸密封涂料中掺入发光磷，与改良型聚合水泥复合物一起使用，这种发光磷材料能使发光混凝土发出的光又亮又清晰。早期的发光混凝土常用于走廊或者出口处，甚至常被用在地板、游泳池平台上，当时采用的长余辉材料主要是硫化物长余辉材料。

随着对长余辉材料的研究及发展，发光混凝土的光颜色更加丰富多彩，原材料更加环保，利用其发光节能的优势，发光混凝土主要应用于城市广场，公园、步行街、游乐场所、休闲场所的装饰艺术地面，通过结合设计师的创意，根据景观要求铺设出各种各样的花纹图案，如色彩与质感丰富的动物、沙滩、海浪造型等，对路面及周围环境起美化与亮化作用[2]。

9.2　长余辉材料

长余辉发光材料又称蓄光材料或夜光材料，俗称荧光粉、荧光石，其中荧光石又被日本称为蓄光石、夜光石。这种材料在自然光或人造光源照射下能够吸收并存储外界光辐照的能量，然后在某一温度下（指室温），晚上缓慢以可见光的形式释放这些存储能量的光，不需额外进行补光。

1. 发光机理

长余辉发光材料多采用稀土元素激活的碱土铝酸盐、硅酸盐等高科技自发光材料，这些材料无毒无害无辐射，在吸收各种可见光10～20min后，可以在夜暗处持续发光12h以上，其发光亮度和持续时间是传统ZnS发光材料的30～50倍。长余辉发光材料发光机理主要有"空穴转移模型"、"Dorenbos模型"、"复合发光模型"，每一个模型都只能部分解释长余辉发光现象的一面，具有一定的局限性。长余辉现象与缺陷和陷阱能级有关，只要在基质中存在一定密度的陷阱能级，并通过热扰动能将储存的能量释放出来的，就可以持续发光形成长余辉现象。

荧光粉能够周而复始重复发光，其主要发光颜色有黄绿光、天蓝光、蓝绿光、紫光，其中黄绿光和蓝绿光的发光时间最长，亮度最好。除蓝绿光和天蓝光荧光粉外，其他的长效荧光粉遇水后会水解，失去发光特性，在水性溶液中使用时，需要先对荧光粉进行防水处理后才能使用。每种荧光粉耐温性差别很大，黄绿光荧光粉的旋光性能一般在 5000℃以上时开始下降，蓝绿荧光粉一般在 8000℃以上时旋光性能开始下降，耐温性最高，温度越高，时间越长，影响越大，而且是不可逆的。

2. 材料类型

长余辉发光材料从基质成分的角度划分，可分为硫化物型、碱土铝酸盐型、硅酸盐型及其他基质型长余辉发光材料。但由于硫化物体系长余辉发光材料的发旋光性质不稳定，余辉时间短，国内相继开发了铝酸盐体系及硅酸盐体系长余辉材料。

（1）硫化物长余辉材料

传统的长余辉材料有硫化锌和硫化钙荧光体，一方面，这类材料体色鲜艳，具有发光颜色多样、弱光下吸光速度快的优点，如 Ca S：Bi 发蓝紫光，Zn Cd S：Cu 发黄色光，ZnS：Cu 发绿色光、CaS：Bi 发蓝色光，CaS：Eu 发红色光；另一方面，这类材料发光亮度低、余辉时间短、不耐紫外线、化学稳定性差、易潮解，通常在发绿光的硫化物长余辉材料中添加有机染料或镉、放射性元素、材料包膜处理等手段来克服这些缺点，而放射性元素的加入对人身健康和环境都会造成危害，因而极大制约其实际应用范围 [3]。

（2）铝酸盐长余辉材料

铝酸盐长余辉材料发光亮度高，具有余辉时间长和化学稳定性好、无放射性的优点。铝酸盐材料发光颜色单一、铝酸盐体系大多发蓝光或者黄绿光、蓝绿光。而红色长余辉铝酸盐材料相对较少，合成温度高、遇水易潮解，发光颜色不丰富，其产品已经取得实际应用并且开始产业化生产。铝酸盐体系长余辉材料发光效率高，余辉时间长，化学性质稳定，无放射性污染，但其发光颜色单调，遇水不稳定 [4]。

（3）硅酸盐长余辉材料

近年来，人们逐渐把应用范围拓展到了硅酸盐长余辉材料体系，硅酸盐长余辉材料体系可以分为二元硅酸盐体系和三元硅酸盐体系。二元硅酸盐体系主要包括正硅酸盐和偏硅酸盐，三元硅酸盐体系的研究主要集中在焦硅酸盐和含镁正硅酸盐体系。硅酸盐长余辉材料体系化学性质稳定，热稳定性良好，耐水性和耐紫外线辐照性能好，发光颜色多样，原料无毒，合成工艺简单，价格低廉，可以实现蓝、蓝绿、绿、黄绿和黄色发光，其发光颜色可与铝酸盐长余辉发光材料互补，化学性质较铝酸盐体系稳定，耐水性强 [5]。

9.3 发光混凝土制备

发光混凝土路面集透水、装饰、照明、承载为一体，白天路面可用于装饰、晚上路面可用于照明 [6]。国内学者研究发现，当荧光粉掺入到混凝土中后，随着荧光粉掺量的增加，混凝土的抗压和抗折强度减小，混凝土的发光时间随荧光粉掺量的增加而增长，余辉的衰减缓慢，混凝土发光时间随涂层厚度增加而缩短；荧光粉仍具有特有的发光性能 [7]。

荧光粉与水泥、沥青等有色胶结材料结合使用时会失去其蓄光发光功能。为保证发光效果，选用浅色骨料和透明胶粘剂或白水泥、荧光粉、玻璃微珠（即反光粉）、浅色骨料等材料制备发光砂浆面层 [8]。荧光粉掺加 25% ～ 30% 较合适，选用 100 目黄绿色长余辉发光材料生产发光水泥透水砖的发光效果较好；反光粉掺量为水泥的 8% 时，可有效增强发光效果且不影响透水效果；白色透水砖面层可减弱非选择性吸收效果，达到最优发光效果[9]，也可采用白水泥、荧光粉、荧光石、石英砂等材料制备发光混凝土，发光混凝土配合比如表 9-1 所示。

发光混凝土配合比（kg/m³）[10]　　　　　　　　　　表 9-1

白水泥	粉煤灰	胶粉	硅灰	细砂	荧光石	纤维素	荧光粉	水	减水剂
500	215	5	180	600	50	5	250	170	18

荧光石主要应用于露骨料透水混凝土路面面层，通过在透水混凝土路面镶嵌荧光石的方式使路面产生发光效果。荧光石有树脂荧光石、石质荧光石两种，选用石质荧光石作为混凝土骨料效果较好，其原料为高纯度天然矿石或玻璃质材料和稀土，技术性能可参考表 9-2。石质荧光石对透水混凝土孔隙率和透水系数影响较小，能明显增强透水混凝土的强度[11]，其不仅具有天然石子的几何外形、具有不同颜色和不同的发光色彩，还可以根据景观设计要求设计出各种各样、色彩斑斓的画面和图案。

荧光石主要性能[12]　　　　　　　　　　表 9-2

名称	单位	数值
压碎值	百分比（%）	26
耐高温温度	摄氏度（℃）	600
粘附性能	级	4
粒径	毫米（mm）	9.5～13.2mm
发光波长	纳米（nm）	波长主峰 520nm

玻璃微珠在混凝土表面主要起反光作用，由玻璃经高温烧制而成，实心圆球率达到100%，粒径≤0.8mm。当光线照射在微珠表面时，由于微珠的高折射作用而聚光在微珠焦点的特殊反射层上，反射层将光线通过透明微珠又重新反射到光源附近。当微珠的折射率大于1.9以上时，才能形成良好的回归反光效果。折射率根据复杂的光学公式计算得出，玻璃微珠的折射率分为三种级别：折射率在1.90～2.1之间的为高折射率玻璃微珠，折射率不小于2.2的为超高折射率玻璃微珠，一般用在交通路线的折射率为1.5[13]。

9.4 发光彩色透水混凝土路面施工

发光彩色透水混凝土路面是在露骨料透水混凝土上用胶粘点缀荧光石的方法做成的路面，由路基、垫层、本色透水混凝土基层、彩色透水混凝土面层组成（如图 9-1 所示），可根据景观需求用荧光石拼出相应的图案或文字。

这种路面集照明、装饰、透水、承重等多功能于一体，白天具有很好的自然铺装装饰效果，晚上又能自然发光，起照明及装饰的作用，其施工工艺如图 9-2 所示。

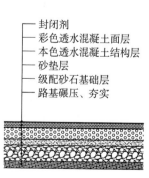

封闭剂
彩色透水混凝土面层
本色透水混凝土结构层
砂垫层
级配砂石基础层
路基碾压、夯实

图 9-1　发光彩色透水
混凝土路面构造

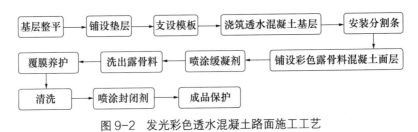

图 9-2 发光彩色透水混凝土路面施工工艺

1. 本色透水混凝土基层

首先在处理好路基、垫层的基础上，按设计要求进行分隔立模及区域立模，立模中须注意高度、垂直度、泛水坡度等的问题。透水混凝土按材料的配比及投料顺序将材料投入搅拌机，先将水泥等胶凝材料和碎石搅拌约 30s 实现初步混合，再将用水量分 2 ~ 3 次加入继续进行搅拌，约 1 ~ 2min 至搅拌均匀。浇筑前对路基润湿，均匀摊铺本色透水混凝土基层，用杠尺进行刮平，并用碾压辊或低频振动滚压机进行压实，摊铺过程控制松铺高度系数，以 1.08 ~ 1.15 为宜。

2. 彩色透水混凝土面层

透水混凝土属于干硬性混凝土，初凝快，面层与底层的摊铺时间不宜相差太大。在普通透水混凝土基层上洒水充分湿润后，均匀摊铺 20 ~ 30mm 彩色透水混凝土面层，用振平机来回振平滚压 2 ~ 3 遍，滚压第一遍后对欠料的地方要及时的填补，边角需人工找平，确保面层密实度和平整度。面层整平抹光后，按照景观艺术效果图，在混凝土表面撒布不同颜色的荧光石，并按形状摆放荧光石，然后通过人工方式嵌入混凝土表面，在面层喷涂保护剂，以便提高荧光石的粘结力和面层耐磨度[14]。

彩色透水混凝土路面存在一定孔隙，面层摊铺结束后 30min 内对表面露骨料预处理，在混凝土表面均匀喷洒一层缓凝剂，缓凝剂喷涂的处理深度要求在 2 ~ 3mm 之间，随即覆膜养护。在透水混凝土面层未达到终凝以前，需要用冲洗水压为 1 ~ 2MPa 高压水冲洗掉荧光石、玻璃珠及其他骨料表面包裹的水泥浮浆，使荧光石及其他骨料暴露出来，可以最大限度发挥长余辉材料的发光效果，骨料天然的色彩及质地使路面实现回归自然的效果，然后继续用塑料薄膜或彩条布及时覆盖路面及侧面。

3. 养护及封闭

透水混凝土浇筑 1d 后，需每天洒水养护透水混凝土路面，养护时间不少于 7d。待路面混凝土强度达到 75% 时进行切缝，每隔 3 ~ 5m 设置伸缩缝、沉降缝，伸缩缝切缝直线段应顺直，曲线段应弯顺，不得有夹缝，缝内不得有杂物。填缝材料应选用聚氨酯类、氯丁橡胶类等材料，这类材料与混凝土接缝槽壁粘结力强、回弹性好、耐老化。当彩色混凝土面层干透后，将双丙聚氨酯封闭剂均匀地喷涂于表面，喷涂厚度控制在 1 ~ 2mm，使面层形成一层保护膜，增强耐久性和美观性，静置 8h 后方可开放交通。

9.5　工程应用

由于发光混凝土具有在白天吸收太阳光，晚上能够自主发光达十几个小时的特性，在夜晚没有灯光的情况下，可以指示行人、汽车行走，可广泛应用于路标、公路分界线、房屋预制或现浇的楼梯、地铁通道等。国外习惯把发光混凝土作为逃生和救援路线的识别标志，在火灾发生时，即使在逃生路线上同时发生烟雾浓重，发生电源故障，或突然断电的情况下，发光混凝土起到安全和指示作用，使人们仍然能够迅速识别出逃跑路线，实现了安全效果和美学效果的完美结合。为最大限度发挥发光混凝土中荧光石的功效，发光混凝土路面通常以露骨料混凝土的施工方式来实现。发光混凝土路面还可以取代路灯解决路面照明问题，减少因照明带来的能耗，节约能源；应用于隧道还可大幅削弱了隧道内外光线的反差，延伸汽车驾驶者的有效视距，保证了行车的安全[15]。

1. 荷兰梵高 – 罗斯加德自行车道

荷兰的 Nuenen 省的梵高－罗斯加德自行车道设计构思来源于梵高的作品《星夜》，18 世纪梵高曾居住在这个城市。这条自行车道长达一公里，路面上布满了超过 5 万颗荧光石，骑车夜游在自行车道时，无论天上或地上都有星光相伴、繁星闪烁（如图 9-3 所示）。依靠太阳能发电，该车道同时还配有 LED 照明设置，可以在白天充电，以备荧光石在阴天无法吸收足够的太阳光能时，晚上可增加车道的能见度之用，是一条名副其实的"星光大道"。

图 9-3　梵高－罗斯加德自行车道

2. 中国的玉溪体育场

玉溪体育场海绵工程项目属于玉溪市老城片区海绵工程的一部分，该项目运用透水混凝土、透水砖和荧光石在体育场外围改造路面，建设"夜光跑道"。这条曲线状的橘红色夜光跑道全长约 700m，面积约 2481m^2，最宽处有 6m 多，最窄处有 1m 多。该跑道是把原来的水泥路面向下破挖 30cm 以后铺上碎石，碎石上面铺一层透水混凝土基层，基层之上再铺上 8cm 厚的透水混凝土，面层每隔 1m 放上用荧光石做的发光圆盘。跑道不仅防滑，而且能够有效消除下雨时跑道上的积水，同时利用荧光石自主发光，提高夜间跑道的可识别性，为夜跑者指引道路，同时增加夜跑乐趣（如图 9-4 所示）。

3. 中国的贵阳海豚广场

海豚广场占地 32 万 m^2，是贵阳首家体验型社交生活中心，与 335m 地标双子塔联为一体，由知名建筑设计公司英国贝诺（Benoy）操刀设计，建筑外形以一只跃出水面的海豚出水艺术形态呈现，碧波的海水及层叠的海浪采用彩色发光混凝土铺装而成，荧光石的蓝色泛光呈现出粼粼波纹，在"海豚"周身营造出一片蓝海的视觉效果，给人带来全新视觉冲击（如图 9-5 所示）。

 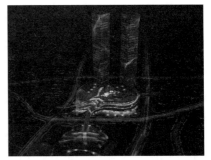

图 9-4　云南玉溪体育场夜光跑道[16]　　图 9-5　贵阳花果园海豚广场

参 考 文 献

[1] 兴华 . 发光混凝土 . 建材工业信息，1997 年第 3 期，6.
[2] 刘华章，混凝土发光砖面层配合比的试验研究 . 2008 年第 3 期，混凝土与水泥制品，56-57.
[3] 孙继兵，王海容，安雅琴，崔春翔，韩丹 . 长余辉发光材料研究进展 . 稀有金属材料与工程，2008 年 2 月，第 37 卷第 2 期，189-194.
[4] 封娜 . 铝酸盐长余辉发光材料研究进展 [J]. 化工技术与开发，2012 年 12 月，27-29.
[5] 陈小博，刘应亮，李毅东 . 硅酸盐体系长余辉发光材料的研究进展 [J]. 材料导报：综述篇，2009 年 11 月（上）第 23 卷第 11 期，11-16.
[6] 陈景，王晶晶，徐芬莲，卢佳林，甘戈金 . 环保节能型发光混凝土材料的研制 [J]. 2015 年第 6 期，混凝土与水泥制品，96-98.
[7] 王倩 . 发光混凝土的制备与性能研究 [D]. 沈阳建筑大学硕士研究生学位论文，2012-12.
[8] 刘华章 . 混凝土发光砖面层配合比的试验研究 [J]. 2008 年第 3 期，混凝土与水泥制品，56-57.
[9] 许静贤 . 发光水泥透水砖的制备及性能研究 [J]. 福建建材，第 4 期（总第 192 期），15-17.
[10] 李良，蔡林，陈昊等 . 透光及自发光为一体的混凝土砌块的制备研究 [J]. 2016 年 11 期，砖瓦，62-64.
[11] 陈景，王晶晶，徐芬莲，卢佳林，甘戈金 . 环保节能型发光混凝土材料的研制 [J]. 2015 年第 6 期，混凝土与水泥制品，96-98.
[12] 徐艺嘉，王火明，李鑫 . 浅谈发光路面的现状与发展 [J]. 江西建材，2017 年第 2 期（总第 203 期），168-172.
[13] 刘华章 . 混凝土发光砖面层配合比的试验研究 [J]. 2008 年第 3 期，混凝土与水泥制品，56-57.
[14] 李慧 . 荧光彩色混凝土路面施工技术 [J]. 建筑细部，2018 年第 9 期 .
[15] 郭廷云 . 浅谈新材料在隧道路面应用中不同的施工工艺 [J]. 中华民居 2011 年 11 月 .
[16] http://htq.yuxinews.com 玉溪日报记者 刘黎摄影报道 .

第 10 章　透光混凝土

10.1　概述

透光混凝土又称为透明混凝土，按导光材料的不同分为光纤透光混凝土、树脂透光混凝土。光纤透光混凝土本身就能承受较大载荷，随着制备方法的不断研究创新，目前光纤透光混凝土可应用于承重构件。与光纤透光混凝土相比，树脂透光混凝土造价更低，后处理工艺简单，能解决光线取向问题，透光率更高，透明度接近20%，树脂透光混凝土抗折强度不高，只能用作非承重构件。

光纤透光混凝土概念最早由布达佩斯技术大学的匈牙利建筑师 Aron Losonzi 在 2001 年提出，并在 2003 年成功生产了第一块玻璃光纤透光混凝土砌块，将其命名为 LiTraCon，该单词由光 Light、透明 Transmitting、混凝土 Concrete 三个单词缩写而成[1]，这种光纤透光混凝土结合混凝土和光纤这两种材料的优点，具有光传输特性，其性能如表 10-1 所示。

LiTraCon 公司透光混凝土砌块的性能　　　　　　　　　　　表 10-1

性　　能	指　　标
密度（kg/m²）	2100 ～ 2400
砌块尺寸（mm）	600×300
厚度（mm）	25 ～ 500
抗压强度（MPa）	50
抗拉强度（MPa）	7

树脂透光混凝土透光性更好，由意大利水泥集团在 2008 年研制出相关产品 "i.light"，其技术性能如表 10-2 所示。

i.light 物理性能[2]　　　　　　　　　　　　表 10-2

性　　能	指　　标
尺寸（mm）	50×500×1000
质量（kg）	50
透明度（%）	18 ～ 20
耐久性	两年时间内无明显降解
弹性极限（MPa）	1.92
最大张力（MPa）	7.7

透光混凝土具有一定透明度，且原料丰富，光通过透光混凝土从一端平面传导到另一端平面，离这种混凝土最近的物体能在墙板上显示出阴影，又能使建筑美观，可应于绿色

建筑。透光混凝土构件能做成不同的纹理和色彩，具有不同的尺寸和绝热作用。透光混凝土通过调整光纤掺量及排布的方式，可做成不同的形状及透光效果，用作内墙和外墙的建筑材料。通过把绿色技术与艺术装饰有机结合起来，充分利用阳光作为光源，不仅可以降低照明的功耗，在不影响混凝土强度的情况下还能降低电费，降低住宅和工业建筑的能耗。

10.2　透光混凝土制备

透光混凝土由水泥基基体材料、导光材料组成。水泥基基体材料由不含粗骨料的精细材料构成，导光材料分散在整个水泥基基体材料里面，成为一种结构性组分骨料。以光纤为主的导光材料柔韧、透明，直径一般在 $2\mu m \sim 2mm$ 之间，大约与人的头发直径一样细，光纤透光混凝土可以通过在单位体积的混凝土中添加 0.25% ～ 5% 的光纤来满足光传输的特殊要求 [3]。

树脂透光混凝土由一定数量、一定空间组合次序的固态树脂导光结构与水泥基基体材料相结合形成的组合体，依靠构件内的呈一定形状的固态树脂导光结构贯穿构件，使光线能透过构件 [4]，导光结构设计包括透光树脂的分布、形状和尺寸、比例、厚度等参数，透光树脂的性能以及导光结构的设计对树脂透光混凝土的透明度具有重要影响 [5]。

1. 基本材料组成

（1）水泥基基体材料

水泥基基体材料，以普通硅酸盐水泥为主或采用硫铝酸盐水泥，通过在通用硅酸盐水泥掺入粉煤灰、矿粉等多种活性混合材，降低水泥碱度，减小对纤维的侵蚀。砂级配合理，不含杂质，采用河砂、石英砂、机制砂均可。通过优化配比，降低水胶比，获得流动性、强度、耐久性均较好的自密实水泥基材料。树脂透光混凝土用水泥基基体材料加入不锈钢短纤维，不锈钢短纤维的加入能极大地提高透光混凝土板的抗撕裂性以及弯曲强度，如表 10-3 所示。

树脂透光混凝土用水泥基基体材料参考配比 [6] 表 10-3

组　　分	用　　量	备　　注
水泥 (kg/m³)	350 ～ 450	牌号为 CEM Ⅰ 52.5R
砂 (kg/m³)	200 ～ 350	/
骨料 (kg/m³)	1400 ～ 1500	最大粒径 2mm
水胶比	0.40 ～ 0.55	/
减缩剂 (kg/m³)	根据其他组分用量选择	/
膨胀剂 (kg/m³)	根据其他组分用量选择	/
减水剂 (kg/m³)	根据其他组分用量选择	/
聚丙烯纤维 (kg/m³)	1	/
不锈钢纤维 (kg/m³)	40 ～ 50	长度为 6mm

（2）导光材料

① 光纤

A．光纤类型及组成

光纤分为有机光纤和无机光纤。无机光纤由高纯度石英或光学玻璃制成，有机光纤由塑料制成；无机光纤的透光率高，光传输距离长；有机光纤价格便宜，透光率低。光纤由三个组成部分组成（如图 10-1 所示）：光纤的核芯是光纤芯，它能携带光信号传播光；镀膜层由一种比芯部折射率低的材料制成，光从核芯通过镀膜层时必须减速，光波占据了仅在核芯中反射的最小电阻路径；塑料保护层，保护纤维避免损坏。

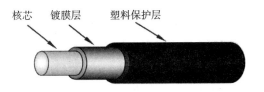

图 10-1　光纤的组成 [7]

目前，光纤有三种基本类型：阶跃折射率光纤、渐变折射率光纤、单独发射光纤，每种类型光纤芯部和镀膜层之间的折射率因组合变化而有所不同（如图 10-2 所示）。多模阶跃指数光纤折射率从镀膜层到芯部发生突变，这种光纤被称为"阶跃折射"，由于镀膜层折射率

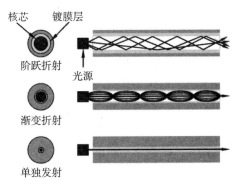

图 10-2　光纤的类型 [8]

略低于核芯折射率，在一定角度内的所有射线最终都将完全反射到镀膜层上。射线以大于临界角的角度撞击边界，通过边界部分反射和传播，经过多次反射，这些光线的能量将在光纤中耗散掉。渐变折射率光纤又称自聚焦光纤，光纤折射率中心最高，沿径向递减，光束在光纤中传播，可以自动聚焦而不发生色散。

B．光纤分布

由于光线必须从一个角度撞击边界，只有在一定角度范围内进入光纤的光线，才可以沿着纤维向下移动而不会漏出，这一系列的角度称为接收角。光线穿过纤芯，离开边界，在芯层和镀膜层之间来回跳动，入射角过大时光线就不能透过混凝土。光纤通过全内反射过程能在光纤两端非常有效传输光，整个内反射几乎没有光损失，光从光纤的两端之间透射而过。

光纤可以形成矩阵并相互平行地运行于砌块的两个主平面之间，光纤在混凝土中不同布局排列可使透光混凝土表面呈现出不同的图案和肌理，上千股光纤通过混凝土传送光，无论是打入自然光或是人工光都可以通过透光混凝土发出不同的色彩。透光率的大小影响着透光混凝土的视觉效果，通过控制透光率和调整混凝土透光部分的比例，可在混凝土表面创造出一个多元变换的视觉界面。

②透光树脂

塑料树脂的价格没有光纤那么昂贵，其视角比光纤更广阔，捕捉光线的能力更强，较容易地获得高感光面积比。树脂透光混凝土多选用透光率高、力学性能、耐久性较好的树脂，如选用邻苯型不饱和聚酯透明树脂或环氧树脂 AB 胶。

预制透光树脂导光结构设计包括透光树脂的分布、形状和尺寸、比例、厚度等参数，透光树脂分布可分为均匀分布或按文字、图形分布；透光树脂尺寸根据设计需求而定，可采用长方形或圆形等形状；透光树脂最佳厚度在 20～50mm 之间；透光树脂的透光面积比可根据树脂导光水泥基材料透明度的需求而定。

2. 制备工艺

制备透光混凝土的工艺有两种，一种为"先植法"，一种为"后植法"。

（1）先植法

先植法主要应用于光纤透光混凝土，也可应用于树脂透光混凝土。光纤透光混凝土通过添加一定体积的光纤来生产，使用长模具使光纤彼此平行，确保光纤束接触混凝土两个表面，使光能不间断地通过混凝土实现透光能力。光纤的预铺设通过设计或改进制作装置实现，然后浇筑水泥基材料；或先在模具内浇筑一层薄薄的水泥砂浆，再在水泥砂浆上面串上几层光纤，然后添加更多的水泥砂浆，重复该过程直到模具充满。树脂透光混凝土制作是将预制透光树脂板规则地固定在模具底部，然后将砂浆倒入模具中，使透光树脂板几乎完全埋入砂浆，但其上表面不能被砂浆覆盖，混凝土硬化后拆除长模具，养护到一定龄期后，按产品所需长度，用自动切割机在垂直于导光材料长度的方向对构件进行切割，并对试样表面进行粗磨、抛光，从而形成不同大小的透光混凝土砌块[9]。

（2）后植法

后植法主要应用于树脂透光混凝土，也可应用于光纤透光混凝土。该方法是在半硬化或已硬化的混凝土表面绘制出所需图案，然后按照设计图形打孔，在孔中灌入透明树脂原料，混凝土与透明树脂原料一起硬化，混凝土构件脱模后形成树脂透光混凝土[10]；或者在打好的孔中植入光纤并浇筑水泥基基体材料固定，混凝土构件脱模、打磨后形成得到光纤透光混凝土。

10.3　透光混凝土性能

1. 力学性能

（1）抗压强度

采用双向平行排布掺入 0 ～ 10% 直径为 1mm 塑料光纤制备出透光混凝土，并进行平行比对试验。试验结果表明，混凝土抗压强度随着光纤体积掺量的增加而逐渐降低。当光纤体积掺量不大于 3% 时，混凝土强度损失较小；当光纤体积掺量大于 3% 时，混凝土强度损失明显[11]，可通过使用高强度混凝土配制透明材料来改善透光混凝土强度。Salmabanu Luhar 等在混凝土砌块表面均匀地向混凝土层中加入光纤，光纤在透光混凝土中水平方向上均匀分布，间距为 8mm，光纤占混凝土立方体体积的 1% 时，透光混凝土的强度与普通混凝土相似。

透光混凝土的抗压强度随着塑料光纤体积掺量的降低而减小。另外，塑料光纤试样的抗压强度低于玻璃棒。

（2）抗弯折度

当玻璃光纤体积掺量低于 5% 时，试块的抗折强度比未埋入光纤试块的抗折强度略有提高;当光纤的体积掺量高于 5% 时，随着光纤体积掺量的增加，试块的抗折强度逐渐降低[12]。

2. 透光性

混凝土透光性以透光率参数为表征，是评价透光混凝土效果的重要指标。透光率是透

过混凝土的光通量与其入射光通量的百分比，透光性能采用紫外可见近红外分光亮度计测试时，其计算方法如式（10-1）所示

$$\tau = I/I_0 \times 100\% \qquad\qquad （10\text{-}1）$$

式中　τ——透光率；

　　　I——透过基体光通量；

　　　I_0——入射光通量，lm。

光纤的特性包括光纤半径和传输损耗，国内研究表明透光混凝土的透光性能与光纤排布密度、光纤的特性以及试块端面的抛光程度有关，光纤半径越大，光纤端面接收光的能力越强，传输损耗越低，透光率就越大；透光率随光纤间距增大而降低，光纤排布密度越高，透光率越高，构件表面研磨、抛光程度越好，透光率越大[13]；由于能够传输光线的实际光纤纤芯体积增加，光纤体积掺量越大，混凝土相对透光率越高。光线波长大于500nm时，光纤透光率处于稳定状态。

材料透明度增加导致透光率增加，光透射率随入射角的增大而减小，角度大于60°则忽略不计。混凝土晴天的透光率比阴天大，在混凝土中插入有机玻璃则可以再现内部全反射效果，这是通过已开发的混凝土面板模型证明的。

利用阳光作为光源，可减少室内照明的功率消耗。透光混凝土具有良好的导光性能，混凝土的光纤体积比与透光、导光性能成正比。透光混凝土的重量与普通混凝土相同，不管透光混凝土砖有多厚，它都携带着同样数量的光线穿过砖块。

3. 耐久性

国内研究资料表明：透光混凝土抗冻融性和抗渗性能明显低于普通混凝土，掺入光纤可以明显提高体系抗裂性能，降低透光混凝土的抗硫酸盐侵蚀性能和抗氯离子渗透性能；随着光纤掺量的增加，脆性系数降低，抗硫酸盐侵蚀性能和抗氯离子渗透性能降低[14]。冻融循环是透光混凝土使用过程中的不利因素，通过在光纤表面涂覆环氧树脂能增强光纤与混凝土的界面粘结性，从而提高抗透光混凝土抗冻性能[15]。

4. 装饰性

透光混凝土能做成不同纹理和色彩，在灯光下达到艺术效果。透光混凝土的美在于它的若隐若现，不全透明，透光混凝土墙就好像是一幅银幕或一个扫描仪，既能通过它透视出一部分里面的内容，又人可以隐约看到放置在透光混凝土后物体的影子，这种特殊效果让人感觉混凝土的厚度和重量都消失了。正是这种朦胧的感觉，让透光混凝土具有一种神秘色彩。透光混凝土透光性能好，具有显著的建筑节能和装饰效果，可制成园林建筑制品、装饰板材、装饰砌块等，应用于不同的场合。

10.4　工程应用

非再生能源的利用随着建筑之间的空间减少而增加，绿色建筑和室内热力系统等智能建筑技术变得必不可少。高层建筑和摩天大楼的发展阻挡了建筑外的自然光，传统的混凝土一般由水泥、水和骨料组成，其高密度阻挡光从其表面通过其内部，如果不借助人工光

源，室内不可能分辨物体、颜色和形状，为了克服这个问题，从安全监测、环境保护、节能和艺术造型等方面考虑，生产出满足结构要求的透光混凝土具有重要意义。光线能轻松穿过厚达 20m 透光混凝土墙体，它可以使自然光透过结构而不会造成明显的能量耗散，可用于建筑外墙和内墙，能源消耗很少。

透光混凝土是一种轻质混凝土，其结构均匀，强度与普通混凝土相当。主要作用是产生透明度，装饰混凝土表面。透光混凝土应用领域涵盖了建筑设计、室内装饰、工业产品、城市景观等，遇光将混凝土透明度与绿色技术、艺术修整联系起来，利用阳光代替电能作为光源，可减少不可再生能源的负荷。用透光混凝土浇筑的人行道下面可以采用灯光照明，照亮人行道，提高夜间行人行走的安全性，不需要日常维护。餐厅、俱乐部和其他设施使用透光混凝土墙则便于了解里面有多少顾客；学校、博物馆、监狱等地由于白天较少需要使用人工照明，以及由于光纤作为隔热体的作用可以实现节能，透光混凝土能提供更大的安全性，以便更好地监视室外建筑物周围环境。

1. 透光混凝土产品

透光混凝土产品以光纤透光混凝土为主，光纤平行布置，光源在墙较亮的一侧，在黑暗面上没有变化，其最有趣的是：可能在墙上会显示出相对清晰的阴影。由于阳光入射到光纤上的角度较低，透光混凝土用于建筑物东墙和西墙时光强度较大。透光混凝土通常作为预制建筑砌块和面板生产，是工厂化产品，需要掌握一定技能的技术人员才能制造，制造成本非常高，构件安装方式有干挂和砌筑两种。

透光混凝土可作为屋顶、墙壁、隔板、阳台、楼梯和室内设计项目的装饰元素，透光混凝土砌块适用于家具装饰，自然光达不到的隔墙，需要增加视野的黑色地铁，用于在停电时照明室内火灾逃逸，夜间照明人行道等。透光混凝土砌块采用十字缝立砖砌法，根据透光混凝土隔墙的面积和形状，计算透光混凝土砌块的数量和排列次序，两个透光混凝土对砌砖缝的间隔为 2 ~ 5mm。根据透光混凝土板的排列做出基础底角，底角通常厚度为 40mm 或 70mm，与透光混凝土相接建筑墙面的侧边整修平整、垂直。

2010 年上海世博会意大利展馆外墙采用树脂透光混凝土板，树脂透光混凝土板尺寸为 50mm×500mm×1000mm，共 3774 块，1887m^2，占整个墙面的 40%。白天光线通过厚重墙体，使室内变得轻盈通透；夜晚在室内灯光的衬托下，展馆外的人可以看见展馆内人们活动时朦胧的身影，使内外空间有机联系起来。

图 10-3　上海世博会意大利展馆[16]

2. 应用前景

透光混凝土墙通过采集外界光线，在发生火灾等紧急情况时，可提示人们能迅速找到安全出口。同时，这种新的高端产品，抗折强度大幅提高，抗压强度不受任何影响，可以用来制作多种建筑材料，包括承重的建筑结构也能采用这种透光混凝土。

透光混凝土景观设施如景观座椅、导示牌、地面铺装，灯饰等景观小品，集艺术性、多变性、实用性

图 10-4　透光混凝土吧台

于一体。透光混凝土使用期限长，等同于建筑物本身的使用期限。其生产成本较高，受生产技术限制，应用在建筑工程中的实际案例相对较少，目前主要应用于室内装饰、园林小品及家具产品方面较多。国外研究者对光纤透光混凝土做了一个应用成本分析，即使透光混凝土的初始成本比常规混凝土高 12 倍，在国内日常使用超过 3.5 年，商业和工业使用超过 2.1 年后，随着能耗的持续增加建造 16 块（面积 $0.36m^2$ 的）透光墙然后节省的电费就能达到其投资回收期，同时还能减少对环境有害的碳排放数量[17]。

参 考 文 献

［1］叶鼎铨.含光纤的透光混凝土［J］.中国建材，2006（2）：86.

［2］意大利水泥集团.企业新闻［OL］http：//www. Italcemetigroup.com.

［3］Mavridou S，Savva Ath：Compressive strength and durability of light transmitting concrete with natural and recycled aggregates. IN Proceedings of EVIPAR (2015).

［4］何培玲，盛嘉诚，牛龙龙等.基于树脂的水泥基透光混凝土的研究综述［J］.混凝土与水泥制品，2018 年第 7 期，16-19.

［5］王信刚，叶栩娜，王睿等.树脂导光水泥基材料的设计与制备表征［J］.南昌大学学报（理科版），2014 年 2 月，第 38 卷第 1 期，41-44.

［6］Stefano Cangiano. Composite panel based on cementitious mortar with properties of transparency：US，0084424A1［P］.2013-04-04.

［7］http://www.webclasses.net/3comu/intro/units/unit02/sec04b.html.

［8］www.cables-solutions.com.

［9］周灵德.水泥基透光砌块的研究［J］.混凝土，2013 年第 6 期（总第 284 期）.

［10］比亚迪股份有限公司.一种透光混凝土的制备方法及透光混凝土：中国，103085154［P］.2011-10-27.

［11］魏忠，张新胜，王宪国等.有机光纤透光混凝土的制备及试验研究［J］.商品混凝土，2017 年 12 期，47-49.

［12］李悦，许志远.应用玻璃质光纤制备透光混凝土的研究［J］.混凝土，2013 年第 4 期（总第 282 期），141-1433.

［13］周智，申娟，焦思雨，杨明洁，阳环宇.透明混凝土的透光性能研究［J］.功能材料，2016 年第 12 期（47）卷，12007-12013.

［14］王淑，杨文，吴雄等.透光混凝土的力学性能、耐久性能和光学性能试验研究［J］.2017 年第 9 期（总第 335 期），混凝土，150-153.

［15］申娟，李忠华，焦思雨等.透明混凝土性能研究［J］.建筑技术，第 48 卷第 1 期 2017 年 1 月，6-9.

［16］陈瑶. 透明混凝土材料在建筑设计中的应用研究 ［D］. 南京：南京大学，2011.

［17］Prof.Sonali，M.Kankriya，Translucent Concrete By using Optical fiber and Glass rods，International Journal of Scientific and Research Publications，Volume 6，Issue 10，October 2016，ISSN 2250-3153.

第11章 混凝土路面砖

11.1 概述

混凝土路面砖是以水泥、砂、石、颜料等为主要原料，经搅拌、压制成型或浇筑成型、养护等工艺制成的用于路面和路面铺装的混凝土砖，俗称地面砖。按成型材料可分为带面层的路面砖和通体混凝土路面砖，混凝土路面砖按形状可分为普通型或异型路面砖[1]，如图 11-1 ～图 11-6 所示。异型路面砖的边呈齿形或曲线形，在铺筑后能相互咬合，又称为联锁型路面砖。路面砖按路面承载能力又分为人行道路面砖和车行道路面砖，按渗透能力又分为透水型路面砖和普通型路面砖。以上分类的方式主要是基于路面砖的某些性能及外形、成型材料而分的，对同时拥有几种特征的路面砖在实际应用时常相互交叉使用这些名称，如透水型人行路面砖，带面层联锁型路面砖等。

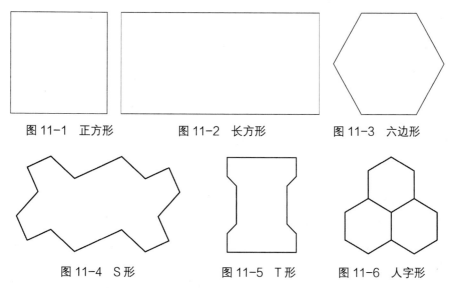

图 11-1　正方形　　　　图 11-2　长方形　　　　图 11-3　六边形

图 11-4　S 形　　　　图 11-5　T 形　　　　图 11-6　人字形

混凝土路面砖可根据不同场所进行设计，广泛应用于居民小区、人行道、步行街、自行车道、郊区道路和郊游步行路、广场、庭院、停车场、园林绿化等领域。随着海绵城市的兴起，透水性路面砖（简称透水砖）得到大力的推广和应用，透水砖在具备路面砖力学性能的同时，还具有保持地面的透水性、保湿性、防滑、高强度、抗寒、耐风化、降噪、吸声等特点，被众多城市和景区普遍采用。

路面砖的应用领域十分广泛，可根据城市景观路面及环境自身的需要，设计成不同规格、不同形状、不同图案，如用户对产品图案有特别要求，可作个性化的设计和制作。透水砖还能与雨水收集与处理、地下水回灌等多项技术相结合，并根据不同地域的气候条件、地质条件，不同的生态环保要求，形成不同的应用体系（如图 11-7 所示）。

图 11-7　路面砖铺装实例

1. 路面砖优点

（1）路面砖施工及维修方便

由于混凝土路面由多块路面砖铺砌组合而成，施工方法简便，不需要大型施工机械，而且不存在养护期，能够在很短的时间通行。当路面局部发生破损时，可立即用相同的砖替换修复，极大降低了地下管线埋设、维修，也降低了路面沉陷或隆起处的维修等费用及工程量。

（2）装饰形式多样

由于路面砖有不同的形状、颜色、厚度及强度，具有独特的质感，可根据工程实际需要，通过其多变的板块形状和不同色彩的组合设计出独特的彩色路面，设计成不同图案、不同花色的透水路面，融入环境绿化中更显和谐舒适。

（3）环境友好

混凝土透水路面砖具有良好的渗水、保湿性及透气性，能有效地减小城市地表径流，减轻排水设施负担，以及缓解城市的防涝压力。生态透水路面很好的补充了地下水资源，维持了地下水资源的供给平衡，缓解城市水资源的匮乏、短缺。

2. 路面砖选用

由于路面砖有不同的形状、色彩、厚度、图案、线条或强度，产品规格品种非常多，可根据工程实际需要，选用不同的产品，设计成不同图案（如图 11-8 所示）、不同花色的混凝土路面，并与周围环境相协调，可广泛用于新建、改建人行道、步行街、广场、停车场等路面工程。

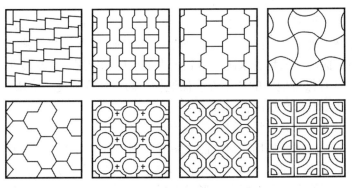

图 11-8　常用的路面砖组合图样

透水砖表面比较粗糙，为了降低工程成本，不影响整体铺装的美观，对于人行道，做到既符合道路的使用，又经济合理的原则，应选择规格在300mm×300mm范围内的产品，最好选择300mm×300mm、300mm×150mm的规格进行铺装，厚度应选择50～60mm，透水率可选择5～10mm/s，下一般的中小雨路面也能达到即下即干的效果。对于车行道、停车场，由于车行道、停车场荷载较重，使用面积大，应选择规格和厚度都大一些的产品，推荐选用规格为400mm×200mm、500mm×250mm、500mm×500mm范围内的产品，可根据行车、停车的种类不同，选择厚度为80～120mm的产品。

（1）透水混凝土路面砖

透水砖起源于荷兰，荷兰人在围海造城的过程中，发现地面排开海水后由于长期接触不到水而造成地面持续不断沉降。为了使地面不再下沉，荷兰人用一种小型路面砖铺设在街道路面上，砖与砖之间预留了2mm的缝隙，下雨时雨水会从砖之间的缝隙中渗入地下，这就是后来很有名的荷兰砖。在荷兰砖路面铺装渗水的基础上，开发了从砖表面渗水的透水砖。

① 透水砖分类

透水砖按照生产用原材料可分为普通透水砖、聚合物纤维混凝土透水砖、彩石复合混凝土透水砖。

A. 普通透水砖

普通透水砖由普通砂石材料经压制成型，用于一般街区人行步道、广场，是一般化铺装的产品。

B. 聚合物纤维混凝土透水砖

聚合物纤维混凝土透水砖由花岗岩石骨料、高强水泥和水泥聚合物增强剂，聚丙烯纤维构成，经搅拌后压制成型，主要用于市政重要工程和住宅小区的人行步道、广场、停车场等场地的路面铺装。

C. 彩石复合混凝土透水砖

彩石复合混凝土透水砖面层以天然彩色花岗岩、大理石与改性环氧树脂胶合，再与底层聚合物纤维多孔混凝土经压制复合成型。此产品面层华丽，具有天然色彩，有与石材一般的质感，与混凝土复合后，强度高于石材且成本略高于混凝土透水砖，是一种经济、高档的铺地产品，主要用于豪华商业区、大型广场、酒店停车场和高档别墅小区等场所。

② 透水砖质量要求

透水路面砖物理力学性能应符合《透水路面砖和透水路面板》GB/T 25993的要求，透水混凝土路面砖按抗折强度等级分为$R_f 3.0$、$R_f 3.5$、$R_f 4.0$、$R_f 4.5$，主要技术指标如表11-1所示。

抗折强度（MPa） 表11-1

抗折强度	平均值	单块最小值
$R_f 3.0$	≥ 3.0	≥ 2.4
$R_f 3.5$	≥ 3.5	≥ 2.8
$R_f 4.0$	≥ 4.0	≥ 3.2
$R_f 4.5$	≥ 4.5	≥ 3.4

透水路面砖外观质量应满足表 11-2 的要求。

外观质量　　　　　　　　　　　　　　　　　　　　　表 11-2

项　目			顶面	其他面
裂纹	贯穿裂纹		不允许	不允许
	非贯穿裂纹	最大投影尺寸长度（mm）	≤ 10	≤ 15
		累计条数（投影尺寸长度≤ 2mm 不计）（条）	≤ 1	≤ 2
缺棱掉角	沿所在棱边垂直方向投影尺寸的最大值（mm）		≤ 3	≤ 10
	沿所在棱边方向投影尺寸的最大值（mm）		≤ 10	≤ 20
	累计个数（三个方向投影尺寸最大值≤ 2mm 不计）（个）		≤ 1	≤ 2
粘皮与缺损	深度≥ 1mm 的最大投影尺寸（mm）	透水路面砖	≤ 8	≤ 10
		透水路面板	≤ 15	≤ 20
	累计个数（投影尺寸长度≤ 2mm 不计）/ 个	深度≥ 1mm、< 2.5mm	≤ 1	≤ 2
		深度 > 2.5mm	不允许	不允许

注 1：经两次加工和有特殊装饰要求的透水块材，不受此规定限制；
注 2：生产制造过程中，设计尺寸的倒棱不属于"缺棱掉角"；
注 3：透水块材侧面的肋，不属于"粘皮"。

透水路面砖地面的透水性取决于砖体透水和砖缝透水，透水路面砖透水等级如表 11-3 所示。

透水系数（cm/s）　　　　　　　　　　　　　　　　表 11-3

透水等级	透水系数
A 级	≥ 2.0×10^{-2}
B 级	≥ 1.0×10^{-2}

在实际使用过程中，透水砖在具备一定透水性的同时，还应考虑耐磨性、抗冻性、防滑性和装饰效果。通常其耐磨性应满足磨坑长度不小于 35mm 的要求，有凸起纹理、凹槽饰面通常被认为满足防滑性的要求[2]，抗冻性应满足表 11-4 的要求。

抗冻性　　　　　　　　　　　　　　　　　　　　　　表 11-4

使用条件	抗冻指标	单块质量损失率	强度损失率
夏热冬暖地区	D15	≤ 5%　冻后顶面缺损深度≤ 5mm	≤ 20%
夏热冬冷地区	D25		
寒冷地区	D35		
严寒地区	D60		

（2）混凝土路面砖

① 普通混凝土路面砖

彩色混凝土砖是园路块材中最为常用的材料，最常用的块形有长方形、正方形（如图 11-9 所示）。

图 11-9 普通混凝土路面砖

② 联锁型路面砖

联锁型路面砖又称联锁花砖，它具有独特的边型结构，能使体量不大的砖块相互咬合、连为一体，加上面层色彩丰富，形成极好的铺贴效果。既可用于人行道，也可用于车行道。联锁型路面砖多用于园路、广场和建筑外围地面，其块形造型有"工"字、"人"字和双曲面等（如图 11-10 所示）。

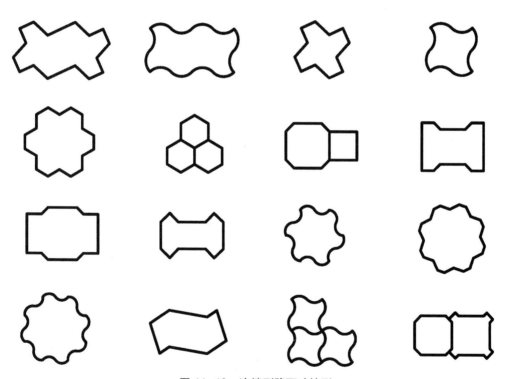

图 11-10 连锁型路面砖块形

这种联锁型路面砖路面与传统的块料路面结构性能有很大不同，采用特定铺筑方法铺筑（如图 11-11 所示），依靠曲线形砖边互相咬合形成的联锁性能起拱成壳，相互联锁成壳体，整体承受荷载并传递给基层，面层与基层之间、面层砖缝之间不使用任何胶结材料，仅用砂填实；砖缝不仅可以使雨水下渗，补充地下水；还可以使地下水蒸发无障碍，有助于城市微气候的改善[3]。

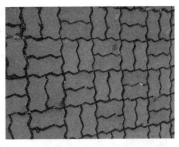

图 11-11 联锁型路面砖独特的边型结构及路面铺装

③ 路面砖质量要求

普通混凝土路面砖物理力学性能应符合《混凝土路面砖》JC 446 标准中要求，普通混凝土路面砖抗压强度等级分为 Cc40、Cc50、Cc60，主要技术指标如表 11-5 所示。

路面砖强度等级（MPa） 表 11-5

抗压强度			抗折强度		
抗压强度等级	平均值	单块最小值	抗压强度等级	平均值	单块最小值
Cc40	40.0	35.0	C_f40	4.00	3.20
Cc50	50.0	42.0	C_f50	5.00	4.20
Cc60	60.0	50.0	C_f60	6.00	5.00

路面砖外观质量如表 11-6 所示。

外观质量 表 11-6

序号	项 目		要求
1	铺装面粘皮或缺损的最大投影尺寸（mm）	≤	5
2	铺装面缺棱或掉角的最大投影尺寸（mm）	≤	5
3	铺装面裂纹		不允许
4	色差、杂色		不明显
5	平整度（mm）	≤	2.0
6	垂直度（mm）	≤	2.0

混凝土路面砖的物理性能应符合表 11-7 的规定。

路面砖物理性能 表 11-7

序号	项 目			指 标
1	耐磨性 [a]	磨坑长度（mm）	≤	32.0
		耐磨度	≥	1.9
2	抗冻性严寒地区 D50 寒冷地区 D35 其他地区 D25	外观质量		冻后外观无明显变化，且符合表 11-12 的规定
		强度损失率（%）	≤	20
3	吸水率（%）		≤	6.5

序号	项　目		指　标
4	防滑性（BPN）	≥	60
5	抗盐冻性 b（剥落量）/（g/m²）		平均值≤1000，最大值＜1500

a 磨坑长度与耐磨度任选一项做耐磨试验；
b 不与融雪剂接触的混凝土路面砖不要求此项性能。

11.2　路面砖生产

带面层的彩色混凝土路面砖分为面料层和基层，面料层主要由彩色水泥或白水泥、中砂、颜料等原料按一定的配合比组成，可根据具体需要添加光亮剂等特殊材料，确保制品彩色面层的光洁度和色彩均匀性。基层主要原料有水泥、中砂、15mm以下的碎石或石屑，还可以掺入各种材质的废渣固体废弃物，能够变废为宝，有效地保护水土资源，控制环境污染，创造可观的经济效益。

1. 原材料及参考配比

路面砖采用的原材料广泛，有水泥、砂、石、矿渣及粉煤灰等各种工业固体废弃物（原材料技术要求见第二章），采用合理的配比，生产不同型号的产品。根据强度等级及成型所需流动度要求进行试配，通常面层参考配合比为：水泥20%～25%、河砂55%～75%、着色剂3%～5%；基层参考配合比为：水泥15%～25%、粉煤灰30%～70%、砂20%～30%、碎石30%～40%。透水路面砖选用优质单粒级粒料可使其具有良好的透水性，如硬质陶瓷、优质混凝土粒料、破碎玻璃等。路面砖应具有良好的保色性能，所采用的颜料以氧化铁质无机颜料为宜。对于浅色系混凝土路面砖，当不得不使用白水泥为胶凝材料时，应尽量采用灰水泥为基料，白水泥为面层料复合加压振动成型工艺制作，以保持路面砖良好的保色性、抗压强度，并避免出现严重的"泛碱"现象。

2. 生产工艺

彩色混凝土路面砖生产工艺主要有浇筑振动式成型工艺和机压式成型工艺，包括原料处理、成型、养护等工序，如图11-12所示。浇筑振动式适用于塑性混凝土，机压式适用于干硬性混凝土。将基层各种原料按照强度等级要求的比例，用双卧轴强制式混凝土搅拌机充分搅拌均匀，其中粒径小于5mm的石屑含量应控制在70%以下，以免影响产品的强度和散水性能；面料层则根据不同面料成分需求进行具体调配。

路面砖成型采用人工布料或机械自动化布料方式，将彩色面料和基层分两次装入模具，即先加彩色面层料，然后加基层料至模框平面。机压成型工艺采用干硬性或半干硬性混凝土，液压制砖机（如图11-13所示）采用静音、静压模式，以液压传动为生产动力，配备四个工作台，供四名工人循环操作，每人一套钢模具（如图11-14所示）即可连续生产市政用较大型水泥制品，生产过程无噪声，制品产量高，密实度高。面料铺平后，根据制品规格不同，机压成型压力及模具可任意调节，确保所生产的水泥制品厚薄完全一致，可任意加彩色面层。

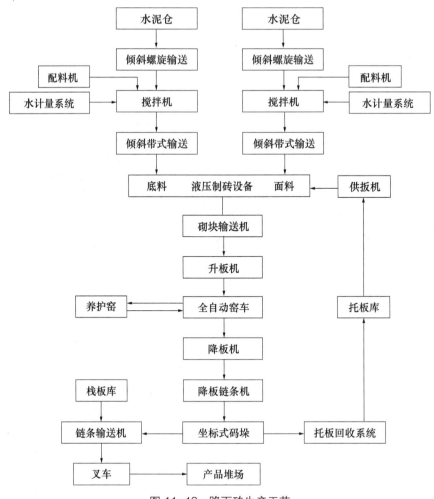

图 11-12　路面砖生产工艺

图 11-13　液压制砖机　　　　图 11-14　钢模具

用液压制砖机一次高压复合成型后便能压制各种形状、规格的彩色路面砖、透水砖、植草砖、护坡砖、标准砖等制品。机压成型砖坯加压时间短，砖坯表面显得粗糙，有麻面、气孔，如图 11-15 所示。将成型好的砖坯立即脱模，小心取下，侧放排列、堆码、养护。砖坯静停养护不变形，或单层带底板砖坯，可承受自身重量堆码达 10 ～ 15 层，可根据不同条件采用自然养护或蒸汽养护[4]。

图 11-15 机压成型

图 11-16 振动成型

振动成型工艺采用塑性混凝土，通常采用塑料模具浇筑，混凝土拌合物可塑性好，在高频低振幅的振动条件下，制品表面外观非常致密、细腻、平整、光亮，如图 11-16 所示。混凝土在终凝后进行喷雾养护，养护期不小于 7d，根据生产实际情况出厂的不同可采用不同的养护方式。通常自然养护两星期后便能出厂，蒸汽养护 24h 小时即可。

11.3 联锁型路面砖路面结构设计

路面砖路面是采用不同色彩、不同块形、不同功能的普通型或联锁型路面砖铺筑的路面，面层结构一般由面层、基层、垫层组成；面层由路面砖、接缝砂和砂垫层组成；基层一般可采用刚性基层、半刚性基层或柔性基层，可根据工程要求合理选用基层类型；垫层一般采用石灰（水泥）土或砂砾土[5]。人行道可采用普通型路面砖，也可采用联锁型路面砖，车行道则采用联锁型路面砖。联锁型路面砖的使用范围较广，本节着重介绍联锁型路面砖路面结构设计。

1. 设计原理

路面设计应包括：结构组合设计、块体厚度设计和基层厚度设计。由于联锁路面砖砌块间存在很多接缝，不能传递弯拉应力，但嵌锁的存在使接缝具备了传递剪力的可能，从扩散荷载的过程中，能将竖向压力变为水平推力，具有明显的"拱效应"。"拱效应"使诸块体具有联合承受外界荷载的能力，将单个块体承受的竖向荷载扩散到更大的范围，回弹弯沉起着重要作用，决定着块体间的嵌锁程度。在剪切力作用下，接缝的两个侧壁将发生剪切位移。接缝的抗剪强度主要由填砂的平面摩擦提供，取决于填砂的性质[6]。国内外研究表明：预制块路面的性能呈现柔性路面结构特点，与沥青路面相似，可以采用等效厚度法来设计[7]。路面整体强度以设计弯沉值为设计指标，采用沥青路面的设计确定沥青混凝土层厚度，然后由砌块厚度乘以换算系数来替代沥青面层厚度（如表 11-8 所示）。

联锁路面砖强度及最小厚度   表 11-8

道路分类	抗压强度（MPa）		最小厚度（cm）	块形
	平均值	单块最小值		
次干路	60	50	10	双向联锁
大型停车场				

续表

道路分类	抗压强度（MPa）		最小厚度（cm）	块形
	平均值	单块最小值		
小区道路	50	42	8	双向联锁
小型停车场				
商业街	35	30	8	—
人行道	30	25	6	—

2. 设计方法

（1）接缝宽度的确定

通过实践证明，砖之间接缝宽度应该控制在 2.0 ～ 3.0mm 范围内为佳 [8]。

（2）砂垫层厚度的确定

砂垫层对路面板起均匀支撑作用，能够有效地避免应力集中对路面砖或基层造成的破坏，其厚度通常控制在 20 ～ 30mm。

（3）基层类型的选择及其厚度的确定

基层一般可采用刚性基层（水泥混凝土）、半刚性基层（二灰碎石）或柔性基层（天然砂砾或级配碎石），垫层一般采用石灰（水泥）土或砂砾土。

（4）混凝土砖与沥青面层的当量厚度换算

沥青混凝土等效层是砌块厚度的 1.1 ～ 1.5 倍，采用等效换算为砌块厚度，等效换算系数为 0.7 ～ 0.9，也可以通过表 11-9 进行选用。

联锁路面砖与沥青面层当量厚度换算　　表 11-9

联锁块形及厚度（mm）	沥青层当量厚度（mm）
矩形 60	77.5
矩形 80	116
矩形 100	132
矩形 120	155

11.4　路面砖路面铺装

1. 铺砌形式

长方形路面砖一般有四种编花方法，不同的铺设方法不仅产生不同的装饰效果，还很大程度上影响地面的力学性能。对于重载地面，与车行方向成45°的"人"字形铺砌法力学性能最好，"一"字形和"花篮形"铺设一般仅适用于人行道和自行车道（如图 11-17 所示）。

除了用途最广的功能型拼法、顺砖形和花篮形铺法外，正方形路面砖可以根据不同场所的要求拼成无数多个图案，使人们产生丰富的想象，突出体现了地面文化（如图 11-18 所示）。

一字形

花篮形

90° 人字形

45° 人字形

图 11-17　长方形路面砖路面铺砌形式

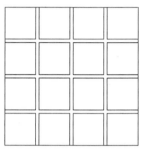

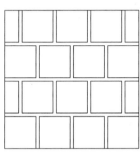

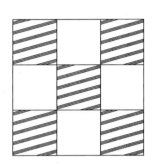

图 11-18　正方形路面砖路面铺砌形式

联锁路面砖强度、最小厚度、块形及铺筑形式如表 11-10 所示。

联锁路面砖强度、最小厚度、块形及铺筑形式　　表 11-10

道路分类	抗压强度 (MPa)		最小厚度 (mm)	块　形	铺筑形式
	平均	单块			
主干路	60	50	100	双向联锁	人字
次干路	60	50	80	双向联锁	人字
支路	50	42	80	双向联锁	—
街道	35	30	80	—	—
居住区道路	30	25	80	—	—

由于路面砖产品具有多种色系，既有浅色系列，又有深色系列，所以基本上能满足多种客户的不同需求，还可以把不同颜色的路面砖配合起来实现各种各样的效果，给简单的铺装形式赋予新的内容，使空间环境富有生气和动感（如图 11-19 所示）。

图 11-19　路面砖铺装效果（一）

图 11-19　路面砖铺装效果（二）

2. 路面结构组成

柔性结构透水性地面一般由透水砖面层、透水混凝土结构层、级配碎石基层和夯实土基等组成（如图 11-20 所示）。

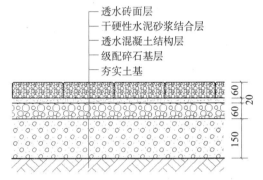

图 11-20　透水砖路面结构示意图（mm）

3. 铺装工艺

路面砖铺装工艺主要指在铺装过程中对垫层、找平层的施工方式，垫层可以采用砂砾料、单级配砾石等；找平层可采用中、粗砂，透水混凝土等，使面层到垫层的渗透系数和孔隙率依次增大，透水地面吸收降雨的能力也相应增大（如图 11-21 所示）。

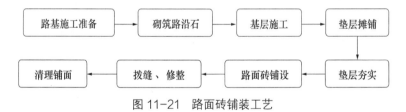

图 11-21　路面砖铺装工艺

（1）路基施工准备

按设计要求确定标高和路面坡度，挖掘基土至适当深度，清理地基土中杂物并分层夯实至 95% 压实度。在软土地基、盐碱地、淤泥质土壤、渣土、渗透性极差的黏性土质情况下，须考虑更换土壤。

（2）砌筑路沿石

路沿石在柔性结构路面中起到边缘约束的作用，影响到铺面结构的整体性、路面砖的稳定性和路面的使用寿命。在铺设路面砖之前，必须首先砌筑路沿石，路沿石的选择和安装方法可参照相关要求进行。

（3）级配碎石基层施工

按设计厚度和要求选择级配碎石，均匀摊铺在原土地基上，预留一定的厚度为压缩深度，标高、坡度确定无误后，用静力轮碾机来回碾压基层至少 4 次，确保基层干燥（或半干状）、平整度一致、无粉尘等杂物，检查路沿石位置准确性。

（4）粗砂垫层摊铺

均匀摊铺垫层砂至设计厚度，为确保砂垫层良好的平整度和提高施工效率，可采用较长的刮板进行摊铺，大面积施工时刮板长度应不短于 3m，甬道施工时，刮板长度以适于甬道全宽为宜。

（5）路面砖铺设

路面砖应按颜色和花型分类，其品种、质量必须符合设计要求，有裂缝、掉角和表面上有缺陷的板块应剔出，标号、品种不同的板块不得混杂使用。摊铺垫层砂后应立即铺设地面砖，按选定的图案从边沿或边角开始铺设地面砖，可人工铺设也可采用机械整体铺设，铺面完全铺设完毕并确保周围约束牢固后，用平板夯进行铺面夯实。

（6）拨缝、修整

接缝砂以干燥中细砂为宜，均匀摊铺接缝砂于整个铺面上，仔细扫填砖缝至无明显空洞。将已铺好的砖块，拉线修整拨缝，将缝找直，并将缝内多余的砂浆扫出，将砖拍实，如有坏砖应及时更换。填实的接缝砂将有助于砖与砖的连锁，随着车轮一次次地碾压，接缝砂总是流向最松的部位，久而久之，无粘结而联锁铺设的地面便形成了一个整体。

（7）清理铺面

一般情况下，用扫帚清扫铺面即可，但以下方法也在一定的用途下常被采用：

① 用树脂类密封剂进行接缝处理，以防砂粒溅起，该方法一般用于室内景观地面、防渗或有地下水污染限制的行业；

② 用有机硅类油基或水基密封材料喷洒表面，达到增进颜色、防止泛碱、提高铺面抗冻融性能等效果；

③ 用丙烯酸类透明憎水剂进行表面喷洒，形成一层透明的保护膜，地砖色彩更为鲜亮持久，同时起到防水的作用；

④ 用酸性化学制剂进行风格化处理，以实现"仿古"效果。

11.5　路面砖路面质量控制

1. 基层的要求

根据设计的要求，参照市政工程技术规范要求开挖路床，清理土方，并达到设计标高；检查纵坡、横坡及边线是否符合设计要求；基层平整后应用人工或机器碾压平整，进行素土夯实。压实系数达 95% 以上，并注意地下埋设的管线。

2. 垫层的要求

垫层可选用砂石垫层或三合土垫层，人行道垫层应在 100～150mm 之间，车行道垫层应在 150～200mm 之间。车行道或停车场应该在砂石或三合土垫层上再铺装一层无砂混凝土垫层，厚度在 80～150mm 之间，碎石粒径为 5～20mm 间的合理级配，碎石要用水冲洗干净，不得含有石粉。不管使用何种垫层，所用材料都应符合道路地面施工的规范要求，砂、石都不得有含有泥块。干拌无砂混凝土用人工或机械碾压夯实，要达到一定的密实度。

3. 找平层及面层要求

找平层最好用中砂或粗砂加 10% 的白灰拌合后摊平（不要使用水泥），人行道用砂厚度控制在 15 ~ 20mm 之间即可。

各种板块面层应表面洁净，图案清晰，色泽一致，接缝均匀，周边顺直，板块无裂纹、掉角和缺棱等现象。各种面层邻接处的镶边用料尺寸符合设计要求和施工规范规定，边角整齐、光滑。

4. 铺装要求

铺装应按地面施工规范进行操作，地面铺装坡度符合设计要求（并最小不少于0.3%），不倒泛水、无积水，与排水口结合处严密牢固。在铺设透水砖时，应根据设计图案铺设透水砖，铺设时应轻轻平放，用橡胶槌锤打稳定，不得损伤砖的边角，铺装后缝与缝之间用笤帚扫入砂粒填实即可。

参 考 文 献

[1] 辽宁省建筑材料科学研究院. GB/T 28635—2012 混凝土路面砖 [S].

[2] GB/T 25993—2010 透水路面砖和透水路面板 [S].

[3] 柳爱群，杨中，徐永杰. 利用联锁型路面砖路面的结构优势发挥环保功能 [J]. 工程建设与设计，2003 年第 12 期，50-52.

[4] 朱文辉. 彩色混凝土路面砖生产工艺及产品的应用发展过程和有关问题的讨论 [J]. 四川建材，2003 年 21 期，33-37.

[5] 陈炳生. 预制块路面设计应用研究 [J]. 中国市政工程，1999(9): 1-9.

[6] 孙立军. 联锁块铺面的结构承载理论 [J]. 土木工程学报，1995 年第 28 卷第 4 期 15-21.

[7] Miura Yuji, Takaura Masayuki, Tsuda Tokihiro. Structural Design of Concrete Block pavements by CBR Method and its Evaluation[R]. Proceeding of 2"d International Conference on Concrete Pavers Paving，1984. 152 ~ 156.

[8] 陈皆福. 水泥混凝土路面砖铺面的设计与施工 [J]. 城市道桥与防洪；2004 年 03 期，13-15.

第12章 混凝土瓦

12.1 概述

屋面系统是建筑物的重要组成部分，除满足使用功能、结构安全外，还具有重要的艺术装饰作用。根据其外形，屋面系统主要分成坡屋面和平屋面两个系统。坡屋面系统的历史可以追溯到很久远的时期，我国古代的房屋建筑几乎都是坡屋面，与平屋面相比，坡屋面由于有较大的坡度，在屋顶结构层之间有一个隔空层，屋面不会积水，防漏性好，对下面的房间起到了保温、隔热的作用（如图12-1所示）。

屋面瓦被广泛应用于坡屋面，它起到了遮风挡雨和室内采光的作用，从"秦砖汉瓦"、琉璃瓦或陶土瓦到现代的混凝土瓦，屋面瓦技术的发展经历从高温烧结到常温生产，单片面积从小到大。随着混凝土瓦技术的不断发展，混凝土瓦得到很好的应用。与一般窑烧瓦相比，混凝土瓦密实度大，具有承载力高、强度高、表面平整、尺寸准确、防渗抗冻性能好等优点，是高档别墅及高层建筑、城市小区坡屋面的首选材料（如图12-2所示）。

图12-1 仿古建筑坡屋顶

图12-2 高档别墅小区

1. 产品分类

混凝土瓦又称彩色水泥瓦、彩瓦，一般铺设在屋面和其他装饰上。按瓦的搭接方式分为：有正面和背面侧边搭接的有筋槽屋面瓦，有表面平、横向或纵向成拱型没有顶部嵌合搭接的无筋槽屋面瓦；按瓦的色彩分为：素瓦和彩瓦；按瓦的着色方式分为：表面着色和通体着色[1]；按瓦的生产工艺可分为：辊压瓦和模压瓦；按瓦的使用功能分为：屋面瓦和配件瓦。

（1）屋面瓦

按面瓦外形分波形瓦、平板瓦。

① 波形瓦

波形瓦是一种圆弧拱波形瓦。由于波形不高，不仅可用于屋顶面瓦，还可用于接近

90°的墙面作装饰，风格别致（如图12-3所示）。瓦与瓦之间配合紧密，对称性好，上下层瓦面不仅可以直线铺盖，也可以交错铺盖（如图12-4所示）。通过选用不同色彩的S形瓦加以不同的铺盖方法，既可以体现出现代建筑的风格，也可以体现中国古典建筑的风华，如黑色S形瓦用于明代或清代住宅风格的屋顶上，使建筑显得清新古朴。

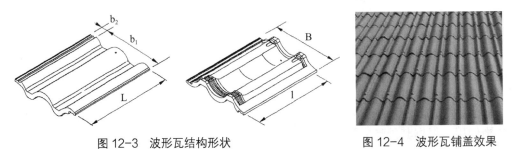

图12-3　波形瓦结构形状　　　　　图12-4　波形瓦铺盖效果

② 平板瓦

根据不同的纹理及造型可分为：仿木纹形、仿石形、双外形和阴阳形等多种产品，从而构成了多姿多彩的平板瓦坡屋面系统。混凝土平板瓦的规格和主要部位尺寸如表12-1所示。

混凝土平板瓦的规格和主要部位尺寸　　　　　表12-1

规格	主要部位尺寸
标准尺寸：400mm×240mm 　　　　　385mm×235mm 主体厚度：14mm（指除边缘以外的中间区域的厚度）	1. 具有4个瓦爪，挂瓦时前爪外型及规格须与瓦槽搭接合适，后爪的有效高度不小于10mm； 2. 瓦槽深度不小于10mm，边筋高度不低于3mm； 3. 头尾搭接长度为60～80mm，内外槽搭接处宽度30～40mm

平板瓦表面平整，每一排瓦可以很整齐地排列铺盖，也可以有规律地高低错开排列铺盖，从而产生不同的艺术风格（如图12-5和图12-6所示）。具有特色的仿石形平板瓦采用犹如石纹的通体混合色彩，与用"文化石"装饰的墙体相配合，整个建筑显的古朴庄严。

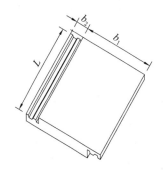 

图12-5　平板瓦结构形状　　　　　图12-6　平板瓦铺盖效果

（2）配件瓦

主要有脊瓦、山墙边瓦、封头、沟瓦等（如图12-7所示）。

① 脊瓦

按形状分为圆形脊瓦、梯形脊瓦（如图12-8、图12-9所示）。圆形脊瓦为半圆弧形，

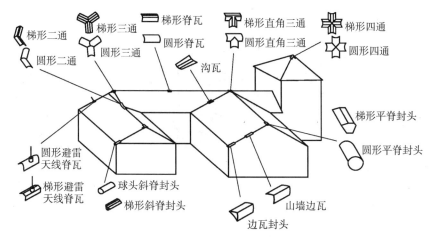

图 12-7　配件瓦在屋面的位置分布图

主要用于面瓦为波形瓦的屋脊上，也可用作山墙边瓦；梯形脊瓦呈喇叭口，为 120°的梯形状，主要用于面瓦为平板瓦的屋脊上。平板瓦坡屋面的屋脊比较平矮美观，与整个平板瓦屋面协调一致。一般在中、高层建筑的屋脊上每隔 1m 就须有一根"避雷天线"，避雷天线脊瓦是在脊瓦中间竖一根镀锌扁钢或圆钢并串联焊接在一起，直通建筑物地下，起避雷作用，避免了在已盖好的脊瓦上再打洞穿埋"天线"，大大提高了施工的质量和效率，同时也减少了施工时砂浆对瓦面造成污染。

　　脊瓦按使用部位可分为二通脊瓦、三通脊瓦、四通脊瓦（如图 12-10 和图 12-11 所示），二通脊瓦一般为 135°，用于屋脊转折的结点处，复杂的别墅式屋面常常要用到很多二通脊瓦，常用的有圆形、梯形两种；三通脊瓦常用的有圆形，梯形两种，用于三条屋脊的交汇处；四通脊瓦常用的有圆形、梯形两种，用于四条屋脊的交汇处。

图 12-8　圆形脊瓦　　图 12-9　梯形脊瓦　　图 12-10　三通脊瓦　　图 12-11　四通脊瓦

　　② 山墙边瓦

边瓦又称檐口瓦或山墙脊，该边瓦呈 90°三角形，主要用作面瓦为波形瓦和平板瓦的山墙边瓦，也适用于面瓦为波形瓦和平板瓦且坡度较大的屋脊上，作角形脊瓦来应用。

　　③ 封头

封头用于水平屋脊与山墙边瓦的交叉处，有圆形平脊封头和梯形平脊封头两种（如图 12-12、图 12-13 所示），分别与圆形脊瓦与梯形脊瓦配套；斜脊封头用于倾斜屋脊所盖脊瓦的最下端，起封头作用，有球形斜脊封头和梯形斜脊封头两种，分别与圆形脊瓦和梯形脊瓦配套；边瓦封头用于边瓦的最下端，起封头作用。

　　④ 沟瓦

用于两坡面的接缝凹角处（常称为阴角），为屋面的泄水通道，对屋面防水至关重要，与防水卷材作水沟处理相比寿命较长，不存在老化问题（如图 12-14 所示）。

图 12-12　梯形平脊封头　　　图 12-13　圆形平脊封头　　　图 12-14　沟瓦

2. 技术性能

彩瓦在寒冷地区应选用吸水率低的产品，其吸水率应不大于 10%；经耐热性能检验后，彩瓦表面涂层应完好，瓦质量标准差应不大于 180g。除外观质量、尺寸偏差符合要求外，彩瓦主要技术指标有承载力、吸水率、抗冻性、抗渗性等，彩瓦经抗渗检验后，瓦背面不得出现水滴现象，其承载力仍不小于承载力标准值，如表 12-2 所示。

彩色屋面瓦的承载力标准值（N）[1]　　　　　　　　表 12-2

项目	波形屋面瓦						平板屋面瓦		
瓦脊高度 d（mm）	$d > 20$			$d \leqslant 20$			—		
遮盖宽度 b_t（mm）	$b_t \geqslant 300$	$b_t \leqslant 200$	$200 < b_t < 300$	$b_t \geqslant 300$	$b_t \leqslant 200$	$200 < b_t < 300$	$b_t \geqslant 300$	$b_t \leqslant 200$	$200 < b_t < 300$
承载力标准值 F_C	1800	1200	$6b_t$	1200	900	$3b_t + 300$	1000	800	$2b_t + 400$

12.2　彩瓦生产

彩瓦由水泥、砂及颜料等配制而成。彩瓦配合比因生产工艺、产品规格不同而不同，通常混凝土胶骨比为 1 : 2 ～ 3，水灰比为 1 : 0.3 ～ 0.4，彩瓦生产工艺主要有辊压式和模压式生产工艺。

1. 成型

辊压式生产的瓦坯结构正面纵向单一，采用彩瓦辊压设备成型（如图 12-15 所示），其生产工艺是混凝土拌合物受到轧辊、磨光块及瓦模的相对运动产生的强制性挤压作用，在瓦模上生成一条连续的瓦坯，切刀按瓦模长度将其切割分离，然后连续不断的由输送系统运至下道生产工序[2]（如图 12-16 所示）。

图 12-15　彩瓦辊压设备

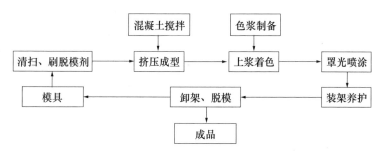

图 12-16 彩瓦辊压式生产工艺

模压式生产工艺是彩瓦采用 100t 以上压力机（如图 12-17 所示）常温高压经优质模具压滤而成，加压时间不低于 3s，成型过程中混凝土拌合物的水分被加压过滤，成为干硬性的瓦坯。瓦坯 8h 后即可脱模，该工艺生产的产品外形尺寸准确，棱角分明，咬接可靠，表面光洁、细腻，明显呈干硬性。

图 12-17 彩瓦模压设备

模压式生产工艺操作简单（如图 12-18 所示），密实度好，其生产的瓦头高出部分有较好的挡水作用，可以有效防止雨水倒流，减少上下层瓦的搭接长度。

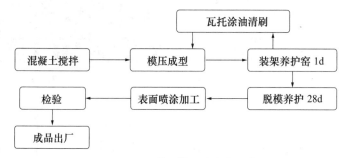

图 12-18 彩瓦模压式生产工艺

2. 着色

彩瓦着色方法有三种：表面喷浆着色，表面喷漆着色，整体着色[3]。

（1）表面喷浆着色

彩瓦成型后，直接用彩色水泥浆喷在其表面，着色层厚度 0.5mm。彩色水泥浆由水泥无机颜料、其他添加剂所构成，附着力强、耐候性好、配色难度较大，对养护窑的技术要求高。

（2）表面喷漆着色

瓦坯经喷涂烘干后就成为彩瓦，瓦坯喷涂前必须具有足够的强度，坯体干燥，含水率不大于 2.0%，瓦面无尘，可以按客户需要在瓦坯上喷涂各种彩瓦专用涂料制得彩瓦。所用彩瓦涂料一般喷涂干膜厚度约在 35μm 以上，这种彩瓦色彩鲜艳，表面不变色、不剥落，经久耐用。

（3）整体着色

整体着色就是将颜料、水泥、砂按一定比例搅拌均匀，直接将混凝土拌合物辊压成型的工艺。为防止彩瓦泛碱，瓦坯表面还要喷涂防护剂，这种工艺对水泥的质量要求较高，生产的彩瓦色彩淡雅朴素，造价较高，耐久性最好。

3. 养护

在保证一定温湿度的环境下，瓦坯成型后在托板上自然养护 24h，然后将已凝固的瓦坯从托板上取下，置于堆场上自然养护，瓦宜侧立竖放，可码 3～4 层。在前一周内每天浇水养护，天气炎热、干燥时应增加浇水次数，28d 后产品出厂。

12.3 彩瓦干挂施工

彩瓦整个瓦面着色层均匀一致，没有任何流痕及色差，其外形规整，正反面没有破损裂纹，瓦爪完好、齐棱齐角，边条平直，不扭不翘，主要用于多层和低层建筑，更适用于别墅（如图 12-19 和图 12-20 所示）。

图 12-19　小区住宅　　　　图 12-20　国内别墅

彩瓦屋面板为钢筋混凝土板、木板或增强纤维板，檐口部位应采取防风揭措施，瓦片上下接搭牢固，其独特的咬接设计使整个屋面吻合成一个整体，便于施工和提高防风防漏能力，安装在屋顶上美观大方[4]。彩瓦坡屋面防水等级为一级、二级，屋面坡度不小于 30%，屋面构造如图 12-21 所示。

混凝土瓦屋面通常采用干法挂瓦，其施工流程如图 12-22 所示。

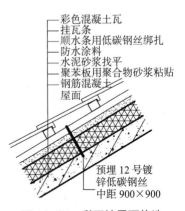

彩色混凝土瓦
挂瓦条
顺水条用低碳钢丝绑扎
防水涂料
水泥砂浆找平
聚苯板用聚合物砂浆粘贴
钢筋混凝土屋面

预埋 12 号镀锌低碳钢丝中距 900×900

图 12-21　彩瓦坡屋面构造

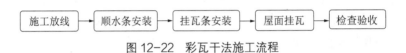

图 12-22　彩瓦干法施工流程

1. 施工准备

按图纸设计要求，根据彩瓦规格尺寸和屋面实际尺寸，计算出彩瓦所需实际用量，便于瓦片的铺设；材料进场时检查彩瓦型号规格、颜色，去掉有裂纹、变形、边角破损或色差明显的瓦片；挂瓦条、顺水条施工前用沥青漆做好表面防腐处理；准备好切割机、镀锌钢钉、白线、墨斗、铁锤、红蓝铅笔、盒尺、铁抹子、灰桶等施工机具；将基层上面的杂物清理干净，对屋面的基层泼水并检查屋顶是否漏水，确定没有问题后才能进行彩瓦的铺设工作。

2. 施工要点

（1）施工放线

彩瓦在施工前，先确定好屋顶的整个轮廓，根据图纸设计要求和所铺屋面的实际尺寸，在屋脊中间弹出中分线，将屋面分为对称两部分。根据集水区的面积及屋面的设计坡度确定排水沟的位置及宽度，弹出排水沟中心线；根据排水沟所用沟瓦的尺寸，弹出沟瓦外边缘位置，即排水沟两侧封头顺水条的位置。根据瓦片挑出檐口的长度，在檐口往上与屋檐平行弹出第一条平行线，从而确定第一层彩瓦的位置。当檐口无排水天沟时，瓦片需挑出屋檐 80～100mm；当檐口有排水天沟时，瓦片需挑出屋檐 50～70mm；最后弹出屋檐的水平垂直线，铺瓦时以线对齐，以保证彩瓦的铺贴成直线形，使彩瓦达到水平、瓦缝垂直、对角线三向标齐，避免彩瓦铺贴歪曲，影响其整体美观性。

（2）顺水条安装

沿着排水沟中心线每隔一段距离钉两根顺水条，以调整沟瓦和主瓦之间的高度。采用 30mm×20mm 的表面预处理防腐木条作为顺水条绑扎在预埋的钢筋上，中心间距为 450～600mm，垂直于屋面檐口均匀排列。顺水条的高度差应控制在 3mm 以内，通过调整顺水条的高度，使挂瓦条的水平度达到挂瓦要求。

（3）挂瓦条安装

挂瓦条采用 25mm×30mm 的防腐木条。以排水沟中心线的位置为基准，选择其最佳的直角为上棱，每隔一段间距用镀锌钢钉将挂瓦条钉牢在顺水条上，间距以瓦的长度为准。挂瓦条横向对接口处应该交错排列，且其上棱要在同一条直线上。

（4）屋面挂瓦

屋面彩瓦在铺设时，以线对齐，从屋面右下角开始，自右向左、自下而上，用钢钉将彩瓦钉牢，按设计要求、当地气候确定固定范围，以免发生瓦片松动脱落的现象。主瓦预铺设时，可充分利用左右搭接边筋的 4mm 调节距离，使终端尽量调节成一片整瓦或半片瓦的宽度。

① 斜沟瓦的铺设。

首先沿屋面排水沟中心挂线找直，并依照与排水沟相连的两个坡面找好沟瓦的铺设高度，避免主瓦与沟瓦无法搭接。沟瓦铺设时，应从檐口处开始，自下向上逐一铺设，上下两块沟瓦要形成有效搭接，沟瓦与排水沟的孔隙应卧浆饱满。

② 排水沟处主瓦的铺设。

铺屋面主瓦时，应依据排水沟中心线位置和排水沟的设计宽度，在两侧主瓦上用木尺划出瓦片需切割的位置线，然后用切割机沿线切割，留出排水沟的宽度。如切割后发现剩余瓦片较小，应重新钻孔固定或采用卧铺砂浆贴瓦的方式固定。主瓦与沟瓦之间的空隙用水泥砂浆进行勾缝。

③ 屋面主瓦的铺设

主瓦用钉子挂在挂瓦条上，屋面第一排主瓦在铺设后会出现低垂的现象，要用挂瓦条将其垫起，使第一排的彩瓦与第一排之上的彩瓦保持在同一平面上。第一排彩瓦铺设完成后，在屋檐右下角，其后的彩瓦应沿着弹好的线自右向左，自下而上逐排挂线铺设。主瓦的瓦爪必须紧扣挂瓦条与屋面紧贴，瓦面、瓦楞平直，使瓦片平稳、紧密地贴在屋面上，一排一排往上铺设，形成有效的顺水向搭接。

④ 脊瓦铺设

脊瓦铺设时，要从斜脊封头处开始，逆风向铺设，从下往上安装，搭接铺贴至正脊位置为止，在三向屋面相交接部位，即两向斜脊和正脊相交，应采用三向脊瓦。在四向屋面、多向屋面及倾角过大的交接部位，可用四向脊瓦安装。正脊的脊瓦铺设平脊处的接头要顺着风向，按规定的搭接长度安装，并铺至末端。檐口脊瓦（边瓦）铺设时，将方木用钢钉钉牢于檐口内，从檐口封头边瓦开始，每片边瓦应与屋面瓦对齐，直铺到檐口顶端。所有脊瓦应安装成一直线，采用脊瓦搭扣或 1:2.5 水泥砂浆固定，脊瓦两侧沿浆勾缝压光，脊瓦的搭接缝用水泥砂浆压实，表面无需勾缝，砂浆表面干燥后用同色涂料涂刷均匀。

⑤ 节点处理

做好屋面瓦在铺设连接处的防水处理，屋面节点处一般选用防水砂浆、麻刀灰等防水材料，既能够保证屋面的防水性，又不会破坏彩色水泥瓦的整体美观性。坡屋面坡度 ≥ 60°，彩瓦在施工前必须每块穿孔固定，使彩瓦铺贴牢固。

（5）检查验收

彩瓦应铺贴牢固，瓦面平整，行列整齐，搭接紧密，檐口平直。彩瓦搭盖应随铺贴进展，随时进行质量验收，确保铺贴质量符合如表 12-3 所示的要求。彩瓦搭盖正确，间距均匀，封固严密、顺直。天沟、檐沟和泛水应结合严密，无渗漏。

瓦片搭盖尺寸 [5]　　　　　　　　　　　　表 12-3

项　目	搭盖尺寸（mm）	检查方法
脊瓦在两坡面瓦上的搭盖宽度	不小于 40	用尺量检查
瓦伸入天沟、檐沟的长度	50 ~ 70	用尺量检查
天沟、檐沟的防水层伸入瓦内宽度	不小于 150	用尺量检查
瓦头挑出封檐板的长度	50 ~ 70	用尺量检查
突出屋面的墙或烟囱的侧面瓦伸入泛水宽度	不小于 50	用尺量检查

3. 成品保护

彩瓦在装卸过程中应稳拿轻放，运输和堆放时应避免多次倒运，以防损坏。屋面彩瓦咬接处比较薄弱，应避免在已铺贴好的瓦上行走；必须在瓦上行走时，应铺设架空过道或柔软保护层。行走时要落脚在瓦片中部，要轻走轻踩，严禁踩踏瓦角、瓦边这些部位，以防碎瓦或使刚刚铺好的瓦片松动。

参 考 文 献

［1］辽宁省建筑材料科学研究院．JC/T 746—2007 混凝土瓦［S］.
［2］魏伟．彩色水泥瓦的生产技术及管理［J］.砖瓦，2004 年第 12 期，21-24.
［3］魏伟．混凝土彩瓦着色工艺对比分析［J］.新型建筑材料，2005 年 21 期，56-57.
［4］中国建筑防水协会．GB 50693—2011 坡屋面工程技术规范［S］.
［5］孙云峰．水泥彩瓦在坡屋面中的应用［J］.建筑施工，第 32 卷第 6 期，547-549.

第 13 章 装饰混凝土砌块（砖）

13.1 概述

装饰混凝土砌块（砖）是以水泥混凝土为原料制成、通过调整原材料的颜色、采用特种生产和加工工艺制成的高档砌块（砖）产品。按装饰效果可分为彩色砌块、劈裂砌块、凿毛砌块、条纹砌块、磨光砌块、鼓形砌块、模塑砌块、露骨料砌块、花格砌块；按用途可分为贴面装饰砌块、砌体装饰砌块（如图 13-1 和图 13-2 所示）、路面装饰砌块、雕塑砌块；按抗渗性可分为普通型、防水型；按孔洞率可分为实心砌块、空心砌块；按作用可分为结构性装饰砌块、建筑性装饰砌块。

图 13-1 贴面装饰砌块

装饰砌块建筑具有庄重典雅、美观大方、个性鲜明、经久耐用的立面装饰效果，能够充分发挥建筑师的美学创造力，主要应用于各类房屋建筑、市政、交通、水利工程建筑、园林建筑等方面（如图 13-3 和图 13-4 所示）。装饰砌块使用时至少有一面直接裸露，集结构和装饰功能为一体，不仅具有普通承重砌块产品的优良性能，外表面装饰风格各异，艺术效果良好，可以制成彩色和各种图案，施工时可同时完成建筑结构和装饰。

图 13-2 砌体装饰砌块

图 13-3 装饰混凝土砌块挡土墙

图 13-4 装饰混凝土砌块花坛

13.2 装饰混凝土砌块（砖）生产

装饰混凝土砌块（砖）系列产品，一部分产品是通过浇筑或压制一次成型而成，另一部分产品是在成型养护好以后，用专门的机械（如图 13-5 和图 13-6 所示）对砌块表面进行二次加工制得，如劈裂、凿毛、拉纹、磨光等砌块（砖）。最常用的装饰砌块是劈裂砌块，它是由砌块成型机生产出来的连体砌块，经劈裂机一劈为二而成，具有带毛石面的装饰效果。劈裂砌块集承重、装饰、防水、保温隔热等多种功能为一体，对砌块建筑的推广应用起着十分重要的作用。

装饰混凝土砖外形通常为直角六面体，当砖含有孔洞时，外壁最薄处应不小于 25 mm，最小肋厚应不小于 15 mm。彩色混凝土砖采用双层布料工艺生产时，饰面层混凝土最小厚度应不小于 10mm。

图 13-5　劈裂机

图 13-6　拉纹机

装饰混凝土砌块块型种类多，基本的规格都能满足单模和双模建筑模数（如表 13-1 所示），可以为灵活的设计提供条件，并能减少施工现场锯砖工作量。

基本尺寸（mm）　　　　　　　　　　　　　　　　　　　　　　　表 13-1

长度 L		390，290，190
宽度 B	砌体装饰砌块 M_4	290，240，190，140，90
	贴面装饰砌块 F_4	30 ～ 90
高度 H		190，90

注：其他规格尺寸可由供需双方商定。

各种装饰砌块则是充分利用混凝土拌合物具有可塑性的特点，通过用带槽、肋、块、弧形或角形的特制模具浇筑而成（如图 13-7 和图 13-8 所示），可制成饰面形状各异的雕塑砌块、花格砌块。雕塑砌块对建筑的装饰效果具有灵活性，每一种雕塑砌块砌筑的墙体可显示出一种有规则的造型，不同雕塑砌块的组合又派生出新的造型。花格砌块主要用于装饰房屋的立面、分室隔断、花园围墙，庭院花格墙等，它既能作为分隔墙保持幽静的环境，又能遮阳通风、解决室内外的视野；还能用于地面或护坡，主要起装饰、绿化、稳定边坡的作用。

图 13-7　花格砌块模具

图 13-8　花格砌块

水磨石花格作为一种特殊的花格砌块，是一种经济、美观、多用于室内的装饰配件。在模具制作时需按设计要求做活动的插楔，以满足连续使用的要求；模具表面要光滑，不易损坏，在浇筑之前，模具表面涂抹脱模剂，以便拆模。浇筑时，可用1:2.5白色水泥或配色水泥，粒径2～4mm大理石屑（可配所需颜色）等材料制备的石子浆料一次浇筑成型。达到一定强度后，可以进行粗磨，每次粗磨后用同样水泥浆满涂填补空隙。拼装后，用醋酸加适量清水进行细磨至表面光滑，然后用石蜡打光罩面。

1. 装饰混凝土砌块

装饰混凝土砌块干燥收缩率应不大于0.045%，单色装饰砌块的装饰面颜色应基本一致，无明显色差；对防水型装饰混凝土砌块，其抗渗性要求为水面下降高度不大于10mm；双色或多色装饰砌块装饰面的颜色、花纹应满足供需双方预先约定的要求，色质饱和度、混色程度等应基本一致。贴面装饰砌块强度以抗折强度表示，平均值应不小于4.0MPa，单块最小值应不小于3.2MPa。砌体装饰混凝土砌块以抗压强度表示，强度等级可分为MU10、MU15、MU20、MU25、MU30、MU35、MU40七个等级。装饰混凝土砌块抗压强度、相对含水率，抗冻性如表13-2～表13-4所示[1]。

抗压强度　　　　　　　　　　　　　　　　　　　　　　　表13-2

强度等级	抗压强度（MPa）	
	平均值不小于	单块最小值不小于
MU10	10.0	8.0
MU15	15.0	12.0
MU20	20.0	16.0
MU25	25.0	20.0
MU30	30.0	24.0
MU35	35.0	28.0
MU40	40.0	32.0

装饰砌块相对含水率即砌块含水率与吸水率之比，与使用地区的湿度条件密切相关（如表13-3所示）。其中潮湿地区指年平均相对湿度大于75%的地区；中等地区指年平均相对湿度50%～75%的地区；干燥地区指年平均相对湿度小于50%的地区。

相对含水率（%）　　　　　　　　　　　　　　　　　　　表13-3

使用地区	潮湿	中等	干燥
相对含水率不大于	40	35	30

装饰混凝土砌块在不同地区的抗冻性如表13-4所示。

抗冻性　　　　　　　　　　　　　　　　　　　　　　　　表13-4

使用条件	抗冻指标	质量损失率（%）	强度损失率（%）
夏热冬暖地区	F_{15}	≤5	≤20

续表

使用条件	抗冻指标	质量损失率（%）	强度损失率（%）
夏热冬冷地区	F$_{35}$		
寒冷地区	F$_{50}$	≤ 5	≤ 20
严寒地区	F$_{75}$		

2. 装饰混凝土砖

装饰混凝土砖基本尺寸见表 13-5，主要用于工业与民用建筑、市政、景观等工程，其他规格尺寸可由供需双方协商确定，但高度不小于 30mm。

基本尺寸　　　　　　表 13-5

项目	长度（mm）	宽度（mm）	高度（mm）
尺寸	360　290　240　190　140	240　190　115　90	115　90　53

装饰混凝土砖按抗渗性分为普通型（P）和防水型（F），防水型装饰混凝土砖的吸水率应不大于 11%。装饰混凝土砖按抗压强度分为 MU15、MU20、MU25、MU30 四个等级，其外观质量应符合表 13-6 规定[2]。

外观质量　　　　　　表 13-6

项 目				指 标
弯曲（mm）			不大于	1
裂纹	装饰面			无
	其他面	裂纹延伸的投影长度累计（mm）	不大于	30
		条数（条）	不多于	1
缺棱掉角	装饰面	两个方向投影尺寸的最小值（mm）	不大于	3
		两个方向投影尺寸的最大值（mm）	不大于	5
		大于以上尺寸的缺棱掉角个数（个）	不多于	0
	其他面	三个方向投影尺寸的最大值（mm）	不大于	10

注：有特殊装饰要求的装饰混凝土砖，不受此规定限制。

装饰混凝土砖尺寸允许偏差为 ±2mm，有特殊装饰要求的装饰混凝土砖，不受此规定限制。装饰混凝土砖线性干燥收缩率和相对含水率应符合表 13-7 的规定。

线性干燥收缩率和相对含水率　　　　　　表 13-7

项目	线性干燥收缩率	相对含水率（%）		
		潮湿	中等	干燥
指标	≤ 0.045	≤ 40	≤ 35	≤ 30

装饰混凝土砖碳化系数应不小于 0.80，软化系数应不小于 0.80，抗冻性应符合表 13-8 的规定。

抗冻性　　　　　　　　　　　　　　　　　　　　　表 13-8

使用条件	防冻指标	质量损失率（%）	抗压强度损失率（%）
夏热冬暖地区	D15		
夏热冬冷地区	D25	≤ 5	≤ 25
寒冷地区	D35		
严寒地区	D60		

13.3　砌块清水墙砌筑

　　装饰混凝土砌块采用清水墙砌筑工艺。清水墙对砌块（砖）的要求极高，首先要求砌块（砖）大小均匀，棱角分明，色泽要有质感；其次砌筑工艺十分讲究，灰缝要一致，阴阳角要锯砖磨边，接槎要严密和美感，门窗洞口要用拱等工艺；砌好墙后，墙面仅做勾缝处理，不另外做抹灰或贴砖等装饰（如图 13-9 所示）。

图 13-9　清水墙建筑

1. 材料与机具准备

（1）材料要求

1）装饰混凝土砌块

　　用于墙体的装饰混凝土砌块主要为混凝土小型空心砌块，其品种、规格、图案、颜色、质量、强度等级应符合有关设计和规范要求，其外观质量如表 13-9 所示。装饰砌块上墙前必须作好选材工作，同一批次进场的砌块应尽量使用在一个立面上，达到同一个立面无色差，装饰面无缺楞、掉角等破损，防止整面墙出现色差和表面缺损。

外观质量　　　　　　　　　　　　　　　　　　　　表 13-9

项　　目			指标
弯曲，不大于（mm）			2
裂纹	装饰面		无
	其他面	裂纹延伸的投影长度累计不超过长度尺寸的百分数 /%	5.0
		条数，不多于（条）	1
缺楞掉角	装饰面	长度不超过边长的百分数（%）	1.5
		棱个数，不多于（个）	1

项　目			指标
缺棱掉角	装饰面	相邻两边长度不超过边长百分数（%）	0.77
		角个数，不多于（个）	1
	其他面	长度不超过边长的百分数（%）	5.0
		棱角个数，不多于（个）	2

注：经两次饰面加工和有特殊装饰要求的装饰砌块，不受此规定限制。

2）砂浆

① 配制砂浆的水泥宜采用同一生产厂家、同一品种、同一强度等级、同一批号的产品，普通硅酸盐水泥强度等级为 32.5 级以上，出厂时间不超过三个月；砂宜选用中砂，含泥量不超过 5%；外加剂、掺合料及水均应符合有关规定。

② 按比例调配砂浆，确保砂浆具有良好的和易性。砂浆采用机械搅拌，随拌随用，砂浆存放时间不超过 3h，天气炎热时必须在 2h 内用完，隔夜砂浆未经处理不得使用。勾缝砂浆的颜色和颜色均匀性对砌块建筑整体面貌影响很大，勾缝砂浆的颜色应与砌块饰面的色彩和谐，常用的勾缝砂浆参考配比如表 13-10 所示。

勾缝砂浆参考配合比　　　　　　　　　　表 13-10

材　料	比　例
水泥：砂	1:1
水泥：砂	1:1.5
水泥：粉煤灰：砂	2:1:3

③ 施工过程中，砌筑每一楼层墙体或 250m³ 砌体，每一种强度等级的砌筑砂浆至少制作两组试块，进行 28d 抗压强度试验。

（2）主要机具

① 主要机械

砂浆搅拌机、筛砂机、起重机、门式提升机、卷扬机、手推车、翻斗车。

② 施工工具

③ 砌块夹具、铁锹、筛子、水桶、灰槽、灰勺、靠尺、线坠、钢卷尺、阴阳角抹子、铁抹子、水平尺、捋角器、软水管、长毛刷、钢丝刷、笤帚、喷壶、钻子、粉线袋、铁锤、钳子、托线板等。

2. 施工工艺

砌筑前应按砌块尺寸和灰缝厚度计算皮数和排数，在基础面上定出各层的轴线位置和标高，并用 1:2 水泥砂浆或 C15 细石混凝土找平。严格按照要求摆砖、立皮数杆、挂线，皮树杆上最好标上砖厚、门窗位置、灰缝厚度等，挂线时需要用双面挂线的方法保证墙体垂直。在事先规划好的位置竖立拉线杆，确定具体的砌筑位置，之后采用"披灰挤浆"，即一顺一丁的方法砌筑清水墙（如图 13-10 所示）。

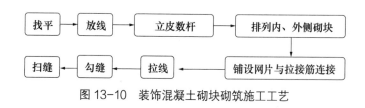

图 13-10　装饰混凝土砌块砌筑施工工艺

3. 砌筑

混凝土小型空心砌块组合应尽量采用主混凝土小型空心砌块，少用辅助砌块。小砌块一般采用全顺组砌，上下皮砌块应孔对孔、肋对肋，个别无法对孔砌筑时，可错孔砌筑，单排孔小砌块上下皮错缝二分之一砌块长度，多排孔小砌块可适当调整，但不宜小于砌块长度的三分之一，且不应小于 90mm，但其搭界长度不应小于 90mm。墙体个别部位不能满足上述要求时，应在灰缝中设置拉接钢筋或钢筋网片，但竖向通缝仍不得超过两皮小砌块。砌筑顺序一般先头角后墙身，先远后近，先外后里，先下后上。内外墙皮同时砌筑，纵横墙应交叉搭接。

砌块底面朝上砌筑（反砌），便于铺设砂浆及对内砌筑时砌块的摆放，用瓦刀在砌块底面的肋上满披灰浆，铺灰长度为 2 ～ 3m，在待砌的砌块端头满披碰头灰，缝隙处及时用砂浆填补。在砌筑过程中，墙面随砌随收缝。墙面勾缝前应浇水，润湿墙面，施工时必须保持砌块饰面干净，用粉袋线拉直弹线。勾缝顺序应由上而下，先勾水平缝，后勾立缝。勾水平缝时自右向左用长溜子（如图 13-11 所示）将砂浆塞入缝内，随勾随移动托灰板，勾完一段后，用长溜子在砖缝中左右移动，压实、压光缝内砂浆，使灰缝深浅一致。勾立缝时用短溜子将砂浆送入灰缝中，使溜子在缝中上下移动，压实缝内砂浆，使立缝深浅与水平缝的一致。

图 13-11　勾缝溜子

勾缝时开缝的做法有平缝、凹缝、斜缝、凸缝。平缝操作简便，勾成的墙面平整，不易剥落和积圬，防水渗透作用较好，但墙面较为单调。凹缝是指灰缝凹进墙面 4 ～ 5mm 的一种形式，勾凹缝的墙面立体感强，耗工量大，容易导致雨水渗漏，一般用于气候干燥地区。斜缝是把灰缝的上口压进墙面 3 ～ 4mm，下口与墙面平，使其成为斜面向上的缝，斜缝泄水方便，适用于外墙面和烟囱。凸缝是在灰缝面做成一个矩形或半圆形的凸线，凸出墙面约 5mm 左右，凸缝墙面线条明显、清晰，外观美丽，但操作比较费事。

4. 质量控制

应随时检查墙体表面的平整度和垂直度、灰缝的均匀程度等，并校正所发现的偏差。清水墙组砌正确，棱角整齐，墙面清洁美观，灰缝深度适宜、一致，砌体灰缝应横平竖直，砌筑砂浆严实。水平和竖直灰缝的宽度应为 8 ～ 12mm，水平灰缝砂浆饱满度不得低于 90%，竖直灰缝不低于 60%。窗间墙及清水墙面无通缝，砖砌体接槎处灰浆均应密实缝，砖缝平直，每处接槎部位水平灰缝厚度小于 5mm 或透亮的缺陷不超过 5 个。拉结筋和钢筋网片的数量、长度均应符合设计要求和施工规范的规定，留置间距偏差不超过一皮砖。

墙面勾缝应做到横平竖直，深浅一致，十字缝搭接平整、压实、压光，不得有丢漏。墙面阳角水平转角要勾方正，阴角立缝应左右分明，转角处应勾方正，外观顺畅美观[3]。墙面勾完缝后，应顺缝清扫，先扫水平缝，后扫竖缝，发现漏勾的缝应及时补勾。勾缝后应及时清扫墙面，避免时间过长灰浆干硬难于清除，使墙面保持干净整洁，防止影响表面观感质量。

13.4 混凝土花格砌块安装

预制混凝土花格砌块是土木工程一个不可缺少的组成部分，采用湿法注模工艺，将细石混凝土（内配 $\phi 4$ 钢筋）或无配筋的纤维混凝土拌合物注入不同的花格模具浇筑成各种不同造型，如长方形、方形、八角形、圆形、梯形、三角形等单型混凝土砌块。

花格砌块拼装灵活、坚固耐久，既有美化功能，又有多种实用功能。花格砌块在建筑内外环境中，创造了极其丰富而优美的艺术情趣，主要应用于建筑物的外立面、分室隔断、花园围墙、花窗、庭院花格墙、透水地面、绿化护坡等处，既能起到一定分隔作用，又能扩大室内外的视野，具有通风美观的效果（如图 13-12 所示）。

图 13-12　楼梯间采光花窗

花格的品种、规格、图案和安装方法，必须符合设计要求。花格安装必须牢固，无松动、裂缝、翘曲和缺棱掉角等缺陷。安装花格的基层和花格表面应洁净，色调一致，安装接缝吻合严密，符合设计要求，其允许偏差如表 13-11 所示。

花格安装的允许偏差和检验方法　　　　　　　　　　　　表 13-11

项次	项　　目		允许偏差（mm）		检验方法
			室内	室外	
1	条形花格的水平度、垂直度	每米	1	2	拉线和用 1m 垂直检测尺检查
		全长	3	6	
2	单独花饰中心位置偏移		10	16	拉线和钢尺检查

1. 组砌式混凝土花格砌块安装

组砌式花格砌块由单型或多型花格砌块拼装而成（图 13-13），也可以用竖向混凝土板中间加各种花格砌块组装而成，在需要组合的每块花格砌块四周壁上预留孔洞，以便插入钢筋并灌浆连接相邻两块砌块。拼装的花格砌块最大高度及宽度不宜大于 3m，如超过 3m，应加梁柱固定或每隔 2m 在灰缝内加设水平钢筋，水平钢筋两端伸入墙身内不少于 0.5m。

首先，实地测量拟定安装花格砌块的部位及花格砌块实际尺寸，然后按设计图案进行预排、调缝、拉线、定位。在预安装花格砌块部位按构件排列形状和尺寸标定位置，根据调缝后的分格位置进行预排调缝；花格砌块位置调整好后，横拉线，用水平尺和线锤校核，做到横平竖直，以保证花格砌块位置准确，不会出现前后错动、缝隙大小不一等问题。

混凝土花格砌块组砌时，先在基底上铺一层水泥砂浆，按花格砌块设计式样自下而上用水泥砂浆逐皮砌筑。每皮混凝土花格砌块砌筑前应先在墙洞内填入 C20 细石混凝土，然后砌两头靠墙的花格砌块；这两块花格砌块砌上后，用 φ8 钢筋穿过花格砌块的预留孔插入墙洞内，使洞内混凝土将其握牢，并在预留孔内灌 1:2 水泥砂浆。两头花格砌块砌稳后，在其间拉准线，依准线砌中间的花格块，相邻花格砌块之间用 φ6 钢筋销子插入预留孔，并用 1:2 水泥砂浆灌实；整片花格砌块四周用锚固件与墙、柱、梁连接牢固。混凝土花格砌块拼砌、锚固完毕后，按设计要求涂刷涂料。

图 13-13　花格砌块安装

2. 竖板混凝土花格砌块安装

混凝土竖板花格砌块由上、下两端固定于梁（板）与地面的预制钢筋混凝土竖板和安装在竖板之间的花饰组成，花饰、竖板及连接节点构造如图 13-14 所示。

根据竖板间隔尺寸预埋铁件或预留凹槽安装预制混凝土竖板花格砌块，若花饰准备插入竖板之间，在板上应预埋锚固件或留槽。若设计采用膨胀螺栓或射钉紧固，则不必在结构施工时埋件、留槽。在上、下结构表面弹出竖板就位控制线，将竖板立于安装位

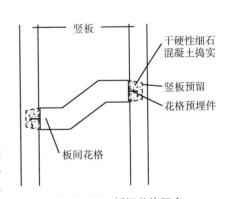

图 13-14　板间花格固定

置，用线坠吊直并临时固定，上、下两端按设计确定的锚固方法牢固连接。按设计标高拉水平线，依线安装竖板间的花格砌块。连接方式可用插筋连接、螺钉连接或焊接等，当采用花格预埋筋插入凹槽的连接方法时，中间花格应与竖板同时就位。竖板与主体结构之间缝隙、花饰与竖板之间的缝隙用 1:2～1:2.5 的水泥砂浆勾缝，然后按设计要求涂刷涂料。

3. 混凝土花格砌块铺装

用于铺装的混凝土花格砌块主要有混凝土植草砖、护坡砖等。植草砖具有植草孔，在

植草砖的孔洞或砖的缝隙间种植青草，植草砖铺装的地面平整、坚硬，地面经过车辆碾压或行人脚踩不会使草皮死亡，草皮在雨天又能充分吸收储存水分，保持土壤不被雨水冲刷，因此植草砖在城市专门用于铺设人行道路及停车场。混凝土护坡砖有六边形护坡砖、工字型护坡砖、联锁式护坡砖等多种类型，护坡砖孔中的植物和垂直根系可提高土体强度，增加坡体美观，降低坡体孔隙水压力，控制土粒流失，恢复被破坏的生态环境，从而达到稳定边坡的目的，被广泛应用于山体斜坡、高速公路、池塘、河道等工程。

（1）植草砖路面铺装

植草砖地面的基层做法是：素土夯实→碎石垫层→素混凝土垫层→细砂层→砖块及种植土、草籽，也有些植草砖地面的基层做法是：素土夯实→碎石垫层→细砂层→砖块及种植土、草籽（如图13-15所示）。植草砖地面的基层做法与一般的花岗石路面的基层做法相同，不同的是在植草砖地面铺装中有细砂层，还有就是植草砖面层的铺装方式也不一样。施工过程中，砖块材料堆放整齐；施工完成后，将破损及多余的砖、草皮清理干净，用彩条带进行围闭，禁止踩踏。

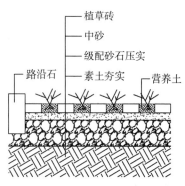

图 13-15　植草砖路面铺装

① 路基的开挖

根据设计要求，开挖路床、清理土方，并达到设计标高；检查纵坡、横坡及边线是否符合设计要求；修整路基、找平、碾压密实，路基压实系数达95%以上，并注意保护地下埋设的管线。

② 基层的铺设

铺设150～180mm厚的级配砂石（最大粒径不得超过60mm，最小粒径不得超过0.5mm）并找平碾压密实，密实度达95%以上。

③ 找平层的铺设

找平层用中砂。中砂要求具有一定的级配，即用粒径0.3～5mm的级配砂找平，在支撑层上铺设20～30mm的砂混合物。

④ 面层铺设

常用植草砖造型有井字形植草砖、九孔形植草砖、双8字形植草砖，常用规格尺寸见表13-12，还可以根据需要自行定做。

常用植草砖造型及规格尺寸　　　　　　　　　　表 13-12

植草砖	造　型	规格尺寸（mm）
井字形植草砖		250×190×70

植草砖	造　型	规格尺寸（mm）
九孔形植草砖		300×300×70
双 8 字形植草砖		400×200×70

按大样图要求弹控制线，弹线时在地面纵横两个方向排好砖，其接缝宽度按设计要求。当排到两端边缘不足整砖尺寸时，量出尺寸，将整砖切割成镶边砖。排砖确定后，每隔 3～5 块砖在结合层上弹纵横线或对角控制线。

植草砖面层应根据设计图案铺设而成，不能杂乱无章。面层既可排成一排，也可按梯形、弧形或其他造型排列，交错排列的植草砖更便于很好地固定在路基上（如图 13-16 所示）。植草砖铺设时应轻轻平放、可按需求在整块地区的外围加框或是其他方法将植草砖固定，并拼接完好。每块植草砖之间预留 1～1.5cm 的缝隙以免砖产生热胀现像，然后用橡胶锤锤打稳定，不得损伤砖的边角。

图 13-16　植草砖面层造型排列

⑤ 压平、拨缝

每铺完一个施工段，用喷壶略洒水，15min 之后用木锤和硬木板按铺砖顺序拍打一遍，不遗漏。边压实边用直尺向坡度找平。压实后，拉通线先竖缝后横缝进行拨缝调直，使缝口平直、贯通。调缝后，再用木槌、拍板砸平。铺贴完 2d 后，将缝口清洁干净，用水湿润，按设计要求抹缝，嵌实压光；随即用棉纱将缝内余浆或板面上的灰浆擦去。嵌缝砂浆终凝后，浇水养护时间不得少于 7 昼夜。

⑥ 植草

在植草砖孔内填充种植土，要求种植土结构疏松、通气，保水、保肥能力强，先在种植土上洒水、压实，撒上草籽，然后再撒上一些土使种植土与植草砖顶端等高。在草籽发芽期间，必须经常浇水，不要在新植草皮上行驶车辆，一旦草皮完全长好，此区域即可投入使用。

（2）护坡砖铺装

护坡砖主要有六角护坡砖、工字形护坡砖、连锁护坡砖等（如图 13-18、图 13-19 所示），连锁护坡砖由带漏孔的反扣上砖体与下砖体相互扣接，整体护坡砖样式如网状结构。工字型护坡砖由于结构、形状等方面的特点，工字形护坡砖的铺设方法比较多样，能够满足不同边坡的要求，在施工方面有突出的优势，其施工流程为平整坡面、回填覆土、护坡砖铺设、植草（含植物种子、肥料等）、浇水养护。工字形护坡砖通过两块砖拼接在一起，能够形成一个完整的"工"字，有很好的锚固作用，整体结构很稳定。工字形护坡砖是纯角结构，相互之间镶嵌没有应力集中，能够有效防止护坡砖的破损，从而避免浪费和损失。对于陡坡，可以用钢绞线将护坡砖连成一体，这样护坡砖的整体稳定性会比较好。

 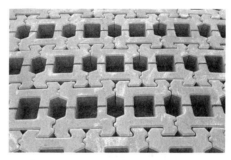

图 13-17　六角形护坡砖　　　　图 13-18　工字形连锁护坡砖

① 平整坡面

对防护坡面及边坡杂物、废石等进行深度清理，地基平整密实，对于凹凸地面夯平之后坡面无沉陷及松动即可，接下来就是要在护坡表面铺设一层土工布，土工布要具备一定的抗撕拉能力。如需种植植被，地表还要具有一定的种植土厚度。坡面及下水沟槽处理验收合格之后，首先要将坡面做一个表面处理，随后挖掘一道边坡下沿趾墙，砌筑墙角，预留好第一排水泥护坡砖与趾墙锚固的高度，加固并防止松动，完成之后按照实际设计图检查，才可以进行护坡砖铺设工作。

② 护坡砖面层铺设

混凝土护坡砖铺设的重点是控制好坡顶线、底脚线和铺砌面，保证上述两条线的顺畅和护砌面的平整，对整个护坡外观质量至关重要（如图 13-20 所示）。铺设时依放样桩纵向拉线控制坡比，横向拉线控制平整度，用靠尺检测凹凸不超过 1cm，使平整度达到设计要求。

混凝土护坡砖一定要由底部坡脚自下而上开始起铺，先砌外围行列，后砌里层，外围行列与里圈砌体应纵横交错，连成一体；砌筑应平整，缝线规则，砌体间咬扣紧密，错缝无通缝。在底部的第一块连锁护坡砖一般均需与趾墙完美锚固，要求样式上横平竖直，紧密连锁，一层一层扣上即可。在坡脚或两端，如果整块护坡砖难以填充，可以适当切割合适尺寸进行填充或相关符合结构的类似护坡砖来浇筑封堵，保障其整体护坡外观平整、美观。

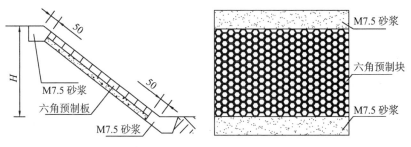

图 13-19　护坡砖坡面铺装

③ 植草

在坡面满铺护坡砖后，在护坡砖孔内填土植草，主要用于低矮路堤边坡的植被防护，护坡砖植草后，植物从护坡砖孔内生长，使原坡面表层与连锁护坡砖水汽相通，能抵抗雨水的冲刷，从而绿化坡面，美化环境，水土保持作用更加突出。在保证护坡砖质量和护坡功能的条件下，通过在施工中采用合适的拼接方法，增大护坡砖的开孔率，护坡砖的开孔率要达到33%以上，这样植草面积就比较大，绿化率得到提高，才能符合现代生态护坡的要求。

13.5　工程应用

装饰混凝土砌块建筑可以通过单一品种或多品种砌块组砌、排砖方法、砌块颜色、表面质感的变化，不同块型规格和不同组合变化，与其它装饰材料配合应用，通过适当选用灰缝的颜色，以及改变局部墙体砌块的凹凸程度等各种措施加以体现，能充分满足各种建筑的实用和审美需求，使建筑物更加多姿多彩。

装饰混凝土砖包括工业与民用建筑的内外墙体、柱、围墙等，市政工程的挡土墙、花坛、小品等，水利工程的挡土墙、护墙、护坡、基座等。装饰混凝土砌块多采用劈离、凿毛、磨光、雕塑砌块，用砌块砌筑的厂房、宾馆、学校、酒店、住宅、别墅、超市、护坡、挡土墙、隔音墙等随处可见（如图 13-21 ～图 13-24 所示）。园林建筑中的塑像基座，花坛、喷水池以及小区环境建筑小品等，也采用装饰砌块。

图 13-20　装饰混凝土砌块挡土墙　　　　图 13-21　装饰混凝土砌块围墙

图 13-22 装饰混凝土砌块花坛

图 13-23 装饰混凝土砌块围墙

1. 劈裂砌块应用

由于混凝土砌块品种多，砌块表面质感千变万化，色彩丰富，美观大方，耐久性好，设计人员可以进行艺术设计，并进行艺术性装饰，设计建造出满足功能、协调环境、有强烈空间艺术感的挡土墙等建筑。混凝土劈裂砌块在模仿石材砌筑风格方面发展最显著，通过掺入颜料、彩色骨料、合理的级配和压制工艺，使标准尺寸的劈裂砌块断面具有各不相同的断裂面，其立面彰显了浑然天成的石材质地和粗犷、和谐的风格，比一些机械加工的规范图案所表现的风格更自然和谐，因而在全世界得到广泛应用。混凝土劈裂砌块由于加工周期短、生产量大、运输方便、砌筑快、不耽误工程进度，深受施工方的欢迎。用劈裂砌块砌筑的建筑古朴典雅，带给人们回归自然之感，如北京外研社国际会议中心学员宿舍楼、天通苑小区三期工程均采用 90mm 系列的装饰砌块、聚苯板和普通承重砌块构成的复合墙体[4]。

在市政建筑工程中，举世瞩目的亚运会工程项目之一的北京北中轴路墙体采用了劈裂砌块。北京京开高速公路北京段北起玉泉营立交，经丰台区花乡、大兴西红门镇、黄村卫星城、庞各庄镇、榆垡镇，南至北京市与河北省交界处的固安，总投资 27.1 亿元。京开高速主路两侧是石砌挡土墙，外贴 70mm 厚乳白色劈裂装饰混凝土砌块，由于挡土墙较高，内侧压力较大，墙面向内倾斜 3%。墙体砌筑完成后，形成凹凸不同的纹理，墙面造型粗犷、个性鲜明、变化无穷的特点[5]。北京多座立交桥也使用了装饰混凝土砌块，装饰砌块的色彩、粗犷的质感与立交桥艺术造型相融汇，使立交桥倍加美观。

2. 花格砌块应用

花格砌块用作植草砖、护坡砖，可以在花格内种草种花（如图 13-24 和图 13-25 所示），具体内容见本书 13.4 中 3. 内容；组砌式花格砌块也可用作花窗等装饰构件。

图 13-24 植草砖

图 13-25 护坡砖

　　花窗是中国古代园林建筑中窗的一种装饰和美化的形式，混凝土花格窗有方形、长方形、圆形、六角形、八角形、扇形及其他各种不规则的形状，花窗可以分隔景区，使空间似隔非隔、景物若隐若现，富于层次。花窗既具备实用功能，又带有装饰效应，多见于中国古典建筑中，在现代建筑中依然有广泛的应用（如图 13-27、图 13-28 所示）。通过混凝土花格窗看到的各种景色可以使人目不遐接而又不致一览无遗，能收到虚中有实、实中有虚、隔而不断的艺术效果。混凝土花格窗本身的图案在不同的光线照射下可产生各种富有变化的阴影，使平直呆板的墙面显得活泼生动。

图 13-26　混凝土花格窗　　　　　　图 13-27　组砌式混凝土花格

参 考 文 献

[1] 中国建筑材料科学研究总院 . JC/T 641—2008 装饰混凝土砌块 [S].

[2] 中国建筑材料科学研究总院 . GB/T 24493—2009 装饰混凝土砖 [S].

[3] 清水砖墙勾缝施工工艺标准（910—1996）.

[4] 林楚 . 装饰混凝土砌块，中国房地产报，2003 年 08 月 06.

[5] 吴俊和，金萍 . 装饰混凝土砌块挡土墙在北京的应用 [J]，建筑砌块与砌块建筑，2006（3），33-34.

第 14 章　大型现浇清水混凝土项目施工

14.1　概述

清水混凝土（As-cast Finish Concrete/Bare Concrete）起源于欧美和日本，属于一次性浇筑成型，混凝土硬化后形成的表面自然质感被直接用作混凝土饰面，不需要做任何外观装饰，清水混凝土具有朴实无华、自然沉稳的外观韵味，充分体现了混凝土材料的自然肌理和原始质感，其与生俱来的厚重与清雅是一些现代建筑材料无法效仿和媲美的。清水混凝土材料本身所拥有的柔软感、刚硬感、温暖感、冷漠感不仅对人的感观及精神产生影响，而且可以表达出建筑情感，能产生一种低调奢华的艺术效果。

清水混凝土契合了当今绿色建筑新理念，需求与日俱增，清水混凝土不仅广泛应用于市政桥梁、厂房和机场，在民用建筑领域也取得了一定的突破和应用发展。国内越来越多的建筑师也开始认识到清水混凝土的这些优点，清水混凝土施工技术随着工程应用得到进一步发展和提升。北京联想研发基地工程是中国清水混凝土发展历史上的一座重要里程碑，是清水混凝土市场发展的初始阶段；上海保利大剧院则将清水混凝土的整体施工工艺和质量标准进一步提升，达到日本清水混凝土的质量水平，得到国内国际同行的高度认可，把清水混凝土应用水平带入了一个新时代。

14.2　饰面清水混凝土建筑效果设计

饰面清水混凝土的建筑效果与施工工艺紧密关联，建筑师提交给施工方的建筑施工图常常是概念设计，需要施工方依据建筑师的设计理念进行二次深化设计。结合现场施工情况，成立各专业组成的深化设计小组，对饰面效果进行整体深化。深化效果主要体现在清水混凝土蝉缝、螺栓孔和各专业末端综合设计，如机电预留、预埋须提前设计布置和选型，以保证清水混凝土构件表面的末端洞口能一次性浇筑成型，后期无须在清水混凝土构件表面二次开槽、开洞，以免破坏清水一次整体成型效果，最终形成能指导施工的饰面清水混凝土深化效果图。饰面清水混凝土施工要严格控制施工质量，最终成型的混凝土饰面要求颜色均匀一致，表面平整光滑，气泡数量尺寸较小、数量较少，垂直度及平整度满足相关规范及业主要求。

1. 蝉缝与明缝

蝉缝是指模板面板拼缝在混凝土表面留下的细小痕迹[1]。清水蝉缝、明缝、螺栓孔基于设计提供的建筑效果模型（如图 14-1 所示），协助业主及设计进行细化设计，做到整体分格连续一致，实现一面墙或整体立面的美观布局。

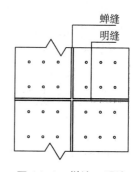

图 14-1　蝉缝、明缝

根据已有项目资料，标准层清水混凝土分格设计效果如图 14-2 所示。

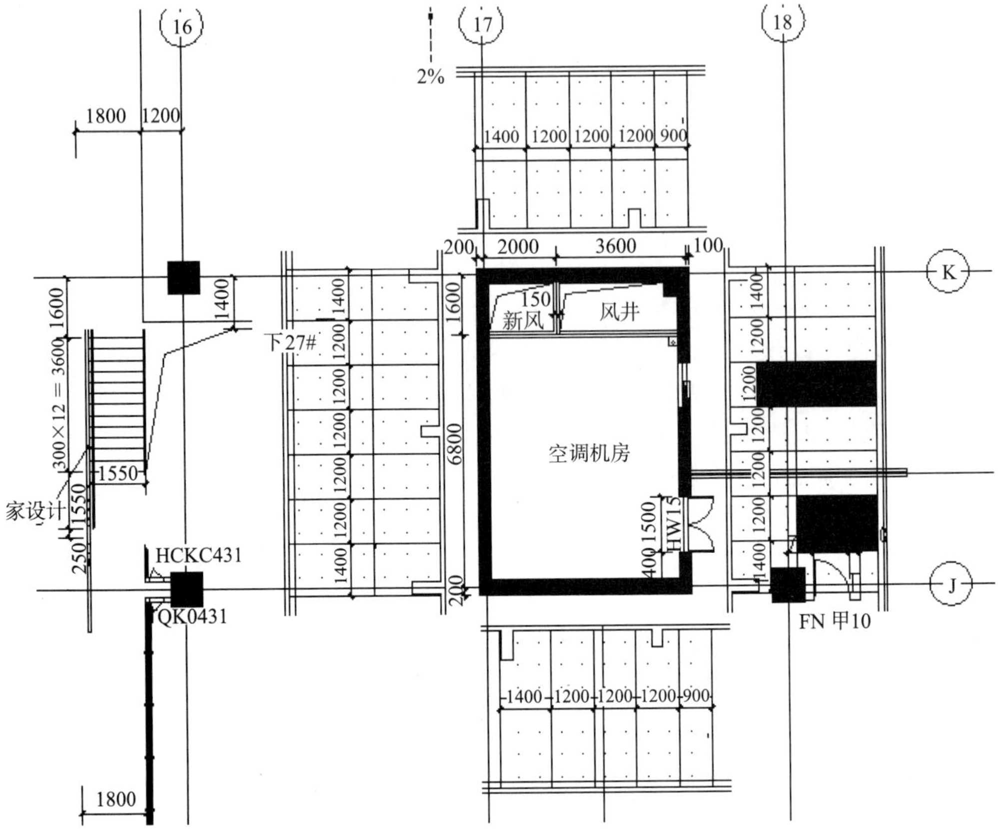

图 14-2　空调机房分格图

蝉缝设计

① 蝉缝应水平向及竖向交圈，互相垂直。分缝尺寸一般不超过 2400mm×1200mm，在保证分格长宽比例协调的原则下，也应兼顾面板材料的利用率，节约材料。常见的分缝尺寸为：2400mm×1200mm、1800mm×900mm、1000mm×2000mm，面板可以横向布置，也可以竖向布置，如图 14-3 及图 14-4 所示。

② 竖向蝉缝一般以墙体中心线或轴线为对称轴，向两侧对称、均匀布置。水平蝉缝的高度应根据楼层的层高综合确定，原则上在单个楼层或整面墙高度范围内均匀布置。为提高模板的周转率，保证施工操作的合理性，可在外墙楼板位置或是内墙的最上部设置非标高度的水平蝉缝，如图 14-5 所示。当竖向蝉缝和水平蝉缝排列后出现非标尺寸，其大小不宜小于标准分格宽度或高度的二分之一，否则，需重新设计该区域的分格，如图 14-6 所示。

③ 水平向蝉缝宽度尽量采用板材的长边尺寸，矩形柱一般不设竖向蝉缝，当柱宽较大时，竖向蝉缝宜设置在柱宽中心位置处。

明缝是指凹入混凝土表面的分格线或装饰线[1]，一般利用水平或竖向施工缝形成（如图 14-7 所示），也可以依据装饰效果要求设置在柱子、洞口周边等部位（如图 14-8 ～图 14-10 所示）。

明缝应水平向及竖向交圈，互相垂直。为了方便模具的安装和拆除，明缝的截面形式一般为等腰梯形或直角梯形，在混凝土表面处的宽度为 20 ～ 35mm，凹入混凝土面的深度为 10 ～ 25mm，不宜过深，以保证明缝处的混凝土保护层厚不受影响，或是为了满足明缝处保护层厚度的要求，将整个墙体的混凝土保护层厚度加大，而造成材料的浪费。

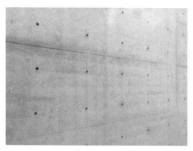

图 14-3　面板横向布置施工效果图　　图 14-4　面板竖向布置施工效果图

图 14-5　楼板位置设置非标高度水平蝉缝　图 14-6　非标宽度蝉缝施工效果图

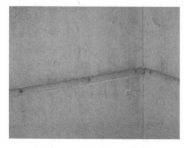

图 14-7　明缝施工效果图　　图 14-8　竖向明缝及窗洞周边明缝施工效果图

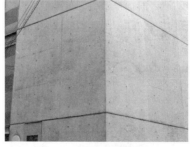

图 14-9　楼层及窗洞周边明缝施工效果　图 14-10　楼层处明缝施工效果图

2. 螺栓孔眼与假眼

螺栓孔眼是对拉螺栓在混凝土表面形成的有饰面效果的孔眼[1]，如图 14-11 所示。螺栓孔眼排布应达到规律性和对称性的装饰效果，孔眼的直径取 30mm 左右为宜，如

图 14-12 所示。孔眼距离门窗洞口、墙体阴角、墙体端部的距离宜大于 150mm 且小于 300mm，以方便对拉螺栓的安装及这些薄弱部位混凝土成型质量的控制。为保证墙体两侧螺栓的对拉，螺栓孔眼可以微调。如果与饰面清水混凝土墙体相关联的梁、柱或其他构造造成孔眼调整较多，需重新考虑分缝效果。

假眼是在没有对拉螺栓的位置设置堵头或接头而形成的有饰面效果的孔眼[1]（如图 14-13 所示）。在 T 形墙、墙与梁或楼板相交处、两个方向的螺栓在同一水平高度等部位，需要设置假眼满足饰面效果要求（如图 14-14 所示）。

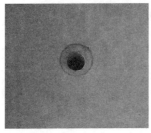 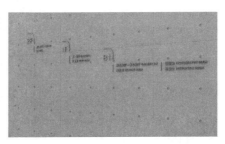

图 14-11　螺栓孔眼施工效果图　　图 14-12　螺栓孔眼排布效果图

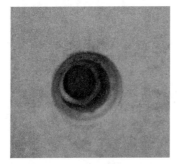 

图 14-13　假眼施工效果图　　　图 14-14　墙厚部位假眼效果图

3. 洞口

洞口是指设置在饰面清水混凝土墙体上的门洞、窗洞及空洞口（如图 14-15、图 14-16 所示），门窗顶部、窗洞口底部宜与横向分缝对齐，门、窗及空洞口的侧边可与竖向分缝对齐，也可居缝中。当洞口与缝的关系不满足装饰效果要求时，在不影响建筑功能的前提下，可以移动洞口或者改变洞口尺寸以满足装饰要求。对于洞口较多的墙体立面，若很难达到与其他墙体立面效果交圈时，可以针对该墙体单独进行设计。

图 14-15　空洞口施工效果图　　图 14-16　窗洞施工效果图

14.3 钢筋工程

清水混凝土结构涉及墙、梁、板、柱等构件，施工阶段需要把控钢筋的进场时间及保管时间，同时对钢筋的加工尺寸、安装方式、保护层垫块、成品保护、验收等加以关注。

1. 钢筋加工

钢筋原材需要按照现场清水混凝土施工进度安排进场，避免因钢筋积压较多而造成原材锈蚀等，从而给后续清水混凝土施工带来污染隐患。清水混凝土结构钢筋加工尺寸要求较常规结构钢筋加工尺寸严格，否则容易产生构件表面露筋等质量缺陷。钢筋加工前应凭专业翻样员依据施工图对翻样的料单进行加工，不得随意、擅自下料。钢筋下料时应与翻样料单要求尺寸核对，并进行钢筋试弯成型，检查料单尺寸与实际成型的尺寸是否相符，确认无误后方可将大量钢筋切断成型。

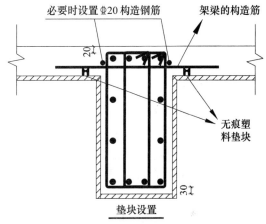

图 14-17 水平钢筋保护层垫块

（1）原材料进场保护

用于清水混凝土结构的钢筋应单独分类堆放。在吊放及堆码过程中应注意对钢筋半成品及成品的保护，避免造成钢筋下扰产生弯曲变形，影响绑扎成型效果。钢筋原材料、半成品及成品应离地架空200mm堆放，避免被泥土、积水污染，并覆盖彩条布防止雨水锈蚀。

（2）保护层垫块

清水混凝土构件钢筋保护层垫块主要分为两类：竖向结构采用塑料保护层垫块，水平结构采用混凝土制保护层（或灰色塑料）垫块（如图14-17所示），保护层垫块颜色需与清水混凝土颜色相近。

（3）钢筋加工质量控制

根据《混凝土结构设计规范》GB 50010—2010 和《混凝土结构工程施工质量验收规范》GB 50204—2015，并结合清水混凝土钢筋安装实际控制质量要求，对钢筋加工制作的允许偏差如表14-1所示。

清水钢筋加工允许偏差 表 14-1

序号	项　目	清水允许偏差（mm）	规范允许偏差（mm）
1	受力钢筋顺长方向全长净尺寸	±8mm	±10mm
2	弯起钢筋的弯起位置及弯钩长度	±16mm	±20mm
3	箍筋内净尺寸	±3mm	±5mm

墙体纵向钢筋顶部的弯钩应严格按料单尺寸加工，且不得超过墙厚的1/2。对边角或墙中部暗柱箍筋弯钩弯折成90°，且平直段长度不大于10d（钢筋直径），防止振捣混凝土时产生振捣困难。

有的工程中，清水混凝土墙体钢筋直径较小，细部构造要求较高，因而在加工制作构件时应及时调整弯曲机轴心直径，防止弯钩或弯折部分产生弧长增大或弯钩长度过长的现象。

2. 钢筋安装

（1）结构预留插筋控制

清水混凝土墙结构预留插筋操作流程如图 14-18 所示。混凝土结构预留插筋应对钢筋的型号、定位、锚固长度、绑扎质量进行控制，其中重点控制预留插筋定位，插筋前由测量工程师测放出清水墙体边线、用红漆分别标记出竖向明缝、门洞口、螺杆定位等，经土建专业工程师复核后方可进行插筋预留。

图 14-18　清水混凝土墙结构预留插筋操作流程

（2）钢筋绑扎工艺

饰面清水混凝土墙一侧杜绝扎丝过长外露，绑扎成型后扎丝外露长度宜保持在 15 ～ 20mm。绑扎钢筋时先用钢筋钩住扎丝，钩出不大于 20mm 时绕一圈，再与连接处扎丝缠绕。左手中部两指按住长端方向，钢筋钩做 360°两周缠绕后，左手大拇指将钩出的扎丝头顺纵筋垂直方向，下按扎丝紧贴纵筋，绑扎网扣不得跳扣，且扎丝每点均须成正反扣方向绑扎。

（3）钢筋排距及间距控制

墙模板安装时，为使对拉螺杆的水平、竖向位置不受钢筋影响，同时又能满足钢筋安装的间距、排距要求，在钢筋绑扎前在每层墙板下用红笔标记螺栓孔的位置，再用三根竖向纵筋在地面上做好水平方向螺栓孔的排距记号，安装时分别在左、中、右根据底层标记，先绑扎三根钢筋然后逐一绑扎，待竖向钢筋绑扎完毕再绑扎水平钢筋，并按竖筋上划出的标记根据间距要求调整至合理状态。

（4）竖向钢筋安装

为确保钢筋生根位置定位准确，竖向钢筋安装前首先绑扎分段墙体暗柱钢筋，绑扎前应将暗柱位置对中找方，暗柱绑扎完成后对暗柱钢筋进行调直校正并进行固定，再绑扎墙体纵向钢筋，在纵筋上划出横向分档，再绑扎水平钢筋，水平筋与暗柱箍筋上下错开绑扎。

每层清水混凝土墙钢筋纵筋间隔 800mm 贯通一根伸至上层墙体，并与上层墙体钢筋网的固定。

（5）水平钢筋安装

清水混凝土墙水平筋绑扎在纵筋外侧且端部弯折，弯折直段长不超过墙厚的 1/2 宽。

钢筋纵向及水平段的搭接区应错开，连接区段的长度 ≥ 1.3L_1（L_1 为搭接长度），绑扎区段应在两端及中部各绑扎一道扎丝（如图 14-19 所示）。

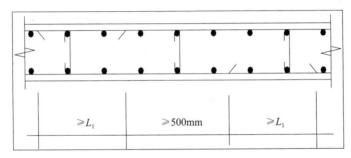

图 14-19　水平钢筋安装

注：沿高度每一根错开搭接。

（6）拉筋设置

拉筋为 φ6@600 布置，两端做 135° 弯钩，平直段长度为 10d。加工形式如图 14-20 所示。

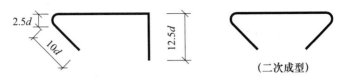

图 14-20　拉筋设置

（7）混凝土墙钢筋保护层控制

清水混凝土墙保护层厚度控制。保护层垫块选用塑料卡垫块，卡住水平筋且牢固固定。塑料垫块布置间距 800mm，垫块布置起点为距楼板第二步水平筋，呈梅花形布置（如图 14-21 所示）。

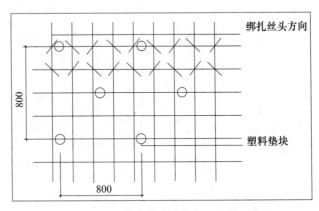

图 14-21　钢筋绑扎丝头方向及垫块示意图

（8）定位钢筋固定措施

混凝土墙钢筋安装完毕后，应用线垂吊线对墙板垂直度进行检查，经过校正后的墙体上口用直径 10mm 钢筋拉钩勾住墙水平筋和纵筋，拉钩另一端固定于上脚手架或结构构件，以保持墙体钢筋网片稳定。

（9）特殊部位钢筋安装

室内清水混凝土梁与剪力墙交接处钢筋安装如图 14-22 所示，预留洞口钢筋安装按照设计图纸进行布置，注意避让螺栓位置。

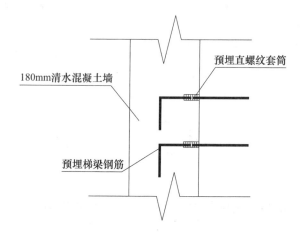

图 14-22　清水混凝土梁与混凝土剪力墙墙交接部位钢筋安装示意图

3. 钢筋固定与成品保护

（1）柔性固定

考虑在施工过程中，钢筋绑扎完成时（如图 14-23 所示），钢筋的柔性会引起钢筋骨架晃动，这种现象对普通混凝土结构影响其微，但却使清水混凝土面板容易产生划痕，甚至造成面板损坏，进而造成清水混凝土结构局部失水或者其他清水质量缺陷。因此，在每次钢筋绑扎完成后，应搭设临时稳定支架，保证清水混凝土骨架的整体稳定性。

图 14-23　钢筋绑扎成型

（2）复查复绑

清水混凝土模板在封闭最后一侧模板前，钢筋内末端基本已经安装到位，对拉螺栓也已经安装完毕，此时须重新针对钢筋骨架进行全面复查，检查钢筋骨架有无松动之处，若有则进行复绑；检查钢筋有无贴合或者可能贴合模板的地方，并及时进行调整等。

（3）钢筋成品保护

做好预留插筋、埋件及墙体钢筋临时覆盖保护，防止雨水锈蚀。钢筋绑扎完成后禁止其他专业作业时擅自切割、拆改钢筋，后续施工人员禁止踩踏、攀爬钢筋网片。安装预埋件及机电预埋盒、孔、管、线须办理交接单。模板安装及浇筑混凝土时安排专职钢筋工在现场看护，发现钢筋网位置偏差应立即进行调整，以保证钢筋位置的正确性。清水混凝土合模前检查钢筋是否有油污、锈蚀等污染，清理干净后方可合模。

4. 钢筋隐蔽验收

钢筋安装完成，由施工班组进行自检合格后，报经土建工程师、质量工程师、机电及其他专业工程师验收、整改合格，形成书面联签验收记录后，由质量总监牵头向监理、业主方报验，各专业工程师参与验收，验收合格后形成隐蔽工程验收记录，方能进行下一道工序施工。

钢筋安装完成后，按表14-2所示内容进行验收，重点检查钢筋的保护层厚度、钢筋垂直度及洞口加固和暗柱的设置能否满足模板支设及混凝土浇筑要求，检查有无扎丝外露、弯钩是否超过墙厚、预埋件位置是否正确等。经钢筋责任工程师、质量总监及现场监理检查确认后办理隐蔽验收单，检验批按施工方案规定执行。

<table>
<tr><td colspan="3">钢筋安装位置允许偏差</td><td>表 14-2</td></tr>
<tr><td>序号</td><td colspan="2">项　　　目</td><td>允许偏差（mm）</td></tr>
<tr><td>1</td><td>绑扎钢筋网</td><td>长、宽网眼尺寸</td><td>±10</td></tr>
<tr><td rowspan="2">2</td><td rowspan="2">受力钢筋</td><td>间距</td><td>±10</td></tr>
<tr><td>排距</td><td>±5</td></tr>
<tr><td>3</td><td>保护层厚度</td><td>墙体</td><td>±3</td></tr>
<tr><td rowspan="2">4</td><td rowspan="2">预埋件</td><td>中心位置</td><td>±5</td></tr>
<tr><td>水平高差</td><td>±3</td></tr>
</table>

14.4　模板工程

近年来，国家大力推进绿色建筑，饰面清水混凝土作为名符其实的绿色混凝土具有独特的艺术品位，备受建筑师的青睐和追捧，越来越多的饰面清水混凝土作品进入人们的视野。饰面清水混凝土对拆模后混凝土的成型质量要求极高，高品质的模板体系是清水混凝土效果得以实现的关键，只有在饰面清水混凝土模板体系的设计、加工、安装、拆除过程中做到细致、完美才能保证最终混凝土成型效果达到建筑设计要求。

1. 模板体系设计

饰面清水混凝土模板体系属于钢框木模板体系（图14-24），分为墙体模板体系、柱体模板体系和异型结构模板体系。该体系选材优质，重量轻，加工精度高，具有足够的强度和刚度，操作简单快捷，组拼灵活，周转次数高，既能承载又能够确保混凝土质量要求和外观效果，充分表现饰面清水混凝土设计效果，又实现了模板的工具化、机械化与标准化。

图 14-24　钢框木模板体系

墙体饰面清水模板体系面板采用进口覆膜 WISA® 板或优质国产多层覆膜板，次肋采用几字形材或方钢管，主肋采用双槽钢，边框为方钢管组合型材。面板采用自攻螺栓在背面与次肋固定，主肋与次肋通过特制的钩头螺栓连接或者焊接，模板内部通过对拉螺栓固定，相邻模板通过夹具连接，该体系适用于直面及弧形饰面清水混凝土墙体。

柱体饰面清水模板体系（如图 14-25 所示）面板采用进口覆膜 WISA® 板或优质国产多层覆膜板，次肋采用"几"字形材或方钢管，主肋采用双槽钢，边框为方钢管组合型材。面板采用自攻螺丝从背面与次肋固定，主肋与次肋通过特制的钩头螺栓连接或者焊接，模板外部通过对拉螺栓将四片模板紧固，形成柱箍的形式。

如果柱子的阳角部位有倒角要求，须在模板上安装倒角条，通常的做法是：用自攻钉将塑料或木质倒角条固定在模板面板上，因截面较小，固定困难，钉眼难处理，顺

图 14-25　清水柱模板体系

直度及饰面效果难以保证。新型倒角条的做法是将倒角条的一边向模板边框一侧延长，用自攻钉将倒角条固定在模板边框上，方便安装及周转，又能与模板面板紧密接触，确保倒角处混凝土面的施工质量，具体做法及施工效果如图 14-26 和图 14-27 所示。

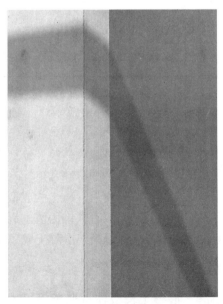

图 14-26　安装在模板上的新型倒角条　　　图 14-27　倒角施工效果图

异型结构清水模板体系（如图 14-28 和图 14-29 所示）是以覆膜 WISA® 板、优质国产多层覆膜板或钢面板作板面，骨架为钢格栅的一种新型工业化组合模板。通过三维制图软件来完成模板的配模及曲面的展开；通过仿真计算分析钢肋框架的受力情况，得出其准确应力及变形情况；通过数控等离子切割下料，保证尺寸的精度。并充分考虑在无法借助垂直运输设备进行吊运的现场条件下，可以在保证刚度和浇筑效果的前提下实现人工安装

与拆除。满足了饰面清水混凝土表面观感要求的同时，又具有足够的刚度和精度，保证了整个结构形状的准确性和连贯性。

图 14-28　全钢异型清水模板体系　　图 14-29　钢框木面板异型清水模板体系

墙体饰面清水模板体系由面板、边框、龙骨、穿墙螺栓以及连接件等组成，通过机械连接的形式把各部分组合起来，承受混凝土浇筑过程中产生的侧压力。

（1）面板

面板为多层覆膜板，如 WISA® 板（如图 14-30 所示）或优质国产多层覆膜板（如图 14-31 所示），具有强度高，弹性及韧性好、加工尺寸精度高，表面覆膜强度高，耐磨性高，耐久性好，物理化学性能均匀稳定等特点。采用国外优质多层覆膜板正常使用周转次数可达 10 次左右，混凝土表面浇筑效果非常理想，在保证饰面清水效果的同时，还能提高施工效率，节省施工成本。

（2）型材边框

边框采用不同规格的方钢管组合焊接而成，如图 14-32 所示。边框型材和夹具的钩爪紧密咬合，确保模板间拼缝严密。

图 14-30　WISA® 板　　图 14-31　优质国产板　　图 14-32　型材边框

（3）次龙骨

① 几字形梁

几字形梁（如图 14-33 和图 14-34 所示）标准高度为 80mm，上口宽度 87mm，下口宽度 45mm，由截面为几字形的冷弯型钢和内嵌木枋组成，相互间通过螺栓连接，根据使用需要可加工成 100mm 等不同截面高度。钢木组合为一体的几字形梁，受力性能较木枋有所提高，最大限度发挥了材料的特性，提高了强重比；同时外围折弯几字形钢板有效地保护了内嵌木枋，减小了木枋的损耗，降低了项目成本。

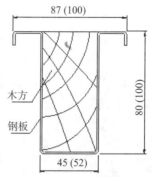

图 14-33　几字形梁　　　　图 14-34　几字型截面形式

几字形冷弯钢板承受面板传递过来的混凝土侧压力，内嵌木枋不参与受力，主要用于模板组装时面板上钉，木枋可以是整根通长的，也可以由短木组成，或把工地旧木枋回收，取其可用部分，变废为宝，节约木材资源。几字形梁上翼缘两侧翻边，增大其受力性能的同时，也增大了与模板面板的接触面，有效减少几字形梁的使用数量。几字形梁常用长度为 2.0m、3.0m、4.0m、5.0m、6.0m，也可根据不同的需要生产不同高度与长度的几字形梁。常见几字形梁的规格尺寸及技术指标如表 14-3 所示：

几字形梁的技术指标　　　　　　　　　　表 14-3

名称	规格（mm）	长度（m）	惯性矩 I_x（mm^4）	截面模量 W_x（mm^3）	重量（kg/m）	最大允许弯矩（kN·m）	最大允许剪力（kN）
H80	80×87 (45)	3.0	489826	11979	5.50	2.26	68
H100	100×100(52)	4.8	961550	18895	7.67	3.40	81

② 方钢管

次龙骨也可以采用方钢管，便于就地取材。为了能与面板组装，方钢管的两侧需焊接小角钢，用自攻钉将两者紧固在一起（如图 14-35 所示）。

（4）主龙骨

主龙骨选用 8 号或 10 号双槽钢，槽钢端头与模板边框通过连接板焊接而成，如图 14-36 及 14-37 所示。双槽钢的截面惯性矩大，可以有效地提高模板体系在受力过程中的整体强度、刚度，确保饰面清水混凝土效果的实现。

图 14-35　方钢管用作次龙骨　　图 14-36　双槽钢用作主龙骨　图 14-37　双槽钢与边框的焊接连接

（5）夹具

　　夹具设计独特（如图14-38所示），斜齿和爪头上的特殊角度使其三维受力合理。夹具用于模板间的连接，保证与边框型材紧密连接、防止漏浆，水平横梁与模板边框有效贴合，防止接缝处错台。操作简单，只需一把榔头分别敲击销子的两端即可夹紧或松动模板。

　　夹具拆装方便，不易丢失，周转次数多，彻底淘汰了效率低下的螺栓连接，极大提高了安装就位速度。同时其灵活可靠的连接方式有效地解决了异型部位的连接和转角部位的连接，使用效果非常理想（如图14-39～图14-44所示）。

图 14-38　模板夹具

图 14-39　夹具在阴角部位的使用　　图 14-40　夹具在阳角部位的使用

图 14-41　夹具用于模板间的连接　　图 14-42　夹具在钢木模板结合中的应用

图 14-43　夹具在堵头模板中的应用　　图 14-44　夹具在弧形模板中的应用

（6）钩头螺栓（U形卡扣）

几字形梁与槽钢背楞间采用钩头螺栓或U形卡扣连接（如图14-45及图14-46所示）。此连接方式安全紧固、拆装方便，易于几字形梁及槽钢的维修及周转，实现了模板骨架材料的可拆解及再次利用。

（7）穿墙螺栓

饰面清水混凝土模板一般采用五节式穿墙螺栓（如图14-47和图14-48所示），一套穿墙螺栓由两根周转段（含螺母及垫片）、两个尼龙锥体及一根预埋段组成，彼此间通过内套丝连接。五节式穿墙螺栓为高强螺栓，在同样的受力情况下，螺栓直径小，混凝土成型后的螺栓孔径小，增加了混凝土饰面的美感。外部的周转段带法兰面可将模板压紧，防止孔眼处漏浆，同时由于扩大了与面板的接触面积，避免了应力过大而导致面板被压坏；周转段采用弧形螺纹，易于清理表面的砂浆。

尼龙锥体和预埋段用来精确控制墙体截面尺寸，由于自身具有一定的强度，也兼作定位钢筋，杜绝了传统清水混凝土施工工艺造成的表面漏筋现象；尼龙锥体加工精度高，可与面板紧密接触，防止漏浆；尼龙锥体强度高，能够确保孔眼的饰面效果，同时也方便拆除，以备周转使用。

图 14-45　钩头螺栓连接几字形梁与背楞　　图 14-46　U形卡扣连接几字形梁与背楞

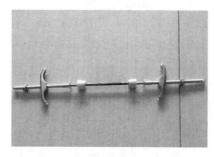

图 14-47　五节式穿墙螺栓　　　　　图 14-48　穿墙螺栓在工程中的应用

2. 模板体系加工及堆放

（1）面板加工

① 选料：因多层覆膜模板面板可能存在缺陷，在下料前须对每张面板进行挑选，从面层、封边及尺寸等方面逐一检查。

② 下料：选用大型数控机床对规格较为统一的面板进行标准化、工厂化裁制（如

图 14-49 所示)。

③ 存放：面板下料完成后，分规格码放整齐；模板底部架空防水、防潮；模板顶部采用塑料薄膜覆盖防雨、防污染等。

（2）模板背楞加工

① 背楞下料：工程模板体系背楞主要为方钢背楞，采用砂轮切割机下料。

② 背楞组焊：工程背楞体系焊接量较大，拟采用残余应力较小的二氧化碳气体保护焊机焊接，降低焊接过程中的变形。

③ 背楞校准：背楞体系组焊完成后，根据加工深化图纸的要求，进行尺寸复核和加工精度复核，并进行相应的校准。

④ 背楞编号：对于校准完成后的钢背楞，统一喷蓝色防锈油漆，并按照加工图纸进行编号。

⑤ 背楞存放：为降低背楞体系堆放过程中的变形，对于加工完成的钢背楞应该立放于专用模板体系插架中，模板体系插架应在施工现场塔式起重机覆盖范围内选择场地搭设，具体搭设规格由模板尺寸和模板数量确定。

图 14-49　面板工厂化裁制

（3）对拉体系加工

对拉体系加工精度直接影响清水混凝土螺栓杆孔的饰面效果。清水混凝土工程将涉及大量对拉螺栓的加工和制作，五段式螺栓体系采用防锈蚀通栓杆埋入段，降低后续埋入段锈蚀对混凝土表面的影响。

（4）预留、预埋加工

在清水混凝土结构上有较多专业末端，需要采用制作衬板的方案保证各类末端或洞口的安装效果（如图 14-50 所示）。

图 14-50　工程预留预埋衬板制作示意图

（5）清水面板安装

面板和预留、预埋衬板完成加工，钢背楞校准完成后就可以进行两者的组装。面板采用木螺钉固定于安装支座，面板安装时注意安装顺序，内部填塞玻璃胶，并注意调整模板拼缝处的错台等。预留、预埋等安装则根据末端的不同，制定专门的安装方案。

① 阴角模面板交接处理

阴角模面板交接处采用斜口连接或平口连接。斜口连接时，阴角模面板的两端切口倒角应略小于 45°，切口处填充防水胶；平口连接时，外露端刨平涂上防水涂料，连接端刨平并填充防水胶 [2]。周转次数较多的阴角模可在内部转角处用角钢加固（如图 14-51 和图 14-52 所示）。

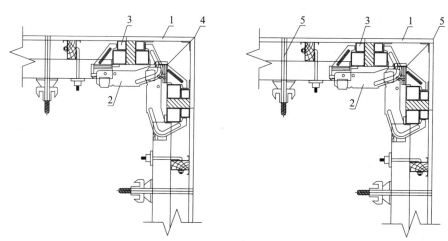

图 14-51　面板斜口连接　　　　　图 14-52　面板平口连接

1—多层板面板；2—夹具；3—型材边框；4—斜口连接；5—平口连接

② 蝉缝处理

面板水平拼缝宽度不应大于 1.5mm，拼缝位置一般无横肋。为防止拼缝位置漏浆，在面板接缝处背面切 85° 坡口，并注满胶，然后用密封条沿缝贴好，可用木条压实，钉子钉牢，最后贴上胶带纸封严 [2]。面板前面接缝处挤出的胶水用布及时擦除（如图 14-53 所示）。

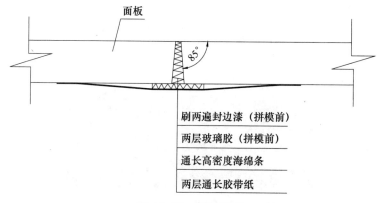

图 14-53　蝉缝处理

面板竖向拼缝设置在竖肋位置，面板边口刨平后，固定在模板骨架上，在接口处涂满胶，后一块面板安装前须和前一块面板进行预拼装，确保严丝合缝后再固定。如果两块面板间存在缝隙，须对后一块面板边口重新加工或更换。面板水平接缝处如果条件允许，也可增加横肋加强接缝处面板的刚度，采用与竖向拼缝同样的接口处理方法。

③钉眼处理

饰面清水混凝土模板体系面板采用螺钉从背面固定，螺钉进入面板需要保证一定的深度且不突出面板，螺钉间距控制在150～300mm以内，以便面板与龙骨有效连接。面板与受力龙骨间的特殊连接，能有效保证饰面清水混凝土墙面的质量要求，而不留下钉眼痕迹[2]，如图14-54所示。

图 14-54　钉眼处理

曲率较大的面板，如采用反面钉钉无法与模板龙骨有效连接，可在面板正面采用沉头螺栓、抽芯拉铆钉连接，钉头下沉2～3mm，钉眼处用铁腻子刮平，并喷涂清漆，以免在混凝土表面留下明显印迹[2]。

④假眼处理

饰面清水混凝土的螺栓孔布置必须按设计的效果图进行。对无法设置对拉螺栓，而又必须有对拉螺栓孔效果的部位，需要设置假眼，假眼采用同直径的塑料堵头和同直径的螺杆固定[2]，如图1-55和图1-56所示。

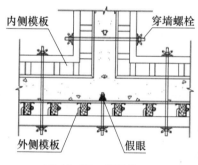

图 14-55　假眼施工

图 14-56　假眼做法

（6）模板堆放

模板运至现场卸车时，必须采用4点吊装或兜底吊装，在吊（索）具同模板的接触部位，加垫通长角钢或背垫长木方，避免吊（索）具直接作用于清水模板的面板，造成面板受损。

模板采用面对面、背对背的方式水平堆放。堆放场地应坚实、平整，堆放高度不多于6层，面板与面板之间加垫柔性过渡材料（用大小为600mm×600mm的棉毡，平放在模板的4个角部和中部），避免在运输中或单块起吊时滑移擦伤面板。若存放场地狭小，现场可搭设双面钢管架，模板应面对面放置，放置的角度要求在75°～80°之间，必要时使用钢丝将模板与稳固的支架体连接，模板存放的场地不能距基坑太近。

（7）质量控制

模板加工质量的控制是清水样板质量施工的重中之重，应加以严格控制，设置上述各项内容的验收工序，全面控制加工质量。饰面清水混凝土模板加工制作时，选材应优质，下料尺寸应准确，料口应平整。模板组拼焊接应在专用工装胎具和操作平台上进行，采用合理的焊接、组装顺序和方法。模板面板要求板材强度高、韧性好，加工性能好且具有足够的刚度；模板表面覆膜要求耐磨性好、耐久性好，物理化学性能均匀稳定，表面平整光滑、无污染、无破损、清洁干净。模板龙骨要求顺直、规格一致，具有足够的刚度，并紧贴面板，同时满足螺栓从背面固定的要求。

切割完的面板必须进行防腐及防潮的封边处理，以防在使用过程中出现较大的变形。面板布置必须满足设计师对明缝、蝉缝及对拉螺栓孔位的分布要求，更好地体现设计师的意图。对拉螺栓孔的布置必须满足饰面装饰要求，最小直径须满足受力要求。骨架中所有的节点均满焊，焊接质量满足设计要求。组装完的架体必须进行校正，达到规定的精度要求后，方可安装面板。钢背楞加工严格控制平整度、侧边顺直度、尺寸偏差、方正度、焊缝质量等多个主控项目。

3. 模板体系安装

根据模板编号和模板布置图，遵循先内侧、后外侧，先横墙、后纵墙，先角模、后平模的顺序进行安装（如图 14-57 所示）。将模板调整至合适的位置，并保证明缝和蝉缝的垂直交圈，套上穿墙螺栓，并初步固定；调整模板的垂直度及拼缝；拼缝间粘贴海绵条，且退后板面 3 ～ 5mm；模板间采用夹具连接，销紧夹具，锁紧穿墙杆螺母；检查模板支设情况，并根据节点要求进行局部加强。

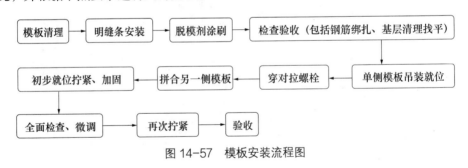

图 14-57　模板安装流程图

（1）安装准备

钢筋工程及预留、预埋隐检完毕，并形成隐检记录。核对清水混凝土模板及配件的数量与编号，复核模板控制线，作好控制标高。待浇筑的混凝土墙、柱根部杂物清理干净，装饰条安装稳固，模板主次龙骨、模板吊钩焊接牢固，脱模剂涂刷均匀。

① 基层处理

A. 现浇混凝土板面的标高及平整度是关系到清水混凝土墙体施工质量的关键环节，所以在浇筑混凝土梁板时，必须控制好清水混凝土墙、柱周边 300mm 以内混凝土表面的标高及平整度。模板就位前检查地坪是否平整，当地坪高低差较大时，用砂浆找平，使内外模板合模后，模板处于同一水平高度。

a. 对于建筑层较厚的区域，则应先施工导墙，随后再进行清水混凝土模板施工；

b. 板面标高控制在＋1mm、－2mm 范围内，大于此标准须将此范围混凝土表皮剔凿掉，然后用同一强度等级的水泥砂浆抹平；

c. 导墙平整度控制在 4mm 以内，大于此标准时须将此范围的混凝土表皮剔凿掉，然后用同一强度等级的水泥砂浆抹平；符合要求后在安装模板的下口粘贴海绵条，确保模板根部混凝土不漏浆。

B. 层间施工时，为保证根部稳定，拟采用独特的层间托架转接技术，基于下部成型墙体安装托架，并利用托架安装经处理后的 100mm×100mm 方木进行根部垫方调平，确保根部平整度。

② 明缝条等安装

为便于层间施工时淡化和隐藏施工缝，拟采用明缝转蝉缝的施工工艺，因此部分模板涉及明缝条安装（如图 14-58 所示）。

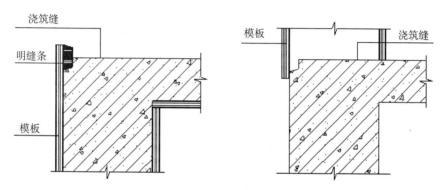

图 14-58　明缝条安装

③ 脱模剂涂刷

在明缝条、预埋件及面板等安装完成验收合格后对模板进行脱模剂擦拭。将模板表面污渍浮尘清洗干净，再均匀涂刷脱模剂，无流坠、无漏涂，防止漏刷处混凝土表面无光泽；涂刷完脱模剂的模板应避免长时间暴晒和雨水冲刷等影响脱模效果。

（2）模板体系吊装

模板应逐块卸车，采用塔式起重机或汽车式起重机进行吊装就位，不能多块混吊，避免造成超重和滑落，造成安全事故。模板在吊装前和使用过程中应经常检查吊钩是否有脱焊变形，检查夹具、螺栓、背楞是否有松动现象，并及时维修与紧固，不准私自拆卸和松动夹具、背楞及相关螺栓。模板吊装应"慢起轻放"，不得"强拉硬拽"，严禁使用单吊钩起吊。

吊装过程中须安排人员进行模板牵引稳定，防止模板体系与结构或其他物体相碰，确保在安装过程中模板不受损害。起吊前，2根吊绳长度须一致，确保吊具锁紧模板吊钩。吊装过程中，应在指定的吊钩位置处吊装，不能通过背楞或在其他位置进行吊装，并设专人指挥塔式起重机作业。模板由水平放置转为竖向起吊时，必须慢起，且下口要采取防撞击和防滑移措施，避免面板受损。

在落地过程中，吊速必须放缓，地坪上预先放置木枋，安排工人站在外架上牵引模板入位，在模板体系与墙体钢筋之间放置2根直径大于50mm的PVC管（PVC管外可裹上一层较厚软布料），将模板与钢筋骨架隔开，确保模板表面不受钢筋磨损、刮伤。

（3）对拉螺栓、预留预埋安装

模板吊装就位后，安装穿墙螺栓。穿墙螺栓在安装前应检查是否有明显损坏（例如：构件弯曲、裂纹、丝扣损坏等），特别是多次周转的部件，应检查穿墙孔眼是否在同一位置（水平及高度位置一致），保证穿墙螺栓的相应部件与模板面板及背楞垂直安装，避免斜拉螺栓导致的局部的受力过大。

墙体转角处、T 形墙等处的对拉螺栓，由于螺栓间距较大，应采取相应的措施进行加固，确保清水混凝土效果。穿墙螺栓在安装过程中严禁使用重物敲击，避免使其产生变形、弯曲、裂纹等的问题。穿墙螺栓需轻放入位，避免螺纹损伤穿墙孔眼，安装应保证预紧力一致，专人专岗或采用力矩扳手，避免个别对拉螺栓安装过紧。在模板紧固前，保证丝扣（螺纹）旋入有效深度不小于 10mm，使模板面板与五段式螺栓的锥体贴严即可，严禁在面板校正前上夹具加固；项目自行配置模板与清水模板配合使用时，应根据穿墙螺栓受力情况验算模板体系，模板体系应满足受力要求，避免模板变形使螺栓产生附加拉力。

清水混凝土工程涉及较多预留、预埋安装，如何在满足机电功能需求的同时保证清水混凝土效果将成为清水混凝土施工的重中之重，需要针对不同清水混凝土结构上的末端制定相应的安装方案（如图 14-59 和图 14-60 所示）。

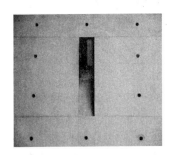 

图 14-59　螺栓孔、蝉缝及灯具浇筑成型效果　　图 14-60　预埋灯盒成型效果

（4）施工节点处理

① 阴角模与阳角模的处理

饰面清水混凝土模板施工时，阴角部位应配置阴角模，以保证阴角部位模板的稳定性，角部不变形，接缝不漏浆；阳角部位采用两面模板直接搭接的方式，通过夹具三维受力配件连接，并在拼缝处填充密封条，可有效防止漏浆[2]（如图 14-61 所示）。阴阳角部位的模板宽度不宜太小，角部的两边应各有一道对拉螺栓将内外部模板进行加固。

图 14-61　阳角模节点详图

② 外墙施工缝

外墙施工缝一般设置成明缝，可较好控制上、下两层墙体错台，具体做法是：浇筑下层墙体之前在清水模板上安装明缝条，混凝土浇筑高度至明缝条顶以上约 10mm 处，混凝土拆除模板后，将混凝土面往下剔凿至明缝顶部。二次施工前须先将接茬处的混凝土面清理干净，以防夹渣、漏浆，然后将明缝条二次安装在已经成型的混凝土凹槽处，并与之吻合，明缝条下部及以下墙体须粘贴薄海绵条，最后组合清水模板。因外墙浇筑高度高，可利用下层已浇筑混凝土墙体最上面的两排穿墙孔眼，通过螺栓连接槽钢支架来支撑上层模板，同时，要注意保护成品混凝土面，具体做法如图 14-62 和图 14-63 所示。

图 14-62 槽钢支架

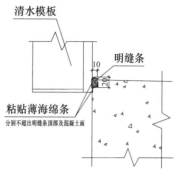

图 14-63 明缝条安装节点详图

③ 闭合墙体角模与大模板的接缝处理

楼梯间、电梯间等闭合墙体,为了便于清水模板拆除,须在阴角模与大模板接缝处留设调节余量,对于一次性使用的角模,不留调节余量。将角模面板外伸出边框一定的尺寸,在角模与大模板的两个边框中间塞一块同外伸宽度的木枋,用夹具将两侧边框和木枋夹紧,拆模时可对外伸面板进行破坏性拆除,并注意保护清水混凝土墙面。对于多次周转的角模,同样须将角模面板外伸出边框一定尺寸,并安装明缝条,一边悬空。安装夹具前,在角模和大模板的两个边框中间塞一块宽度大于外伸宽度 3mm 的木枋,角模与大模板在明缝条宽度范围内搭接,其间 3mm 的空隙粘贴海绵条,最后用夹具将木枋与两侧的边框夹紧,可有效防止漏浆及方便模板拆除(如图 14-64 所示)。

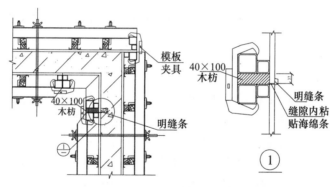

图 14-64 闭合墙体角模和大模板的接缝处理

④ 堵头模板处理

墙体端部模板可做成外包式,也可做成内嵌式。为防止模板端部发生漏浆、跑模,可采用夹具或采用槽钢背楞配合对拉螺栓(边框钩头螺栓)加固,如图 14-65 所示。

(5)模板体系加固

模板体系加固主要针对模板底部、模板上部、模板中部三个部位进行。底部主要通过埋设地锚桩或者与底部已完成墙体连为一体的方式进行加固,保证根部紧密,减少漏浆等情况发生;模板上部加固则主要

图 14-65 堵头模板处理

通过排架或者当前施工结构层进行加固，保证模板体系整体垂直度等；中部加固则主要针对危险性较大的区域，如螺杆未能有效拉通区域等进行加固。调整模板时，受力部位不能直接作用于面板，需要支顶或撬动时，并且必须加木枋垫块，保证"几"字形材、背楞位置受力。

（6）模板保护

钢筋绑扎存在复绑，或者在水平结构钢筋绑扎时，应特别注意钢筋绑扎过程中对模板的保护，从而避免划伤面板或者划伤面板表面覆膜。在清水混凝土梁、清水混凝土板钢筋绑扎前，模板面板须采取防划伤及锈迹污染措施。为保证墙面质量，板面应随时清灰，及时涂刷新的脱模剂，如发现板面不平或龙骨损坏变形时应及时修理；穿墙螺栓、螺母、斜撑等也应进行清理、保养。

4. 模板工程拆除

对于竖向结构，清水模板拆除时间根据清水混凝土试块强度进行确定；对于水平结构，清水模板拆除时间以结构设计要求强度为准。模板拆除工艺如图 14-66 所示，清水模板拆除顺序应注意兼顾对混凝土颜色及温湿度平衡的控制，并注意控制拆模的方式，减少对模板的损坏；模板拆除后应立即进行清理、修整，经修整后的模板应吊至存放处备用。

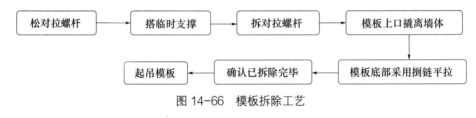

图 14-66　模板拆除工艺

（1）模板体系拆除

模板拆卸应与安装顺序相反，即先装后拆、后装先拆。拆模时，轻轻将模板上口撬离墙体约 10cm，模板顶部不得产生过大位移，严禁直接用撬棍挤压面板；在模板体系下部两个角上，可绑扎 2 根绳索，底部两边采用捯链向后平拉，严禁使用撬棍单点撬动模板移位，待模板与墙体完全脱离后，方可起吊；起吊过程中，由 2 个工人各控制一根绳索，避免模板产生上下、左右不均匀晃动；拆模过程中必须做好对清水混凝土墙面的保护工作。拆下来的模板应立即进行清理、修整，均匀涂刷脱模剂，模板经修整后吊至存放处备用。

（2）模板体系清理、修补与堆放

拆模后如模板表面有灰尘、砂浆，用柔软布料蘸水后对模板表面进行清洗，确保模板表面清洁；清理完成后，在通风条件下进行风干（严禁暴晒），风干后再次检查表面是否有粉状白色灰尘。

若模板表面有破损，将破损模板浸水润湿后，采用原子灰批嵌，在表面涂刷两道清漆，直至表面成膜。清水混凝土模板上不得堆放重物，不得污染、损坏模板面板。现场须有专门用于模板存放的钢管架，且模板必须采用面对面的插板式存放，模板与钢管架用铁丝连接，防止刮风时模板倾倒；模板上面覆盖塑料布，存放区做好排水措施，同时注意防水防潮。

14.5　混凝土工程

1. 混凝土配比与供料

混凝土配合比应根据设计和建设方对颜色的要求，以及构件截面尺寸和浇筑高度确定混凝土工作性能参数，并考虑属地化材料的特性，结合功能试验、小样试验（见图 14-67）、样板试验最终加以确定。严格控制原材料质量，以选定的配合比确定的材料为准，并采取必要的措施。执行混凝土进场交货检验制度，逐车目测混凝土外观色泽、有无泌水离析现象，试验员对每车坍落度取样试验，作好记录。如遇坍落度不符合要求，混凝土必须退回搅拌站，严禁项目使用。

图 14-67　小样试验

在混凝土供料过程中，搅拌站安排专人在现场进行调度，争取做到将混凝土的运输加等待时间控制在 2h 内，避免坍落度损失过大，而影响混凝土的工作性能；尽量避免清水混凝土浇筑与普通混凝土浇筑时间冲突，确保清水混凝土浇筑的纯粹性和稳定性；每辆罐车进入现场（出料前）须加速搅拌 1min，确保混凝土在运输过程中坍损的不均匀性得到控制。

2. 清水混凝土浇筑与养护

（1）准备工作

每次混凝土浇筑前应做好所有工人的安全和技术交底，检查每个部位的工人到位情况，并做到部位和个人一一对应，原则上不允许更换工人，如确有必要更换，应提前考核替换工人，如果考核通过，依然实行挂牌上岗；由混凝土责任工程师一一检查人员和器具情况，完全符合上述要求后同意发料。

浇筑混凝土前应对待浇筑墙体进行检查，选择合适的振捣点和落料点，并进行标记。检查根部密实情况，检查周边安全作业隐患，并采取必要的措施。混凝土浇筑过程使用的所有器具均有备用，且应在浇筑前就位，避免浇筑过程器具发生故障而导致混凝土浇筑停滞。

（2）清水混凝土进场验证及接浆

严格执行混凝土进场交货检验制度。由商品混凝土搅拌站人员向现场混凝土工长指派的人员逐车交验，交验的内容有目测混凝土外观色泽、有无泌水离析等，实验员对每车的坍落度进行取样试验，检验供应的商品混凝土是否符合规定的技术要求，即坍落度严格要求控制在 180±20mm；延展度控制在 380～420mm，并逐一作好记录。

按根部接浆 50mm 的要求，计算水泥砂浆的理论用量 V_j；以角部为起点，采用额定体积的容器（塑料小桶）通过导管均匀入模，严禁用吊斗或泵管直接倾入模板内，以免砂浆溅到模板上凝固，并用振动棒轻轻振动挂在钢筋上的砂浆使其碰落；接浆砂浆宜从罐车中直接放出，采取随铺砂浆随下混凝土，同时砂浆不得铺得太早或太开，砂浆投放点不得大于 3m，以免在砂浆和混凝土之间形成冷缝，影响观感质量。

（3）混凝土振捣

利用皮数杆在振动棒上预先做好记号，控制好振动棒的振动深度，每层控制在 600mm，安排专人监督，两层混凝土之间搭接厚度控制在 50 ～ 100mm。振动棒插入位置应避开对拉螺杆、预埋线盒及预留洞口；布置间距：500mm ≤ d ≤ 800mm；所有振动棒插入位置在现场作好明显标识并对工人进行书面交底。

项目应严格控制浇筑速度，使其每小时浇筑高度不大于设计速度。为减小落料高度及冲击力，建议采用溜槽的浇筑方式，避免泵管直接浇筑。现场浇筑混凝土时分层均匀下料，振动棒采用"快插慢拔"、均匀布点，并使振捣棒在振捣过程中上下略有抽动，振动均匀，使混凝土中的气泡充分上浮消散，这样可提高混凝土的密实性和减少混凝土表面气泡。掌握好混凝土振捣时间，振捣过长易造成混凝土离析，振捣过短混凝土不密实，一般以混凝土表面呈水平并出现均匀的水泥浆、不再有显著下沉和大量气泡上冒时即可停止，通常混凝土振捣时间一般控制在 40s 左右。

明缝条底部、振动棒无法振捣的位置，利用橡皮锤进行外部振捣。采用橡皮锤辅助振捣，橡皮锤振捣时间应随振动棒同时进行，橡皮锤与振动棒形成"互补"，采取你强我弱，你弱我强的原则，保证每一点的混凝土振捣都能充分均匀。浇筑门窗洞口时，沿洞口两侧均匀对称下料，振动棒距洞边 300mm 以上，从两侧同时振捣，为防止洞口变形，大洞口（大于 1.5m）下部模板应开洞，并补充混凝土及振捣，以确保混凝土密实无气泡。浇筑过程中可用小锤敲击模板侧面检查，钢筋密集及洞口部位不得出现漏振、欠振或过振的现象。混凝土顶部振捣完成后表面 10cm 厚的浮浆用现场混凝土置换。

（4）混凝土养护与防护

应建立专门的混凝土养护与防护管理小组，全面管理并加强工人教育和巡视检查力度。混凝土试块强度达 1.4 ～ 2.0MPa 后即可拆模，具体拆模时间按冬季和夏季时令具体安排。养护应注意交替和检查，避免对表面产生不利影响。防护应注意顶部防水防污染、层间浇筑时污染、过程施工可能的碰撞保护等各类不利条件。

3. 施工质量控制

施工前制作混凝土样板墙，确定清水混凝土颜色及完成后效果，作为正式工程大面积施工的标准。验收标准在比对样板墙效果的基础上应遵循如下的质量标准：

（1）表面观感质量

要求混凝土表面色泽均匀、无明显色差，满足设计对混凝土颜色的要求。混凝土表面密实整洁，面层平整，阴阳角的棱角整齐、平直，线、面清晰，起拱线、面平顺；无油迹、无锈斑、无粉化物，无流淌和冲刷痕迹；混凝土保护层准确，无露筋；预留孔洞、施工缝、后浇带洞口整齐。混凝土无漏浆、无跑模和胀模，无烂根、无明显错台，无冷缝、无夹杂物，无蜂窝、麻面和孔洞，无明显裂缝。保持拆除模板后的原貌，无剔凿、磨、抹或涂刷修补处理痕迹。穿墙螺栓孔眼整齐，孔洞封堵密实平整，颜色同墙面基本一致。

（2）外形尺寸

混凝土构件几何尺寸准确、阴阳角的棱角整齐、角度方正；各层阳台边角线顺直，无明显凹凸错位；滴水槽（檐）顺直整齐。垂直度、平整度偏差在允许范围内（如表14-4所示）。

外形尺寸允许偏差　　　　　　　　　　表14-4

项次	项目	允许偏差（mm）	检查方法	备注
1	轴线位移	5	尺量	—
2	截面尺寸	±3	尺量	—
3	预留洞口中心线位移	8	尺量	—
4	垂直度（层高）	5	线坠	—
	垂直度（全高）	$H/1000$，且 $\leqslant 30$	经纬仪、线坠	—
5	表面平整度	3	靠尺、塞尺	—
6	蝉缝错台	2	靠尺	—
7	阴阳角方正	3	尺量	—
8	阴阳角顺直	3	尺量	—
9	明缝直线度	3	拉 5m 线，不足 5m 拉通线，尺量	—
10	蝉缝交圈	5	拉 5m 线，不足 5m 拉通线，尺量	—
11	阳台、雨罩位置	±5	尺量	—

（3）常见质量缺陷及监控对策

如表14-5所示。

质量缺陷及监控对策　　　　　　　　　　表14-5

质量问题种类	可能产生的原因	监控对策与手段
色差	原材料变化及配料偏差；搅拌时间不足；浇筑过程中混凝土加水；模板的不同吸收作用或模板漏浆；脱模剂施加不均与或养护不稳定	原材料采用同品牌、同规格、同颜色、同产地；严格按配合比投料和搅拌，并根据气候和原材料变化，随时抽检含水率，及时调整水灰比，采用吸水性适中的模板材料、无色脱模剂，并及时养护
气泡	混凝土拌合料含砂过多；模板不吸水或模板表面湿润性能不良；振捣不到位	控制混凝土原材料质量及配合比；使用高质量清水模板；控制振捣方式、插入下一层的深度、振捣时间
表面泌水现象	含砂量低；由于天气冷或混凝土外加剂配料不当延长了硬化时间；模板吸水能力和刚度不够或表面有水；混凝土坍落度太大	控制含水量、含砂量，使用减水剂；采用刚度足够且能够吸水的模板，对光滑的模板采用轻油性脱模剂；控制混凝土坍落度
接缝挂浆、漏浆和出现砂带	接缝不严密，模板底部不够严密；模板拼板太柔；混凝土中水分太多，流动性太高；振捣太强	设凹槽施工缝，接缝处用油膏或发泡剂嵌实；采用刚度适中的模板材料；混凝土坍落度应严格控制，变化范围很小；振捣方法应正确，避免直接振捣接缝处

续表

质量问题种类	可能产生的原因	监控对策与手段
蜂窝麻面	细骨料不足； 振捣不充分； 模板接缝不密实	严格控制混凝土配合比； 振捣细致不能漏振； 模板接缝应采用密封胶
表面裂纹	混凝土水灰比过大； 模板吸水能力差； 养护不足； 脱模太早	严格控制混凝土配合比； 选择合适的模板； 及时做好养护工作； 严格控制拆模时间

4. 成品保护

（1）清水混凝土构件防积水污染措施

为了防止上一层楼板的大量积水流淌到清水混凝土构件完成面，每次清水混凝土墙收顶完成后，立即利用止水不锈钢板插在清水混凝土墙保护层范围内（如图 14-68 所示）。

图 14-68　防积水污染措施

（2）梁板清水模板保护

清水梁底、板底钢筋绑扎期间做好对清水模板面的成品保护，避免浇筑混凝土前对模板板面产生划伤和钢筋锈斑污染（如图 14-69 所示）。

（3）墙板清水模板吊装保护

模板吊运入模，安装过程防止钢筋划伤或磕伤清水模板板面。应在钢筋与模板之间设置保护隔离带，如采用 D50PVC 套管等措施（如图 14-70 所示）。

图 14-69　顶板模板保护措施

图 14-70　墙体模板吊装

（4）拆模后成品保护

拆模后先用塑料薄膜将混凝土封严，以防表面污染。塑料薄膜若损坏，应及时更换以保证塑料薄膜一直保护到对混凝土进行修复时止（如图 14-71 所示）。成品保护塑料薄膜上口采用水泥浆进行压顶封浆，防止污水从缝隙渗入已完工清水墙内。架体拆除施工时注意对清水饰面混凝土的保护，避免损伤或污染清水饰面混凝土表面；对清水混凝土结构外围采取软防护，为避免后续施工过程中损伤，整体外覆镀锌铁皮在外围进行硬防护。人员可以接触到的部位以及柱、斜撑、梁的阳角等部位拆模后，用塑料薄膜粘贴硬塑料条保护，防止碰坏清水混凝土的阳角部位（如图 14-72 所示）。

人、料、手推车频繁进出无法避开清水构件时，要将构件用塑料薄膜全包裹保护，在构件外用模板硬防护，建筑物首层标高地面以上 2m 高度内，用塑料薄膜包裹后采用模板保护。采用模板保护时薄膜应包裹严密，避免雨水冲刷模板对清水混凝土墙体污染。

图 14-71 塑料薄膜保护

图 14-72 硬塑料条保护

14.6 工程案例

1. 上海保利大剧院

上海保利大剧院位于上海市嘉定区白银路 159 号，嘉定新城 D10-D15 地块，座落在风景秀丽的远香湖畔，与嘉定新城商务中心区对望，西以裕民南路为界，南侧为塔秀路，东南方向面临远香湖。该工程用地总面积 30235m²，是国内首座清水混凝土"水景剧院"，在国内首次成功实现了安藤忠雄先生无修饰清水混凝土的质量目标，是上海市"十二五"期间重大文化设施项目（如图 14-73 所示）。上海保利大剧院先后获得上海市最佳质量奖，上海白玉兰奖，2015 年高分获得鲁班奖，并在 CCTV 鲁班奖获奖新闻中提到上海保利大剧院项目，工程质量获得了国际国内同行的高度认可。

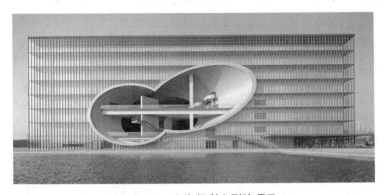
图 14-73 上海保利大剧院项目

（1）工程概况

上海保利大剧院由享誉全球的世界级建筑大师安藤忠雄担纲设计，剧院由一个 1500 座大剧院、一个 400 座多功能厅及排演厅、车库、公共服务空间、交通辅助用房等组成，其中地上面积 3.6 万 m²，地下 2.0 万 m²，地上 6 层，地下 1 层。结构总高度约 33.6m；本工程外墙及部分室内采用饰面清水混凝土，清水混凝土总面积约 36500m²。

项目内部由五个大圆筒纵横交错、贯穿，形成跃动舒展的曲线、生动有趣的空间，构成了观众的舞台、公众的活动场所,绚烂的光影给人盛大华丽的空间体验,自然风光从四面八方映射进来,人与音乐、文化、建筑、自然交汇融合,如"万花筒"般的异彩纷呈(如图 14-74 所示)。上海保利大剧院 2011 年 2 月开工,2014 年 8 月竣工,采用饰面清水混凝土墙体模板体系。地上清水混凝土结构及普通混凝土结构浇筑整整一年时间,地下室施工 8 个月时间,所以结构施工时间总计约 18 个月。在地下室施工阶段,施工单位进行了多次的清水混凝土样板试验并两次到日本考察学习,对混凝土配比、工作性能以及模板体系进行了改进,同时对工人班组进行培训教育和严格的质量管理。

(2)清水混凝土饰面效果设计

本工程建筑外形为立方体,整个外墙装饰要求为饰面清水混凝土,外墙清水面积为 14600m²,层高为 6.3m、4.2m、5.7m 三种层高,混凝土体量巨大,层高不尽相同。在保证美观的前提下,合理的饰面效果设计是降低模板材料投入,节约项目成本的关键。综合考虑本工程结构形式及施工方法后,标准分格尺寸确定为 1767.8mm×900mm(如图 14-74 所示)。

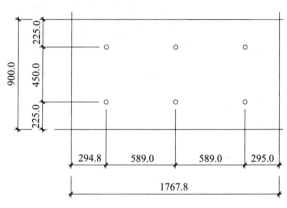

图 14-74　标准分格详图

水平明缝的标准高度为 4200mm,顶层余数为 3850mm,作为水平施工缝;竖向明缝的间距为 1768mm/7071mm,分布于结构柱的两边及相邻两结构柱的中间位置,部分作为竖向施工缝,部分为保证饰面效果的均匀、一致性,起到装饰作用(如图 14-75 所示)。

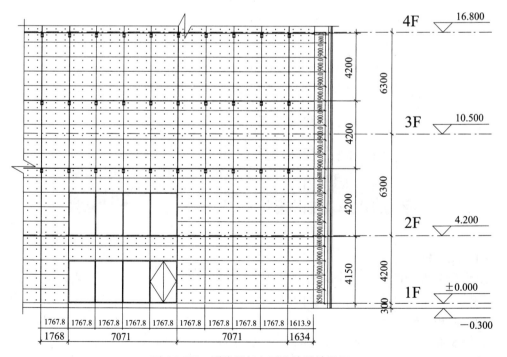

图 14-75　剧院局部立面分格缝效果图

（3）饰面清水混凝土模板体系设计

本工程因模板周转次数较多，面板选用 WISA 板，模板骨架材料为型材及型钢，标准板的结构形式如图 14-76 所示。根据饰面效果图，除墙体的两边缘外，其他部分竖缝的间距均为 1767.8mm，所以模板的宽度采用 1767.8mm，模板的高度以标准水平明缝高度为基准，上包 50mm，下包 10mm，总高度为 4260mm，模板上部安装明缝条。该模板方案实现了水平向及层间的周转，施工到非标高度的顶层时，只需改装最上面的面板，即可完成饰面混凝土墙体施工。

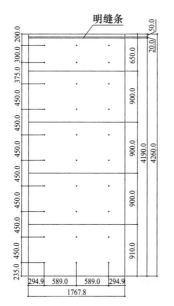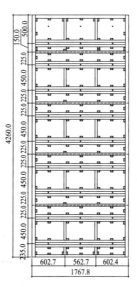

图 14-76　标准板详图

（4）清水混凝土施工

上海保利大剧院空间结构模型如图 14-77 所示，清水混凝土施工总面积达到 36500m²。清水构件主要分为外立面墙柱、梁板、台阶、旋转楼梯、室内矮墙、弧形墙体等多种类型，分布于各个区域，其中清水混凝土外墙达到 14600m²，为国内外墙面积最大的清水建筑；外墙高 33.6m，总长 400m，墙厚仅 180mm，有 2500 多个幕墙、机电预埋件，有 10800 个螺杆眼、8800 条蝉缝，现浇清

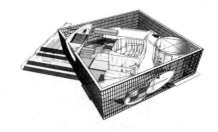

图 14-77　上海保利大剧院空间结构模型

水混凝土须达到安藤忠雄先生要求的无修饰清水混凝土感观质量，施工难度极大。

① 清水混凝土墙体

主要分布于外墙及内部墙体，楼梯间墙体，外墙长 400m× 高 33.6m，外挂于框架结构外立面，墙体厚度 180mm，内墙厚 240 ～ 600mm 不等。外墙每次浇筑 100m 长，每层浇筑 4.2m 高，墙中设置诱导缝。每个外墙立面上有不规则的椭圆形洞口，施工效果如图 14-78 和图 14-79 所示。

② 清水混凝土梁柱

清水混凝土梁柱主要位于北立面，最长的梁长度达到约 30m，柱高约 20m，形成

图 14-78　外墙施工效果图

图 14-79　内墙施工效果图

一个美丽的"十"字架。

③ 旋转楼梯

旋转楼梯踏步板悬挑于中部的墙体上，旋转两周，中部承重楼梯踏步板的混凝土墙体厚 600mm，墙高 8.4m。

④ 弧形混凝土墙体

圆弧混凝土墙厚 300～450mm，墙长 36m×墙高 16m，位于演出前厅，沿高度方向分三次浇筑，水平长度方向一次浇筑，为了保证混凝土浇筑成型，此处墙体使用定型钢模板。

⑤ 弧形洞口施工

作为展示亮点的不规则清水混凝土大洞口，水平向及垂向跨度都很大，曲线造型多，模板的设计与支设如何保证洞口平面内不变形、平面外不扭曲、洞边角不失水漏浆是洞口模板施工的难题[3]。

由于弧形洞口模板不具有周转性，本项目采用自制木模板。基于清水混凝土分层浇筑的特点，大洞口模板也采用分层、分段浇筑的施工方法，为保证根部的成型效果，在接缝处采用预留槽口或企口的施工方法完成以蝉缝为基础的接缝施工；曲率较小处的弧形，在保证饰面效果的前提下，采用折线拟合原设计弧线；为防止失水漏浆，在洞口与混凝土模板接触面、洞口模板与侧边模板接触点等位置进行细节控制，施工后的洞口效果如图 14-80 和图 14-81 所示。

图 14-80　洞口效果图

图 14-81　剧院整体效果图

2. 多哈高层办公楼

多哈高层办公楼项目位于中东地区波斯湾西南岸卡塔尔多哈湾北部，是由法国著名建筑师让·努维尔精心设计的超高层建筑（如图 14-82 所示），该项目于 2004 年开工，2012 年竣工。该建筑作品凭借其独特三维受力的圆形交叉斜柱、幽蓝的玻璃幕墙、古朴银灰色的伊斯兰风格遮阳百叶和掩盖不住的雄浑气势，吸引着路人驻足观看、拍照留念，它毫无

争议的成为卡塔尔新的地标。该项目在国内外获得多项
建筑类大奖：2009年获得国际结构混凝土协会特别提名
奖；2010年获得国际混凝土协会特别贡献奖；2011年获得
中国建筑总公司科学技术二等奖；2012年获得世界高层
都市建筑学会全球最佳高层建筑奖、中东建筑学会最佳
高层综合建筑奖、世界高层都市建筑学会中东及北非地
区最佳高层综合建筑奖；2014年获得MEED—2013年度
卡塔尔国家最佳工程质量奖及MEED—2013年度GCC地
区最佳工程质量奖。

图14-82　多哈高层项目实体照片

（1）工程概况

项目总建筑面积157268m²，由主楼和裙楼两部分组
成：主楼地上45层，高231.5m，地下4层；裙房为两
层的健身中心。地上建筑面积113188m²，其中地下室为
44150m²。塔楼为巨型混凝土交叉网圆柱结构和偏心核心
筒清水混凝土结构，外围为全封闭玻璃幕墙及伊斯兰风格的网状铝合金遮阳系统（如图
14-83所示），高强大体量清水混凝土是本工程技术难点之一。

图14-83　项目室内及幕墙效果

（2）施工情况

项目清水混凝土为18根直径1.7m的交叉圆柱，柱子清水混凝土强度等级为C70，层
高4.5m；偏心核心筒清水混凝土墙体，强度等级为C50，清水混凝土总面积约58000m²
（如图14-84所示）。由于项目地址位于中东波斯湾地区，夏季太阳直射室外温度高达45～
50℃，根据当地规范要求，混凝土入模温度不超过35℃，所以夏季混凝土原材料采用加
冰降温措施，加大了清水混凝土施工难度。

多哈高层项目的清水模板采用定型模板体系，柱子采用钢模板，核心筒采用钢框木模
板，整体效果较好。但是由于有交叉斜柱，所以在交叉钢筋密集部位采用了自密实混凝
土。该项目采用土耳其产Ⅲ级高强钢筋，并采用数控加工机保证加工精度。钢筋绑扎时保
证成型尺寸及防止扎丝外露，梅花形布置钢筋保护垫块，避免钢筋紧贴模板。

图 14-84 首层柱及核心筒清水混凝土实体照片

3. 北京华都中心美术馆

北京华都中心美术馆坐落于北京市朝阳区新源南路 8 号，总建筑面积 8418.04m²，总高度 21.35m，地下 2 层，地上 3 层。美术馆南侧二层、二层夹层、三层内外墙为斜圆锥造型，最高处悬挑 1.8m，面积约 600m²，建筑要求为饰面清水混凝土。本工程采用钢格栅饰面清水模板体系，属于异型饰面清水混凝土项目，其实施效果如图 14-85 和图 14-86 所示。

图 14-85 美术馆整体效果

图 14-86 弧墙及三角窗效果

参 考 文 献

[1] 中国建筑股份有限公司 . JGJ 169—2009 清水混凝土应用技术规程 [S].
[2] 中国建筑工程总公司 . 清水混凝土施工工艺标准 [M]. 中国建筑工业出版社，2005.
[3] 冯长征，任培文 . 上海保利大剧院大跨度清水混凝土弧形洞口模板施工技术 [J]. 上海建设科技，2014(4).

第 15 章　超高性能混凝土 UHPC

15.1　概述

装饰混凝土不仅体现在色彩、纹理、质感上，还可以通过材料设计实现建筑造型的突破。彩色路面砖等小型制品多采用强度适中素装饰混凝土制作，大中型构件则采用配筋装饰混凝土制作，普通装饰混凝土仅适合做平板实心体型厚重的预制构件，却难以制作造型复杂或体型轻薄的装饰构件。如镂空构件由于造型多样，截面小，重量轻，传统的钢筋混凝土无法浇筑、制作或制作工艺相当繁琐，而超高性能混凝土有着抗弯强度高，无配筋、易于浇筑成型的优点能够使这一难题迎刃而解，能使建筑师的美好愿望成真。超高性能混凝土还可取代石材，实现建筑石材无法展现的特殊纹理和独特造型。

与此同时，诸多混凝土构件不仅需要满足力学性能、耐久性能要求外，人们还希望其外表面具有一定装饰美感。期望混凝土构件美观大方、实用耐久、价格适中，造型轻盈漂亮而不厚重，而不只是千篇一律的混凝土本色或灰黑色，因此对超高性能混凝土装饰性能的开发也应运而生。超高强混凝土的可塑性对于设计制造至关重要，通过充分探索和利用超高性能混凝土这种新型材料的潜在特性，创造一种轻盈、富有流动且强韧的形态，可精确地制造出仅有 20mm 厚的混凝土构件。超高性能混凝土可广泛应用于景观、室内工程，其质感比起一般的混凝土，更加抗压耐磨，更接近花岗岩，具有更强的抗热冲击性和耐紫外性。

15.2　UHPC 制备及基本性能

超高性能混凝土（简称 UHPC）目前是工程材料领域一个新的研究热点，其应用形式多为预制构件，这主要归结于 UHPC 材料组成及配合比设计原理与普通混凝土截然不同，对骨料、水泥、掺合料粒径、成型及养护条件要求较严，流动度不大，常规制备工艺难以实现其超高性能。为使超高性能混凝土强度得以充分发展，多采用热水（蒸汽）养护方式制作预制构件，UHPC 在现场浇筑的应用研究很少，与国外相比还存在相当差距，使其工程应用范围也受到一定程度限制。

1. 特点及基本性能

超高性能混凝土无需配筋，是一种新型绿色复合结构材料，属于无机非金属材料，应用技术相对成熟，抗压强度高达 120 ～ 220MPa，抗剪强度高，抗折强度高达 20 ～ 40MPa，耐久性极好，一般可达到普通混凝土的百倍以上（如表 15-1 所示）。UHPC 骨料粒径小、无需配筋，其具有强度高、安全性和可靠性高、收缩和徐变非常小、韧性优异、具有方便施工、高耐久性好、经济性好、轻质、质量稳定、易于造型、外形美观、使用寿命长、长期效益显著、环保性能好等特点。

　　UHPC 流动性能良好，密实程度高。UHPC 浇入模，硬化后表面具有致密的陶瓷质感，很难被外界的有害物质侵入。UHPC 中各种组分在被水等物质冲刷时也不容易向外界析出，且有很好的饰面性能及防水性能。UHPC 具有很多优越的力学性能，在 UHPC 结构设计中，充分利用其高抗拉强度、高抗弯强度、高韧性等这些性能，可以有效地减少构件抗拉钢筋、抗剪钢筋、抗扭钢筋实际用量，减轻混凝土结构自重。开裂后的 UHPC 构件在无配置钢筋的情况下仍能承受一定的荷载，充分体现其高韧性的特点。UHPC 能够减轻混凝土结构自重、减少结构构件配筋量、无老化问题等优点，其应用过程中无需维护，服役年限甚至比主体结构长，具有很好的社会经济效益。

普通混凝土、高性能混凝土和超高性能混凝土性能对比[1]　　　　表 15-1

性　　能	普通混凝土（NSC）	高性能混凝土（HPC）	超高性能混凝土（UHPC）
抗压强度（MPa）	20～40	40～96	170～227
水胶比	0.40～0.70	0.24～0.35	0.14～0.27
圆柱劈裂抗拉强度（MPa）	2.5～2.5	—	6.8～24
最大骨料粒径（mm）	19～25	9.5～13	0.4～0.6
孔隙率（%）	20～25	10～15	2～6
孔尺寸（mm）	—	—	0.000015
韧性	—	—	比 NSC 大 250 倍
断裂能（kN/m^2）	0.1～15		10～40
弹性模量（GPa）	14～41	31～55	55～62
断裂模量（第一条裂缝）（MPa）	2.8～4.1	5.5～8.3	16.5～22.0
极限抗弯强度（MPa）	2.8～4.1	5.5～8.3	16.5～22.0
二氧化碳/碳酸盐渗透	—		无
抗冻融性能	10% 耐久	90% 耐久	100% 耐久
抗表面剥蚀性能	表面剥蚀量＞1	表面剥蚀量 0.08	表面剥蚀量 0.01
泊松比	0.11～0.21	—	0.19～0.24
徐变系数，Cu	2.35	1.6～1.9	0.2～0.8
收缩	—	养护后有收缩	养护后无自身收缩
流动性（工作性）（mm）	测量坍落度	测量坍落度	150～155
含气量（%）	4～8	2～4	0

2. 制备

　　近年来国内先后开展了 UHPC 原材料优选、配比优化，对常规制备工艺、养护制度展开一系列试验研究，其流动性能等施工性能得到极大改善，采用常规搅拌设备也能制备 UHPC。钢纤维掺量为 1%～5%，水胶比为 0.20，UHPC 胶砂流动度在 110～180cm 之间，能够满足现场浇筑的要求。

（1）原材料

水泥可采用白水泥或灰水泥，白水泥可选用 P•W42.5、P•W52.5 白色硅酸盐水泥，灰水泥选用 P•O42.5 普通硅酸盐水泥。

掺合料主要考虑其活性、色度和颗粒级配三个参数，通常采用矿粉、粉煤灰、硅粉等，通过浅色掺合料来填充水泥颗粒之间的孔隙，并与水化产物发生二次水化反应，提高混凝土的密实度和强度、色度、耐久性，减少泛碱，以达到理想饰面效果。适当添加石英粉，能提高 UHPC 的密实度、色度，减小吸水率，提高抗泛碱能力。

由于混凝土对高效减水剂存在吸附、分散作用，高效减水剂可增加 UHPC 流动度、降低水胶比，与胶凝材料存在一定的匹配性，通常选用与胶凝材料有很好的兼容性的高效减水剂。

UHPC 基体具有超高强度、优异耐久性和抗渗透性，但其脆性比普通混凝土高得多，在承受外界荷载时，UHPC 基体达到极限承载力时会突然破坏，毫无征兆，对结构安全来说是非常危险的。通过添加镀铜钢纤维、玻璃纤维等高强高弹模纤维（如图 15-1 和图 15-2 所示）可使结构开裂后不会迅速破坏，在短时间内还能继续承载，直至纤维全部被拔除或拉断导致结构最终破坏，有效增加 UHPC 的韧性、抗冲击能力、抗折强度，限制裂缝扩展。

图 15-1　玻璃纤维

图 15-2　钢纤维

（2）制备机理

超高性能混凝土制备的基本原理是：优选活性组分较好的胶凝材料，提高抗压强度；去掉粗骨料，优选原材料颗粒级配，提高内部结构的匀质性及密实度；掺入纤维，改善 UHPC 的脆性、提高抗弯性能；通过热养护改善微观结构，加速胶凝材料水化反应，改善界面的粘结强度；优选高效减水剂，降低浆体水胶比，降低 UHPC 吸水性，改善其流变性能；降低泛碱性，减少成型过程中 UHPC 浆体中的气泡，使 UHPC 适用于各种复杂装饰构件的制作，更好地利用 UHPC 饰面性能。

UHPC 基体具有超高强度、优异耐久性和抗渗性，但其脆性大，通过在基体中掺入一定量的纤维可以获得较高的韧性和延性，同时，材料的抗折强度、抗拉强度也得到大幅提高。在承受荷载的早期阶段，UHPC 基体与纤维共同承受外力作用并作为主要受力者，纤维能够在一定程度上约束水泥基体在外力作用下裂缝的形成和扩展；随着外加荷载的增大，基体开裂后，一部分基体已退出工作，纤维承担开裂后的大部分荷载。当裂缝尖端与纤维相遇时，纤维能有效减小裂缝的间距和宽度；随着荷载继续增大，裂缝继续扩展直至超过破坏荷载峰值，裂缝还会继续扩展，纤维的存在使得构件承载能力不会马上消失，纤维在这个过程会不断被拔出或拔断并不断消耗大量的能量，荷载缓慢下降，构件呈现出较好的延性，纤维承受荷载直至完全被拔出或拔断，UHPC 最终破坏。

15.3　构件设计方法

1. 设计参数

活性粉末混凝土是一种超高强度、高耐久性及高韧性的超高性能混凝土（UHPC），自 1993 年研制成功以来，其优异的力学性能和耐久性能，引起了国内外材料界和工程界的极大兴趣。法国、芬兰、美国、加拿大、韩国、澳大利亚等国家的研究人员对 UHPC 混凝土进行了多方面的研究，研究结果表明：与普通混凝土相比，UHPC 具有超强的抗压强度、高弹性模量、高抗氯离子渗透能力、高抗冻融循环能力。我国对超高性能混凝土的研究与应用起步较晚，但进步很快。近年来，国内先后对 UHPC 材料的力学性能、耐久性能、本构关系的研究，并对铁路、桥梁、人行道板等构件进行了研究，部分研究结果形成了国家和地方标准指导工程实践。

从国内外的研究可以看出 UHPC 在结构设计时采用的相关参数与普通混凝土不同，设计参数选取可以借鉴《混凝土结构设计规范》GB 50010 和湖南省地方标准《活性粉末混凝土结构技术规程》DBJ 43/T 325 等内容。

（1）立方体抗压强度

UHPC 强度等级与普通混凝土一样，采用立方体抗压强度作为评定强度等级的标准。UHPC 立方体抗压强度决定了 UHPC 结构的承载力，也是判定和计算其结构性能指标的基础，是 UHPC 混凝土主要性能指标之一。

UHPC 立方体抗压强度标准值是按《普通混凝土力学性能试验方法》GB 50081 中规定，按标准方法制作、养护边长为 150mm 的立方体试块，在 28d 或设计龄期下，按标准试验方法测得的具有 95% 保证率的抗压强度值。

依据郝文秀、安明喆等人的研究表明：UHPC 立方体抗压强度在 86.2 ~ 151.1MPa 区间，钢纤维掺量为 1.5% ~ 3% 的 UHPC 活性粉末混凝土立方体抗压强度的尺寸效应不明显，边长 150mm 立方体试块强度约为边长 100mm 试块强度的 96% ~ 99%，因此，UHPC 立方体抗压强度采用边长为 100mm 的立方体试块能够获得 95% 的保证率。

UHPC 立方体抗压强度试按式（15-1）计算：

$$f_{cu,k} = F / A \qquad\qquad (15\text{-}1)$$

式中　$f_{cu,k}$——UHPC 混凝土立方体抗压强度（MPa）；

　　　F——试块破坏荷载（N）；

　　　A——试件承压面积（mm^2），$A = 1 \times 10^4 mm^2$。

（2）轴心抗压强度

UHPC 轴心抗压强度与试件的形状有关，轴心抗压强度能更好地反映混凝土实际抗压能力及实际工作状态。普通混凝土轴心抗压强度试验按《普通混凝土力学性能试验方法》

GB 50081 中规定，采用边长为 150mm×150mm×300mm 的棱柱体试件，在标准条件下养护 28d 或到设计龄期，按标准试验方法测得的具有 95% 保证率的轴心抗压强度值。

UHPC 轴心抗压强度标准值 $f_{cu,k}$ 也可由立方体抗压强度标准值 $f_{cu,k}$ 计算确定。考虑实际工程中实体强度与立方体试块强度之间的差异，参照《混凝土结构设计规范》GB 50010 中混凝土轴心抗压强度的计算方法，UHPC 轴心抗压强度按式（15-2）计算确定。

$$f_{ck} = 0.88\alpha_{c1}\alpha_{c2}f_{cu,k} \qquad (15-2)$$

式中　0.88——为考虑实际工程构件与立方体试块强度之间的差异而取用的折减系数；

α_{c1}——棱柱体强度与立方体强度的比值，本书建议选取 0.9。依据《混凝土结构设计规范》GB 50010 第 4 章条文说明，C50 及以下取 $\alpha_{c1} = 0.76$，C80 取 $\alpha_{c1} = 0.82$，中间按线性规律变化，湖南省地方标准《活性粉末混凝土结构技术规程》建议取 0.8；本书作者通过试验研究，建议利用《混凝土结构设计规范》GB 50010 条文说明，进行线性外插，得到 $\alpha_{c1} = 0.9$；

α_{c2}——为考虑脆性折减系数，由于 UHPC 里面掺入钢纤维，其脆性影响比较小，因此选取 1。

把上述系数代入式（15-1）得：

$$f_{ck} = 0.8f_{cu,k} \qquad (15-3)$$

依据公式（15-3），UHPC 轴心抗压强度标准值 f_{ck} 采用表 15-2 中数值。

UHPC 轴心抗压强度标准值 f_{ck}　　　　表 15-2

强度	强 度 等 级					
	C100	C120	C140	C160	C180	C200
f_{ck}0.7	70MPa	84MPa	98 MPa	112MPa	126 MPa	140MPa
f_{ck}0.8	80MPa	96 MPa	112 MPa	128MPa	144 MPa	160 MPa

UHPC 轴心抗压强度设计值 f_c 采用表 15-3 中数值。设计值与标准值间采用的材料分项系数为 1.4，$f_c = f_{ck}/1.4$。

UHPC 轴心抗压强度设计值 f_c　　　　表 15-3

强度	强 度 等 级					
	C100	C120	C140	C160	C180	C200
f_c	50 MPa	60 MPa	70 MPa	80 MPa	90 MPa	100 MPa

（3）混凝土轴心抗拉强度

UHPC 轴心抗拉强度与纤维掺量及强度等级相关，UHPC 轴心抗拉强度标准值应由试验确定。依据现有的研究资料，计算典型参数下 UHPC 轴心抗拉强度标准值如表 15-4 所示，区间值可按内插法获得。

典型参数下 UHPC 轴心抗拉强度标准值 f_{tk}（钢纤维长径比 65）　　表 15-4

强度（MPa）\钢纤维掺量（%）	强 度 等 级					
	C100	C120	C140	C160	C180	C200
1.5	5.7	6.9	8	8.6	9.2	9.7
2	6	7.2	8.4	9	9.6	10.2
3	6.5	7.8	9	9.7	10.3	11
4	7	8.3	9.7	10.4	11.1	11.8

由于混凝土的离散性以及安装偏差，会造成轴心受拉试验对中困难，所以常采用立方体或圆柱体劈拉试验测定混凝土的抗拉强度。当采用标准立方体试块 150mm×150mm×150mm 进行 UHPC 劈拉强度试验时，UHPC 轴心抗拉强度标准值 f_{tk} 取劈拉强度的 0.85 倍，即：

$$f_{tk} = 0.85 f_{ptk} \tag{15-4}$$

式中　f_{ptk}——UHPC劈拉强度（MPa）。

典型参数下 UHPC 轴心抗拉强度设计值 f_t（MPa，钢纤维长径比 65）采用表 15-5 中数值，区间值可按内插法获得。设计值与标准值间采用的材料分项系数为 1.4。

典型参数下 UHPC 轴心抗拉强度设计值 f_t（钢纤维长径比 65）　　表 15-5

强度（MPa）\钢纤维掺量（%）	强 度 等 级					
	C100	C120	C140	C160	C180	C200
1.5	4.1	4.9	5.7	6.1	6.6	6.9
2	4.3	5.1	6	6.4	6.9	7.3
3	4.6	5.6	6.4	6.9	7.4	7.9
4	5	5.9	6.9	7.4	7.9	8.4

（4）弹性模量（E_c）和泊松比（v）

UHPC 弹性模量采用普通混凝土弹性模量的测量方法，采用棱柱体试块 150mm×150mm×300mm，在两对边粘贴混凝土应变片 5mm×100mm，根据《普通混凝土力学性能试验方法标准》GB/T 50081 规定的方法，进行试验测得。UHPC 弹性模量设计值可按表 15-6 或式（15-5）的小值选取。

UHPC 弹性模量（$\times 10^4$MPa）　　表 15-6

弹性模量	强 度 等 级					
	C100	C120	C140	C160	C180	C200
f_c	4	4.29	4.52	4.74	4.86	5

$$E_c = \frac{10^5}{1.5 + \dfrac{100}{f_{cu,k}}} \tag{15-5}$$

UHPC 泊松比与普通混凝土相同，取 0.2；剪切变形模量取相应弹性模量的 0.4 倍。

（5）小结

针对 C120 级 UHPC 进行了相关研究，试验了相关力学性能，C120 混凝土产品设计参数的选用见表 15-7。

UHPC 设计参数汇总 表 15-7

技术指标	设计参数	目标值	试验值 1	设计取值
UHPC 立方体抗压强度	$f_{cu,k}$（MPa）	120	130	120
UHPC 轴心抗压强度	f_{ck}（实测）（MPa）	—	103	91
	$f_{ck} = 0.7f_{cu,k}$（MPa）	84	91	
UHPC 轴心抗拉强度	f_{ptk}（实测）（MPa）	—	12.4	7.2
	$f_{tk} = 0.85f_{ptk}$（MPa）	7.2	10.5	
弹性模量	E_c（10^4）（MPa）	—	4.29	4.29
容重	γ（kN/m^3）	24	25	25

2. 不配筋 UHPC 设计

UHPC 可广泛用于大跨度预应力混凝土梁、污水处理过滤板、压力管道、放射性固体废料储存容器、建筑墙体、桩基等结构与构件中。由于 UHPC 具有较高的抗拉强度、抗压强度，不用配筋构件即可做得轻薄，保证使用过程中构件不开裂，整体性好，能够很好地满足构件使用性能和耐久性，因此，UHPC 还可应用于建筑造型要求较高的公共与民用建筑和市政工程的装饰幕墙中，在装饰混凝土领域具有明显优势，近年来受到国内外广大技术人员的青睐，具有广泛的应用前景。

由于目前国内还没有 UHPC 相关规范可以参照，只有湖南省出版了地方标准，为了便于 UHPC 相关制品的推广使用，本章主要在 UHPC 构件设计方法上进行了初步探索，介绍构件计算的基本公式和计算原则。

由于装饰用的 UHPC 构件不配筋，因此在构件承载力的计算中参照《混凝土结构设计规范》GB 50010 附录 D 素混凝土结构构件计算方法，相关计算参数的选取参见15.1 节。

（1）受压构件

当按受压承载力计算时，不考虑拉区混凝土的作用，假定受压区法向应力图形为矩形，其应力取 UHPC 轴心抗压强度设计值，此时轴向力作用点与受压区混凝土合力点重合。

① 对称于弯矩作用平面的截面（如图 15-3 所示）

$$N \leqslant \varphi f_c A_c'$$ （15-6）

$$e_c = e_0$$ （15-7）

$$x = h - 2e_0 \qquad (15\text{-}8)$$

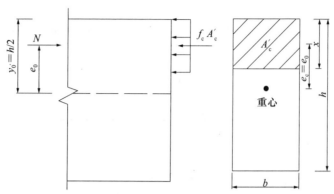

图 15-3　矩形截面的素混凝土受压构件受压承载力计算

② 对于矩形截面

$$N \leqslant \varphi f_c b (h - 2e_0) \qquad (15\text{-}9)$$

式中　N——轴向压力设计值（kN）；

　　　φ——UHPC 构件稳定系数，按表 15-8 选用；

　　　f_c——UHPC 轴心抗压强度设计值（MPa），原《混凝土结构设计规范》GB 50010 中建议乘以 0.85 的折减系数，通过一系列试验研究，建议取 UHPC 混凝土的轴心抗压强度设计值，不进行折减；

　　　b——截面高度；

　　　h——截面宽度；

　　　A'_c——混凝土受压区面积（mm^2）；

　　　e_0——受压区混凝土的合力点至截面重心的距离（mm）；

　　　y'_0——截面重心至受压区边缘的距离（mm）。

素混凝土构件稳定系数 φ　　表 15-8

l_0/b	< 4	4	6	8	10	12	14	16
l_0/i	< 14	14	21	28	35	42	49	56
φ	1.00	0.98	0.96	0.91	0.86	0.82	0.77	0.72
l_0/b	18	20	22	24	26	28	30	
l_0/i	63	70	76	83	90	97	104	
φ	0.68	0.63	0.59	0.55	0.51	0.47	0.44	

注：在计算 l_0/b 时，b 的取值：对于偏心受压构件，取弯矩作用平面的截面高度；对于轴心受压构件，取截面短边尺寸。

（2）受弯构件

① 对称于弯矩作用平面的截面

$$M \leqslant \gamma f_t W \qquad (15\text{-}10)$$

② 矩形截面

$$M \leqslant \frac{\gamma f_t b h^2}{6}$$ (15-11)

式中 M——弯矩设计值（kN·m）；

f_t——UHPC 轴心抗拉强度设计值（MPa），原《混凝土结构设计规范》GB 50010 中建议乘以 0.85 的折减系数，通过一系列试验研究，建议取 UHPC 的轴心抗压强度设计值，不进行折减；

b——截面高度；

h——截面宽度；

W——截面惯量。

γ——混凝土构件的截面抵抗塑性影响系数，可按式（15-12）计算，

$$\gamma = \left(0.7 + \frac{120}{h} \right) \gamma_m$$ (15-12)

式中 γ_m——混凝土构件的截面抵抗矩塑性影响系数基本值，可按正截面应变保持平面的假定，并取受拉区混凝土应力图形为梯形、受拉边缘混凝土极限拉应变为 $2f_{tk}/E_c$ 确定；常用的截面形状，γ_m 可按表 15-9 取用。

截面截面抵抗矩塑性影响系数基本值 γ_m 表 15-9

项次	1	2	3		4		5
截面形状	矩形截面	翼缘位于受压区的 T 形截面	对称 I 形截面或箱形截面		翼缘位于受压区的倒 T 形截面		圆形和环形截面
			$b_f/b \leqslant 2$ h_f/h 为任意值	$b_f/b > 2$ $h_f/h < 0.2$	$b_f/b \leqslant 2$ h_f/h 为任意值	$b_f/b > 2$ $h_f/h < 0.2$	
γ_m	1.55	1.5	1.45	1.35	1.5	1.4	$1.6 - 0.24 r_1/r$

注：1. 对 $b_f' > b_f$ 的 I 形截面，可按项次 2 与项次 3 之间的数值采用；对 $b_f' < b_f$ I 形截面，可按项次 3 与项次 4 之间的数值采用；

2. 对于箱形截面，b 系指各肋宽度的总和；

3. r_1 为环形截面的内环半径，对圆形截面取 r_1 为零。

（3）局部受压

① 局部受压面上仅有局部荷载作用

$$F_1 \leqslant \omega \beta_1 f_c A_1$$ (15-13)

② 局部受压面上尚有非局部荷载作用

$$F_1 \leqslant \omega \beta_1 (f_c - \sigma) A_1$$ (15-14)

式中 F_1——局部受压面上作用的局部荷载或局部压力设计值；

A_1——局部受压面积；

ω——荷载分布影响系数；当局部受压面上的荷载为均匀分布时，取 $\omega = 1$；当局部荷载为非均匀分布时，取 $\omega = 0.75$；

σ——非局部荷载设计值产生的混凝土压应力；

β_1——混凝土局部受压时的强度提高系数，$\beta_1 = \sqrt{\dfrac{A_b}{A_1}}$；

A_b——局部受压计算底面积，按图 15-4 确定。

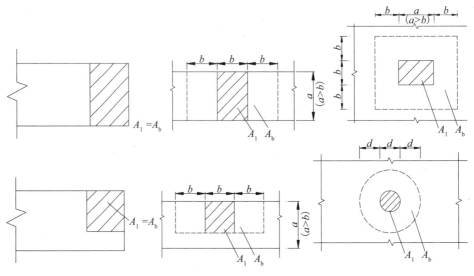

图 15-4　局部受压计算底面积

15.4　UHPC 预制装饰板施工工艺

UHPC 预制装饰板工艺流程如图 15-5 所示。

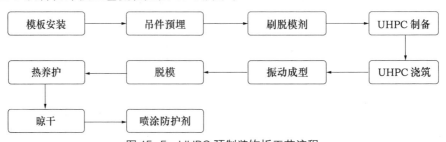

图 15-5　UHPC 预制装饰板工艺流程

UHPC 装饰面板宜选用水性乳化型脱模剂；小型的 UHPC 制品可采用塑料模具、硅胶模具，大型的 UHPC 构件可采用聚氨酯造型模具、钢模板、木胶合板模板；UHPC 具有极高的密实度，具有与花岗岩石材相当的超低吸水率，选用渗透性强的防护剂能大幅降低UHPC 吸水率，随着水胶比的降低，防护剂防水性降低；无需增加投入防水成本，采用常规材料及设备，通过严格的工艺控制，即可生产轻薄美观的 UHPC 装饰面板。

1. 模板安装

将装饰弹性衬模粘贴在刚性模板上，或在木模板上用螺栓进行固定，然后再安装在刚性模板或者振动台上使用效果更好，以便使用后的衬模容易从刚性模板上面拆卸下来，并便于保存及处置（如图 15-6 所示）。衬模能粘合在钢模具以及木模板上，粘合面必须彻底完整粘合，部分点面的粘合将导致衬模在脱模时拉伸而造成衬模局部鼓起，导致混凝土构件表面上会出现凹痕。在水平的表面上粘贴衬模是最容易的，刚粘合的衬模勿踩，避免衬模底下的粘合剂会被推开而分布不均匀，导致衬模有凹痕，引起混凝土表面产生相应鼓起的圆形部位。

装饰板的预埋件和预留安装孔要求位置准确。在模板上确定预埋件点，将预埋件固定栓在模板预埋件点位置，用 502 快干胶完全粘牢后，在模板上刷上脱模剂，将预埋件安装在固定栓上。

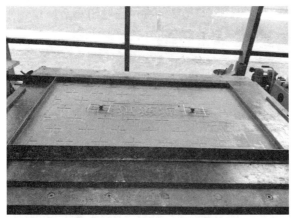

图 15-6　模板及硅胶衬模安装

2. 刷脱模剂

混凝土脱模剂涂刷或者喷洒至少两遍（如图 15-7 所示），可横向、纵向进行喷涂。需要特别注意的是：碰到条纹图案的模板时，条纹垂直部分应从模板两侧呈 45°斜角进行喷涂，这样才能保证混凝土脱模剂完全覆盖模板的各个角落。模板上多余的脱模剂必须用刷子或者干净的棉布清除，也可以用高压气枪吹掉。等到涂在模板上的混凝土脱模剂蒸发或干燥后，可以开始使用模板。

图 15-7　刷脱模剂

3. UHPC 制备、浇筑及成型

UHPC 搅拌应采用强制式搅拌机，搅拌速度不宜小于 45r/min，将超高性能混凝土干粉料先预先搅拌 1min，加水搅拌 3 ~ 4 min 至浆体状、加纤维再搅拌 1min；搅拌完毕的 UHPC 拌合物流动度控制在 140 ~ 180mm。UHPC 材料搅拌、运输、浇筑应在 10℃以上的环境下完成，拌合物应在 20min 内浇筑完毕。彩色 UHPC 复合路面板分成饰面层、结构层两层分别浇筑成型，单一彩色 UHPC 路面板则采取整体一次性浇筑成型（如图 15-8 所示）。在浇筑 UHPC 面板过程中，应随机制作 UHPC 同条件下的材料试件，并随构件同条件养护。装饰弹性模板具有弹性，会吸收一些振动频率，当使用振动台成型时多振动一次构件。

图 15-8　UHPC 浇筑成型

4. UHPC 脱模及热养护

静养：成型后的构件静停温度在 10℃以上，相对湿度在 60% 以上，静停时间 24h。

拆模：初养结束后，可以拆模，拆模时应确保构件温度与环境温差不大于 15℃（如图 15-9 所示）。

终养：脱模后的构件终养过程分升温、恒温、降温三个阶段，升温速度不应大于 10℃ /h，降温速度不应大于 10℃ /h，恒温温度控制在 60℃ ±5℃之间。

图 15-9　UHPC 装饰板拆模

5. 喷涂防护剂

防护剂在干燥无风的天气条件下，温度在 5℃ 和 25℃ 之间最为有效，防护剂喷涂前先对预制板进行清理，可配套使用清洁剂清理更方便，确保 UHPC 面板无污渍、无风化开裂、无脱模剂残留物、无油脂类，然后等预制板干燥后用刷子或适合的气枪喷涂防护剂（如图 15-10 和图 15-11 所示）。防护剂喷涂要均匀，保证一个平整的涂层在任何情况下都不允许有气泡，防护剂喷涂后要至少保证 3h 内不被雨淋、暴晒。

图 15-10　防护剂喷涂

图 15-11　防护效果

15.5　工程应用

UHPC 是具有超高强度、超低吸水率、超强耐久性和耐侵蚀性能的特殊混凝土，应用于建筑造型及耐久性要求比较高的公共与民用建筑、市政工程中。利用 UHPC 制作装饰构件，不仅可以实现结构装饰一体化，而且能大幅提高装饰构件的耐久性及产品附加值。

采用 UHPC 板代替普通混凝土板是一次技术创新，由于 UHPC 不用配筋，构件即可做得很轻薄，使用过程中构件不开裂，整体性好，能够很好满足构件的使用性能和耐久性，能够有效克服现有普通混凝土板存在的体积厚重、表面粗糙、美观性差、耐久性差、施工工作量大的问题，同时可以减少后期人、财、物的消耗。

目前在建筑设计领域（区别于结构领域）使用的 UHPC 的抗压强度大于 120MPa，抗折强度大于 25MPa。虽然 UHPC 可以达到很高的抗压强度，但对于纤薄建筑构件，主要利用的是 UHPC 的抗折强度。UHPC 的超高力学性能更主要体现在超高抗拉强度和高韧性，在实际应用中，UHPC 基体的超高强度通过小掺量的高弹模纤维进一步得到增强和增韧。

1. UHPC 制品开发

与钢结构相比，UHPC 结构的优势在于高耐久性和几乎没有维护费用，并容易达到建筑防火要求。与传统的钢筋混凝土结构、高强韧性钢材相比，UHPC 结构寿命可成倍提高（见表 15-10）。根据理论分析、现有的暴露试验以及实际工程检验结果，在腐蚀性自然环境中（如海洋环境），预期 UHPC 结构寿命可以超过 200 年以上；在非腐蚀环境（如城市建筑）中，预期 UHPC 结构寿命可以达到 1000 年；相对保守的日本相关技术指南认为，在正常使用环境条件下，UHPC 结构的设计工作寿命为 100 年。

高强混凝土、UHPC、钢筋增强 UHPC 和高强韧性钢材的性能对比 [2]　表 15-10

技术指标 \ 项目	普通高强混凝土	UHPC		CRC/HRUHPC 钢筋增强 UHPC	韧性高强材料
		0～2% 钢纤维	4%～12% 钢纤维		
抗压强度（MPa）	80	120～270	160～400	160～400	—
抗拉强度（MPa）	5	5～15	10～30	100～300	500
抗弯强度（MPa）	7	—	—	100～400	600
抗剪强度（MPa）	—			15～150	—
密度（kg/m³）	2500	2500～2800	2600～3200	3000～4000	7800
弹性模量（GPa）	50	60～100		—	210
断裂能（N/m）	150	150～1500	5000～40000	$2 \times 10^5 \sim 4 \times 10^6$	2×10^5
抗冻性	中等/好	不用引气，绝对抗冻		—	—
抗腐蚀性	中等/好	仅需要 5～10mm 钢筋保护层，抗腐蚀优良		—	—

　　结合 UHPC 材料特点，本章主要介绍路面板、外墙板、盖板等 UHPC 制品的开发与使用（如图 15-12 和图 15-13 所示）。

图 15-12　UHPC 路面板

图 15-13　UHPC 盖板

　　彩色 UHPC 产品在使用功能及结构性能上可以替代普通混凝土、装饰石材，彩色 UHPC 产品具有装饰、维护一体化功能，在装饰效果上可以做到更大尺寸、更大空间造型，而普通混凝土产品不仅需要外加装饰面层或装饰工艺，而且在装饰效果上受到构件重量的限制，很难突破大尺度的造型。

　　基于 UHPC 以上优点，中建工程研究院有限公司把彩色 UHPC 成功应用于中国建筑股份有限公司技术中心绿色建造实验室附属设施中，如围墙挂板、混凝土沉淀池盖板、景观路面板，取代了原来的厚重的普通混凝土盖板、部分铸铁井盖、铁质雨水箅子（如图 15-14 和图 15-15 所示）。

图 15-14　普通混凝土沉淀池盖板　　　　图 15-15　原铸铁井盖

其中 UHPC 围墙挂板（900mm×900mm×20mm）、沉淀池 UHPC 盖板（1410mm×800mm×30mm），景观 UHPC 路面板（600mm×600mm×20mm）、市政 UHPC 井盖（φ700mm×15mm）、UHPC 雨水算子（595mm×400mm×15mm），以上构件全部采用常规混凝土搅拌及成型设备制作而成（如图 15-16～图 15-21 所示）。

施工过程中 UHPC 工作性能、力学性能优越，其中抗压强度为 149.9MPa，劈裂抗拉强度为 12.44 MPa，抗折强度为 32.2 MPa，构件表面致密、色泽均匀、造型轻盈、耐久性好。彩色超高性能装饰混凝土（UHPC）无需配筋即可满足承载力及刚度要求，与普通混凝土相比，其构件造型轻盈、耐久性好，单个构件重量及厚度尺寸减小约 2/3，能够大幅节省原材料及施工人工成本，实现施工过程的绿色环保。

图 15-16　沉淀池 UHPC 盖板　　　　图 15-17　UHPC 外墙板

图 15-18　UHPC 雨水算子　　　　图 15-19　UHPC 井盖

图 15-20　UHPC 路面板　　　　　　　图 15-21　UHPC 井盖

超高性能混凝土在本质上是钢纤维和混凝土共同融合的新模式，可显著改善传统钢筋混凝土的不足。采用常规原材料及设备开发可现场浇筑和工厂预制的低成本超高性能混凝土干粉料，其抗压强度为 120 ～ 200MPa、吸水率超低、耐久性超强，产品无需增加设备投入。

通过施工技术，把超高性能混凝土干粉料应用于自装饰超高性能混凝土挂板、无配筋预制路面板等 UHPC 面板制品中，能够满足工程对力学、色彩、质感纹理及造型的需求。UHPC 主要用于制作轻薄预制构件，制品单位面积成本不高，可以取代石材、普通装饰混凝土，直接用于制作大型复杂造型或轻薄预制构件，解决用普通装饰混凝土无法浇筑、石材平面尺寸较小的技术难题，市场应用前景广阔。

2. 工程案例

（1）深圳深业上城项目

深业上城位于深圳市福田中心区东北角，深圳市莲花山公园与笔架山公园之间，东临皇岗路，西临彩田路，南临笋岗路，北眺塘朗山景。该项目占地面积约 12.12 万 m²，平均容积率 6.5，总建筑面积约 120 万 m²，作为深圳特区成立三十周年 20 大城市更新项目之一，项目定位为亚洲顶级城市综合体，包括高端商务公寓、LOFT、产业研发大厦、全球顶级奢华酒店文华东方、精品酒店及大型综合购物中心（如图 15-22 所示）。

图 15-22　深圳深业上城项目

该工程项目高 70.75m，幕墙门窗、屋面总面积 27000m²。A 区居住 LOFT 主体标准层高 9m，可灵活划分使用；外立面北面 4 层及以上部位采用灰白色"拧麻花"的 UHPC 格栅幕墙，UHPC 镂空格栅幕墙单榀高 2833mm、宽 1640mm，力求将 UHPC 材料本身的性能发挥到极致；南面 6 层及以上部位采用单元整体构造 2300 榀，东西面为 UHPC 平板，UHPC 幕墙体系的水平龙骨与竖向主龙骨利用连接件通过螺栓连接，UHPC 幕墙及 T 形钢结构龙骨体系的自重吊挂在上部楼层混凝土结构上[3]。南北两侧设置外廊，通风防晒良好；使每户拥有私家庭院，邻里之间既有交流，又保证了私密空间。

（2）巴黎 Jean Bouin 体育场

巴黎 Jean Bouin 体育场建筑主结构为金属框架体系，由 80 根不同的截面梁组成，立面镂空率高达 50%，23000m² 的自承重 UHPC 镂空面板使得整个场馆轻盈明亮又通透。UHPC 双曲网状表皮具有 150 ~ 250MPa 超高抗压强度、防水、高密实的特点，有害的化学物质几乎不可能渗透到 UHPC 幕墙面板里，立面的应用确保了光线的通透明亮；UHPC 自身卓越的力学性能使格栅状面板除了装饰以外还可以起到栏杆防护的作用。

立面与屋面之间交界处的镂空面板采用了更高的镂空率与更大的曲面，同时立面通过建筑网格体系既可以导流雨水，又能过滤光线。1600 块嵌入玻璃的屋面面板，单个屋面板块宽 2.4m、长 9m、厚 35mm，UHPC 内嵌入 20% ~ 27% 的玻璃，同时在板块预制过程中浇筑两条 16cm 厚的肋。由于 UHPC 具有非常高的抗弯强度，屋面板块因此可以设计得很纤细，甚至能实现悬挑 8 ~ 9m。

（3）长沙北辰三角洲跨街天桥

2016 年，长沙北辰三角洲跨街天桥全长 74m、主跨达 36.8m，是国内首座超高性能混凝土桥梁，采用全预制构件拼装而成（如图 15-23 所示）。该桥在同等承载力条件下，上部结构重量减小了近三分之一，桥梁只需 2 个桥墩作支撑，桥墩最细处仅 60cm 即可满足承载要求。

图 15-23 湖南长沙全预制拼装超高性能混凝土桥[4]

3. 应用前景

UHPC 在建筑设计中的应用并没有很长时间，在过去的几年中 UHPC 在美国已经用于政府项目、大学建筑、博物馆、机场、商业建筑、酒店和高层住宅。对于建筑的外围护体系，在过去的 15 年中，业主和设计师在寻求能够使建筑物独一无二又让人印象深刻的解决方法，更多轻质和高性能的建筑外立面材料被采用，因此设计过程的挑战是获得高性能建筑外立面，需要控制构件重量和成本，关注表皮的形式和变化，寻求色彩对比，这些都对材料的物理性能和自然性、真实性提出了更高的要求，更关注材料的耐久性，低维护性。

就材料本身来说，超高性能混凝土目前的造价很高，几乎与普通钢材价格相当。但是，由于超高性能混凝土有着无法比拟的优点，使得超高性能混凝土结构仍然有着很好的经济性和市场应用前景。UHPC 材料较普通预制混凝土或高性能混凝土成本高，UHPC 的容重较普通混凝土略高，制造同样平面尺寸和形状的板材所用的材料量大大减少，可以轻易生产出厚度仅为 16mm 的 1000mm×2400mm 或 1200mm×3000mm 大尺寸板材，因此在考虑综合成本的情况下，UHPC 具有与普通混凝土或 GRC 相当综合成本的潜力，但性能更好。

UHPC 超低的吸水率和超强的耐久性更保证了建筑表皮的长期视觉和使用效果，大尺寸的 UHPC 挂板为建筑带来更好的视觉整体感，UHPC 挂板丰富和细腻的肌理及质感为建筑表皮带来不同的风格和多变的表现形式。由于 UHPC 的超高抗弯强度，UHPC 挂板可采用预埋背栓或明孔两种方法，安装连接点可以大大简化，UHPC 挂板安装更加简单快捷。

参 考 文 献

[1] 鞠丽艳. 超高性能混凝土工程应用分析. 混凝土世界［J］, 2019 年 01 期, 56-59.
[2] 赵筠, 廉慧珍, 金建昌. 钢 - 混凝土复合的新模式—超高性能混凝土, 混凝土世界［J］.2013.10, 56-69.
[3] 贾艳明. 低碳地产［J］. 2015 年第 16 期.
[4] 长沙晚报记者, 王志伟摄.

第 16 章　玻璃纤维增强混凝土

16.1　概述

玻璃纤维增强混凝土（Glass Fiber Reinforced Concrete 缩写为 GRC）是一种以水泥砂浆为基材，耐碱玻璃纤维为增强材料的无机复合材料，广泛应用于建筑工程、市政工程、农业工程、水利工程和园林工程等众多建筑领域，是 20 世纪中叶诞生的一种新型无机装饰材料。GRC 密度为 $1.8 \sim 2.0 \times 10^3 \text{kg/m}^3$，抗弯强度超过 18MPa，相比传统的混凝土，GRC 材料具有质量轻、抗弯强度高、可塑性好等优点，能够制造出异形曲面的装饰样板，既符合低碳节能、绿色环保的现代建筑理念，又能显著提高经济效果，深受建筑师的青睐。

GRC 及其制品的生产技术经过 40 多年的不断发展已达到较高水平，相应的配套设备设施也比较完善。按照生产工艺不同可分为喷射型 GRC 和预混型 GRC，其中喷射工艺适用于制造薄壁、平面制品等；预混工艺适用于制造厚壁的制品，如柱头、支托等。GRC 生产时对原材料有严格的规定，我国生产的 GRC 采用 pH 值不大于 10.5 的低碱度水泥（国内以硫铝酸盐为主，国外以普通硅酸盐水泥加掺合料为主），增强材料采用锆含量不低于 16.5% 的耐碱玻璃纤维。

1. 传统 GRC 制品

GRC 在欧洲的兴起很大程度上源于人们对欧洲古典建筑的审美复苏。古老的欧式建筑通常采用石材雕刻的方式进行装饰，通常一座教堂需要耗费数十年甚至数百年的时间来完成，教堂中神话人物众多，工作量大，因此也导致建筑造型曲线复杂，需要大批的雕刻家来从事雕刻工作。而二战结束后，大量人口无家可归，导致住房的紧缺，建筑工业化得到快速发展，人们不再通过落后的手段大规模建造欧式建筑，而是利用 GRC 材料优异性能制作构件，将其用于建造安装大量的带有欧洲古典气息的建筑。随着科技的发展，现代欧式建筑除了拥有优美的曲线，其设计风格也更简约，多采用混凝土加模具的方式，其中 GRC 材料扮演了重要的角色。

GRC 构件具有强度高、韧性高、耐火性好、可塑性强、安装便捷等优势，可广泛应用于墙板、吊顶板、屋面板、永久性模板及外装饰构件等，既能缩短施工时间，又能节约材料。GRC 装饰产品多种多样，由于其线条优美，质感、纹理饱满丰富，色彩靓丽，多用于欧式建筑的装饰。目前我国常见的 GRC 产品有 GRC 异形复合外墙板、GRC 轻质空心墙板、GRC 轻质平板、GRC 网架面板以及其他如假山、雕塑、门窗套、扶手、栏杆等装饰产品。

（1）GRC 复合外墙板
GRC 复合外墙板由带肋的 GRC 板作为内、外面层，中间填充保温隔热材料，经预制成型、养护而成（如图 16-1 所示）。该墙板具有质量轻、强度高、韧性好等优点，同时兼具保温、防水等多重功能，目前在我国广泛使用，如深圳锦绣大厦和罗湖商业大厦的内隔墙采用 GRC 复合外墙板，内填充膨胀珍珠岩保温材料；亚运会羽排馆也采用 GRC 异形复合外墙板，其外墙由 504 块 GRC 异形复合外墙板组成，充分发挥了 GRC 材料的优点。

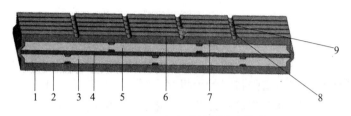

图 16-1　GRC 复合外墙板基本构造

1、7 — GRC 面层；2、6 — 网格布或钢丝网；3、5 — EPS 或 XPS 板；
4 — GRC 连接中间层；8 — 上下连接孔；9 — 与外墙砖连接槽

（2）GRC 轻质平板

GRC 轻质平板也称 S-GRC，即轻质玻璃纤维增强水泥板；它材具有轻质、高强、耐水性好、可加工性好等优点；这种板材目前已被广泛使用，主要用在地下室、卫生间和吊顶等对防水要求较高的地方，也适用于电梯井、管道等部位。

（3）GRC 轻质空心隔墙板

GRC 轻质空心隔墙板（如图 16-2 所示）应用较早，主要以膨胀珍珠岩为轻骨料，以 GRC 制备而成的隔墙板，具有轻质高强、抗震性好、耐火性能好、防水好、施工方便等优点，多用于公共建筑的内隔墙和外围护墙，以及居住建筑的分室、分户墙、厨房、卫生间及阳台等。

（4）GRC 网架屋面板

GRC 网架屋面板由 GRC 面板与预应力混凝土肋复合而成，具有轻质、高强、抗冲击性好、防水性能好、施工方便等优点，GRC 网架屋面板可节省钢材，缩短工期，和常规板材相比，GRC 网架可节省钢材 $2 \sim 2.5 \mathrm{kg/m^2}$，节省工时三分之一，能产生巨大的经济效应。

图 16-2　GRC 轻质空心隔墙板

2. GRC 发展历史及现状

（1）国外 GRC 发展历史

早在 20 世纪 40 年代，国外就已经开始研究纤维增强水泥材料。早期的 GRC 材料的研究目的主要是为了寻找石棉的替代品[1]。在此之前，石棉是最重要的防火、隔热保温材料，且价格低廉，在 20 世纪 60、70 年代开始被广泛应用于建筑业中。但到了 20 世纪 70、80 年代，人们发现石棉是一种致癌物，人体如果吸入石棉粉尘，这些像钢铁一般结实的石棉纤维会永远停留在肺部，随着工人的死亡个案越来越多，各国开始立法，禁止石棉材料的使用，由于只有直径 3um 以下的纤维才能被吸入人体肺部，而玻璃纤维平均直径为

12～20um，很难被人体吸入，对人体没有危害，GRC 由此变成了一种理想的石棉替代品。

20 世纪 60 年代德国科学家首次系统地研究了短切纤维、连续纤维对纤维增强水泥材料的影响，英国建筑研究所首次制备了耐碱玻璃纤维，并和皮尔金顿玻璃公司联合推出了第一代 GRC 产品，至 20 世纪 70 年代末，GRC 材料在欧洲已有相当大的市场。

20 世纪 80 年代，德国莱门海德堡研究组发明了 wellcrete 技术，制造了第二代 GRC 材料，该技术将耐碱玻璃纤维定向分布于应力集中的部位，使 GRC 材料的耐久性大大增加，成功取代了石棉。

（2）国内 GRC 发展历史

我国 GRC 的发展要追溯至 20 世纪 50 年代，迄今为止 GRC 在我国的发展可分为三个阶段：

① 初步探索（20 世纪 50 年代）

中华人民共和国刚成立不久，钢材匮乏，国内决定尽可能用钢筋混凝土替代和填补钢材资源的缺口。1958 年在吴中伟院士的带领下，我国开展了普通玻璃纤维增强水泥（又称玻璃丝混凝土）的研究[2]。由于玻璃纤维耐碱性不足，容易受到水泥中强碱的侵蚀，导致所生产的 GRC 耐久性较差（安全使用期小于 1 年），GRC 的研究因此受阻并被搁置下来。

② 发展阶段（20 世纪 70 年代——20 世纪 80 年代）

在第二代 GRC 问世于欧洲之后的数十年中，第二代 GRC 的耐久性仍然没有得到很好的解决，GRC 在使用 5 年后，其抗弯强度只保留了最初值的 40%～60%，10 年后其抗弯强度不到最初值的 40%，因此如何进一步解决 GRC 的耐久性仍然是人们面临的一大难题。20 世纪 70 年代，建筑材料工业研究院采用双保险技术路线，提出了同时研究耐碱玻璃纤维和低碱度水泥制备 GRC 的研究路线——这也是后来我国解决 GRC 耐久性问题的"双保险"技术路线。一方面在 Na_2O-CaO-SiO_2 玻璃系统中引入了 ZrO_2 和 TiO_2，不仅提高了玻璃纤维的抗碱性，而且电熔磁窑拉丝生产过程中的熔化温度和拉丝温度比英国 Cel-Fil 玻璃纤维分别降低了 70℃ 和 140℃[3]，R-13 系列新型抗碱玻璃纤维（氧化锆 ZrO_2 含量为 14.5%）和高性能耐碱玻璃纤维（氧化锆 ZrO_2 含量大于 16%）陆续研制和投产。另一方面，我国研制出硫铝酸盐水泥，20 世纪 80 年代又首创了铁铝酸盐水泥等低碱度水泥。"双保险"的技术路线为我国第三代 GRC 产品奠定了坚实的基础，也为后来 GRC 材料的蓬勃发展铺平了道路。

③ 快速发展阶段（20 世纪 90 年代至今）

随着我国 GRC 行业采用"双保险"技术路线，国产 GRC 的耐久性能得到大大提高，GRC 产业链也逐步完善，丰富多彩的 GRC 产品不断问世，如 GRC 隔墙板、GRC 薄壁筒体、GRC 网架屋面板等，而这些 GRC 新产品的问世也带动了 GRC 原材料生产和工艺装备的技术进步，陆续出现了直接喷射法、预混喷射法、预混挤压法、预混泵注法、立模浇筑法、流浆法等 GRC 生产工艺，在国内逐步建立了年产数十万平方米的生产线，进一步推动了 GRC 产业蓬勃发展。

（3）GRC 发展现状

GRC 产品自诞生之日起就受到了人们的喜爱。经过 20 世纪下半叶的发展，GRC 生产技术和生产设备逐步完善和更新，目前 GRC 在美国、西欧及日本等发达国家和地区均有较为广泛的应用。我国 GRC 产业经过 30 多年的发展，也取得了长足的进步。GRC 采用的主要原材料是硫铝酸盐低碱度水泥和抗碱玻璃纤维，国内玻璃纤维厂家生产的抗碱玻纤，在硬挺性、分散性、切割性等方面不如国外，无论从产品的生产工艺、生产规模、产品品种和质量等方面与国外先进国家相比尚存在较大差距。尽管国内从事 GRC 研制和生产的单位已达 200 多家，但目前所拥有的 GRC 板材生产线最高年产量仅数十万平方米，生产规模较小，工艺落后，自动化和机械化程度不高。

16.2　GRC 制备技术

1. 性能要求及生产工艺

（1）流动性

GRC 的流动度是影响 GRC 工作性的重要因素。由于 GRC 普遍采用喷射法生产，因此相比普通混凝土，GRC 对流动度的要求更高。GRC 是在普通混凝土的基础上发展起来的新型材料，其流动性的影响因素也和普通混凝土一样，受到水灰比、砂率、矿物掺合料等因素的影响，但 GRC 和普通混凝土的不同在于其流动性影响因素还包括玻璃纤维的掺量。

国内相关研究表明：纤维的加入会降低 GRC 的流动性，当掺入 1% 耐碱玻璃纤维时，其流动度会由 300mm 降至 240mm；膨胀剂和偏高岭土也会降低 GRC 砂浆的流动度；而胶粉和粉煤灰会增加 GRC 砂浆流动度。因此，在设计不同流动度的 GRC 时，可以不改变减水剂和用水量，适量增加粉煤灰和胶粉的掺量来调整 GRC 配比。当粉煤灰和偏高岭土掺量均为 10%，纤维掺量为 1% 时，砂浆的流动度可达 258mm，如果进一步增加胶粉的含量，控制砂的级配和细度，还可以进一步提高 GRC 流动性能。

纳米 SiO_2 对 GRC 的流动性的提高有帮助，加入适量的纳米 SiO_2 替代硅灰时，可以增加 GRC 的流动度。这是由于纳米 SiO_2 粒径极小，可填充于水泥颗粒间隙和絮凝结构中，使原来絮凝结构中的水释放出来，从而使浆体稀化；另外纳米 SiO_2 球形颗粒填充于水泥颗粒之间，具有润滑和减阻作用，通常纳米 SiO_2 的掺量为总胶凝材料质量的 1% 左右时流动性最大。

（2）抗裂性

GRC 开裂目前在国内是一个普遍的问题，研究人员主要通过优化配比，增加膨胀剂、减缩剂，以及通过添加胶粉等柔性材料的方式尝试解决这一难题。国内对 GRC 材料的开裂问题做了详细深入的研究，通过掺入不同的纤维、胶粉以及膨胀剂等材料，研究不同因素对 GRC 试件抗收缩性能的影响，进而优化配比。研究表明 1% 纤维的掺量可以较好改善 GRC 的折压比，能够显著改善其抗裂性能；2.5% 的胶粉掺量能够提高其基体的韧性和抗裂性能；8% 掺量左右的膨胀剂能够改善其抗裂性能。

通过调整 GRC 面层配方中石英砂与水泥的掺量比、细石英砂与粗石英砂的掺量比以及陶瓷微粉的掺量，能够有效地降低 GRC 面层的干缩率，从而降低 GRC 面层产生裂纹的概率，提高了 GRC 抗裂能力，实现了 GRC 面层的耐久性及装饰效果。

（3）耐候性

传统的 GRC 由于掺有直径为微米级的玻璃纤维，在微观上其与混凝土之间存在微米级别甚至纳米级尺寸的差别，因此表面能较高，使 GRC 表面较普通混凝土有较大的吸附能力，且 GRC 颜色一般较浅，在使用过程中由于受到光照、雨水冲刷等因素影响，极易留下明显的污渍，使 GRC 装饰效果大打折扣。

目前常用的解决方法[4]是在 GRC 表面涂一层防水材料（如硅氧烷涂层材料），避免水和 GRC 接触，短时间内能有效地解决 GRC 耐候性较差的问题。但随着使用时间的增加，涂在 GRC 表面的致密防水层会逐渐分解，导致其防水效果下降，此时需要重新涂刷，增加了人工成本和材料成本。

自清洁 GRC 也有望解决上述难题，将过氧钛酸溶胶与光触媒（主要为纳米 TiO_2）复合，通过掺入或涂覆的方式，光催化涂料同 GRC 面层水化形成的 $Ca(OH)_2$ 有效结合，增强了光催化涂料在 GRC 表面的稳定性，形成具有光催化功能的 GRC，从而增加 GRC 的使用寿命[5]。该方法可以使 GRC 面层实现自清洁并能去除气体环境中的污染物，在较低的成本下可以获得较大的环境和经济效益。

（4）GRC 生产工艺

GRC 生产及施工时应进行充分的准备，准备工作主要有技术准备、方案编制与技术交底、生产设备和机具准备等。目前，GRC 部件的生产工艺主要有喷射法、预拌法等，其中喷射法的生产工艺如图 16-3 所示。

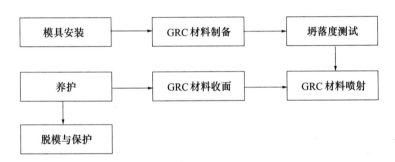

图 16-3　喷射法生产工艺

2. GRC 配比组分研究

GRC 主要材料组成有：耐碱玻璃纤维、水泥、砂、水，有时还可能会加入一些外加剂（如减水剂、早强剂、防冻剂、防锈剂等）及其他特殊效果材料（如具有闪光效果的云母粉、不同色彩效果的颜料等）。GRC 是以低碱度水泥（如硫铝酸盐水泥）为基体，加入耐碱玻璃纤维作为增强结构材料而形成的复合材料，弥补了普通混凝土材料抗拉及抗剪性能弱的缺点。在不同的应用领域、不同的施工环境及不同的应用要求中，GRC 各材料组分的配比也不尽相同，如果还需要达到其他特殊的要求，则应添加特别的组分。

传统的 GRC 通常在表面涂覆一层光催化剂或光催化—有机树脂复合涂层，该涂层对 GRC 起保护作用，复合涂层由于光催化作用对有机涂层有光催化降解作用，直接降低了防护涂层的使用寿命。单层施工的光催化剂易进入多孔性水泥材料内部，不易接收光照，光催化效能较低；光催化—有机树脂复合涂层中的有机涂层受到紫外线作用会导致其化学键破裂，使其耐久性变差，且由于涂层疏水性变差，雨水带着污染物会在 GRC 表面形成一条条痕迹（雨痕），严重破坏了 GRC 的美观。针对上述不足之处，在 GRC 面层材料中加入具有憎水功能的防护剂，使防护剂分布在水泥水化反应后产生的孔隙内，能有效阻止水分的进入，避免光催化剂对有机涂层的分解，使 GRC 具有防水功能的同时兼具耐沾污与自清洁的特点，延长了 GRC 的使用寿命。

（1）抗裂 GRC

GRC 外墙整体预制技术在应用过程中，由于水泥石失水干缩，且面层干缩率较大，内部干缩率较小，使 GRC 预制构件易出现 GRC 面层开裂的现象，严重影响建筑外观效果和耐久性，制约了该技术的推广和应用。通过加入胶浆等材料，可以增加了 GRC 材料的柔性，使之具有较好的抗裂性能，能很好地解决了 GRC 面层开裂的问题[6]。

（2）高强 GRC

传统 GRC 制品的抗压强度约 50 ~ 60MPa，从而限制了 GRC 制品在高层建筑以及一些具有特殊要求的建筑上应用。GRC 制品必须具有更高的强度、更好的耐久性和可靠性，才能够获得更广泛的应用，这些需求促使 GRC 制品向高强或者超高强 GRC 方向发展。然而，高强混凝土显著的特点是水灰比低、掺合料活性高，浆体黏度大，流动性大，不能满足喷射工艺要求；特别是对于复杂曲面和立面喷射时，流挂现象严重，影响制品厚度和性能。通过在高强混凝土的配合比中加入了浆体黏聚改性剂等材料，使生产的高强 GRC 具有较好的工作性能，收缩率低，能很好的解决了喷射流挂问题[7]。

（3）高寿命 GRC

现有的 GRC 产品存在抗拉、抗弯、抗冲击强度不足的问题，严重制约了 GRC 的使用寿命，阻碍了 GRC 的发展。通过加入甲基硅酸盐、偏高岭土、火山灰等成分，提高了 GRC 的耐久性能，提高防潮、防渗透、防水和耐污能力，也延长了 GRC 制品的寿命，缓解了 GRC 制品的老化。GRC 具有良好的环保性，其所使用的原材料均来自天然材料或者固体废弃物的再加工[8]。

（4）抗泛碱 GRC

GRC 作为一种建筑装饰材料，其丰富的质感造型等表达能力得到建筑设计师的青睐，GRC 具有多孔性，由于恶劣的环境条件，GRC 中的水泥水化产物 $Ca(OH)_2$ 随着水分迁移至 GRC 表面，与 CO_2 反应生成白色的 $CaCO_3$，俗称泛碱；同时，随着 GRC 表面水分的挥发，易发生龟裂并产生微裂纹，外界水分由裂纹进入 GRC 内部，会对 GRC 产生腐蚀作用，破坏其结构，导致 GRC 表面容易污染，不易清洗，严重破坏了 GRC 整栋建筑物的艺术美感，影响其寿命及装饰效果。因此，GRC 需要防止水分渗入其内部对其性能进行破坏，传统 GRC 在表面喷涂一层有机涂层起到防水作用，但有机涂层经风吹日晒后其耐久性较差，因此，在 GRC 表面涂刷一种具有高耐沾污自清洁的涂层是必要的。

（5）自调温 GRC

一种相变微胶囊自调温 GRC 干粉砂浆面层材料，通过在相变微胶囊表面包覆一层坚硬的水泥材料外壳，使相变微胶囊在搅拌过程中能保持完整性，同时加入碳纤维可以提高相变微胶囊外壁的导热性能，使生产出的 GRC 具有优异的自动温度调节功能[9]，并应用于玻璃纤维混凝土面层。

（6）轻质环保 GRC

目前，GRC 材料作为一种轻质高强的建筑材料，其应用已突破传统的非承重构件，在半承重构件中的应用十分广泛，甚至在承重构件中也进一步试用。GRC 在工业与民用建筑工程、市政工程、农业工程及军事工程等方面应用十分广泛，作为一种复合材料，GRC 的性能可以根据工程要求进行适当调整，以满足不同工程的需要。同时，GRC 材料的基础原料是水泥、耐碱玻璃纤维、砂、水及外加剂，原材料获取方便，价格低廉，具有轻质高强、抗冻融性好、抗渗性优越、耐火性能高、可塑性强等优点。而随着纤维的掺入，GRC 的抗折强度逐渐增加，但是 GRC 的流动度会大幅降低，因此 GRC 很难兼具高抗折强度及大流动性。

为解决上述问题，采用硅酸盐水泥和硫铝酸盐水泥作为胶凝材料，添加多种矿物掺合料、河砂、纤维、高效减水剂等多种技术手段，将各类原材料的优异性能高效整合，使得制备出的 GRC 复合材料兼具高流动性、高抗折强度特点，GRC28d 抗折强度大于 12.0MPa，扩展度可达 200mm 以上（流动度参考水泥胶砂流动度测定方法），远高于普通纤维水泥基材料流动度（160 ～ 180mm）。

采用微珠可制备大掺量纤维高流动 GRC，所用胶凝材料为 P II 型硅酸盐水泥，强度等级在 52.5 级以上；快硬型硫铝酸盐水泥，强度等级在 42.5 级以上；矿物掺合料为微珠、I 级以上的粉煤灰、硅灰 3 种材料中的 2 种以上的组合[10]。

国内研究了一种新型轻质 GRC[11]，并探讨了其最佳工艺配方，如 GRC 配合比为：高铝水泥 42.5%，抗碱玻璃纤维 3.0%，珍珠岩 18%，聚苯乙烯小球为 7%，蛭石为 5%，水灰比为 0.5 ～ 0.7。该 GRC 材料密度小、保温隔热性能较佳，使其成为满足我们需要的轻质、阻燃、隔热、保温、耐用的新型建筑材料。

3. 原材料对 GRC 的影响

（1）掺合料

由于 GRC 基体仍然是水泥基材料，因此普通混凝土的性能影响因素对 GRC 具有重要的参考意义，GRC 的性能规律与普通混凝土的性能规律基本一致。与普通混凝土相比，其碱度较低（pH 值 10.5），掺合料掺量、砂的级配、纤维掺量等因素使 GRC 的强度有了新的变化。已有文献对 GRC 配比的影响因素进行了深入研究，详细探讨了粉煤灰、石英砂、纤维等常见的原材料对 GRC 强度的影响。

① 粉煤灰

粉煤灰含有丰富的 SiO_2、Al_2O_3 等矿物成分，粉煤灰的水化反应过程为火山灰反应，即粉煤灰中的玻璃体在碱性环境下逐渐解体，生成的水化硅酸钙和铝酸钙等活性凝胶材料逐步聚合成四面体网状结构，填充于水泥浆体内部颗粒，增加了水泥浆体的密实度。粉煤灰中球状玻璃体的含量随粉煤灰等级的变化而有所不同，等级较高的粉煤灰中玻璃体的含量较高，玻璃体呈球状，因此具有"滚珠效应"，能提高混凝土的流动性（如图 16-4 所示），研究表明粉煤灰掺量为 60% 时，GRC 的流动度能增加 1 倍以上[12]。

GRC 中粉煤灰球状玻璃体、硅灰在 GRC 复合材料中的碱度较低，因此粉煤灰对 GRC 的早期强度不利，研究资料表明：与空白样相比，粉煤灰取代量为 15% 时，3d 抗折强度降低了 18.2%；取代量为 30% 时，3d 抗折强度降低了 25.6%。粉煤灰能增加 GRC 的后期强度和耐久性，掺入适量粉煤灰能够提高 GRC 的工作性能，增加其耐久性，降低成本[13]。

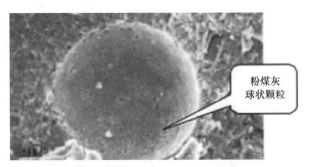

图 16-4　粉煤灰玻璃体形貌

② 硅灰

硅灰是冶金厂生产硅铁和工业硅过程中产生的废灰，从烟尘中分离的硅灰经冷却筛选后，去掉粗颗粒，保留 0.1μm 左右的细颗粒，其粒径是水泥颗粒的 1/100，呈球状，为非结晶体。普通混凝土掺入水泥质量 7.5% ～ 8.1% 的硅灰，其 28d 强度可达到 90 ～ 100MPa（远高于未掺硅灰的普通混凝土强度），坍落度可达到 200 ～ 260mm。试验表明：在 GRC 中掺入硅灰，硅灰中的 SiO_2 可以和 $Ca(OH)_2$ 及高碱度的水化硅酸钙产生二次反应，生成强度更高、稳定性更优的低碱度水化硅酸钙，从而改善水泥石中胶凝物质的组成，减少 $Ca(OH)_2$ 含量；通过二次反应改善了水泥石与骨料界面处 $Ca(OH)_2$ 的结晶状态，从而使界面结构也得到了改善；掺入硅灰也能改善玻璃纤维在基体中受侵蚀的环境，可有效地降低玻璃纤维受侵蚀的速率，这也是硅灰提高 GRC 强度尤其是长期强度的主要原因所在。

（2）玻璃纤维

玻璃纤维是 GRC 最重要的原材料之一，也是 GRC 与普通混凝土的区别所在。玻璃纤维的掺入能显著改善 GRC 材料的韧性，大大增加了材料的可塑性，使 GRC 材料在装饰领域占有重要的一席之地。耐碱玻璃纤维含有 ZrO_2、TiO_2 等抗碱组分，在碱液的作用下玻璃纤维表面会形成一层保护膜，产生富锆、富钛的现象，减缓碱液对玻璃纤维的侵蚀，增加了玻璃纤维的耐久性。玻璃纤维在生产中可分为短切原纱和无捻粗纱。短切原纱为切短至一定长度的原纱，标准长度有 12mm 和 25mm，短切原纱主要用于预拌 GRC 成型；无捻粗纱是由若干平行的原纱集合而成，主要用于喷射 GRC 成型（如图 16-5 所示）。

（a）无捻粗纱　　　　　　　　　　　（b）短切原纱

图 16-5　玻璃纤维无捻粗纱和短切原纱

　　有学者对玻璃纤维在 GRC 中的掺量进行了研究后表明：随着纤维掺量的增加，GRC 的 3d、7d 和 28d 的抗折强度均有一定程度的增长，且纤维掺量越大，GRC 的抗折强度越大，即纤维掺量的增加能够明显提高 GRC 的抗折强度；随着纤维掺量的增加，GRC 的 28d 抗压强度也出现明显的增长，因此总体纤维掺量越大，GRC 的力学性能越优异（如图 16-6 所示）。考虑到玻璃纤维对 GRC 的影响，如果纤维掺量过多，则 GRC 的流动性下降，且容易发生团聚现象，因此考虑 GRC 的工作性能，玻璃纤维的掺量为 1.5% ～ 2.0% 较为合适。

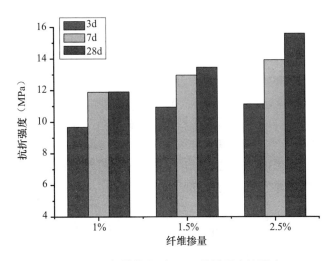

图 16-6　纤维掺量对 GRC 抗折强度的影响

（3）石英砂

　　为节约成本，普通混凝土采用连续级配的砂作为混凝土细骨料，GRC 的细骨料采用石英砂，其级配多采用最紧密堆积状态，从而使 GRC 达到最大强度。通过测试粒径为 16 ～ 26 目、26 ～ 40 目及 40 ～ 70 目的石英砂堆积密度、表观密度、空隙率及紧密堆积密度，从而确定 GRC 中三种级配石英砂在最紧密堆积状态下最佳掺量比。

　　① 各级配石英砂物理参数

　　通过试验分别测出三种粒径石英砂的堆积密度、表观密度及空隙率，具体结果如表 16-1 所示。

石英砂的物理参数　　　　　　　　　　　　　　　　　　　　　表 16-1

骨料粒径（mm）	堆积密度（kg/m³）	表观密度（kg/m³）	空隙率（%）	含水率（%）
1 ～ 0.6	1324.6	2642	50	0
0.6 ～ 0.38	1330.4	2625	49.3	0
0.38 ～ 0.212	1344.6	2726	51	0

　　② 不同粒径最佳掺量比例确定

　　将粒径为 0.38 ～ 0.212mm 的石英砂掺入 0.6 ～ 0.38mm 的石英砂中，进行一级堆积，求出混合后的最大单位重量，这就是中砂和细砂的最佳比例，结果如图 16-7 所示。

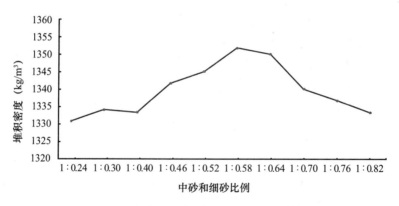

图 16-7　中砂和细砂比例对紧密堆积密度影响

通过测量两级石英砂在不同掺量下紧密堆积密度，确定 0.6～0.38mm（中砂）和 0.38～0.212mm（细砂）掺合的比例为 1:0.58 时为最密实状态。以上实测出一级堆积石英砂紧密堆积密度，并将一级堆积混掺骨料的石英砂掺入 1.00～0.60mm（粗）石英砂中，进行二级堆积，同样求出混合后的紧密堆积密度，由图 16-8 可以看出，当 1~0.6mm（粗）、0.6～0.328mm（中）及 0.328～0.212mm（细）三级石英砂的掺和比为 1:0.46:0.27 时达到最大密实状态，紧密堆积密度为 1352kg/m³，实测混合砂表观密度为 2634kg/m³。

以上实测出一级堆积混掺骨料石英砂堆积到最密实状态时的堆积密度，并将一级堆积混掺骨料的石英砂掺入 1.00～0.60mm（粗）石英砂中，进行二级堆积，同样求出混合后的最大单位重量，如图 16-8 所示。

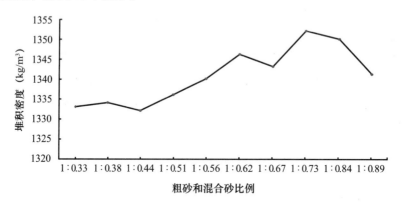

图 16-8　粗砂和混合砂比例对紧密堆积密度影响曲线

16.3　GRC — 混凝土制品复合工艺

GRC — 混凝土制品复合生产工艺是近年来在国内出现的一种新型的 GRC 应用方式。传统的 GRC 装饰材料（尤其是外墙装饰）采用干挂式工艺，即将 GRC 制品和外墙通过干式连接技术牢固连接，此工艺是目前 GRC 制品的主流施工工艺。此工艺缺点是安装工艺复杂，且有脱落的风险。在此基础上发展了 GRC 复合工艺，不同于传统的 GRC "挂式施工工艺"，GRC 复合工艺是通过 "反打工艺" 将 GRC 装饰材料和混凝土主体结构复合，在工厂一次成型，然后通过 "内浇外挂" 的装配式建造方式将其安装在建筑中（如图 16-9 所示）。

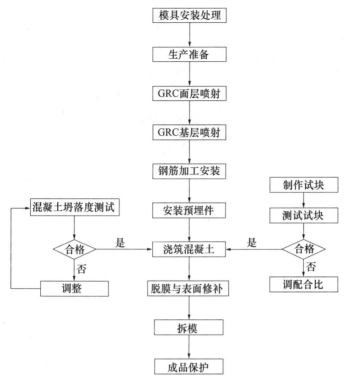

图 16-9　GRC 复合混凝土制品的喷射生产工艺

　　GRC 复合混凝土制品的生产及施工时应进行充分的准备，准备工作主要有技术准备、方案编制与技术交底、仪器设备和机具准备等。该工艺[14] 由于采用 GRC 与混凝土直接复合，粘结强度大大增加（其拉拔强度大于 1MPa，且整体性更好），在防止脱落的同时也减少了高空安装作业这道工序，降低了施工风险（如图 16-10 所示）。

图 16-10　坠落的 GRC 装饰材料

1. 模具选择与安装

　　模具是 GRC 预制构件的基础，模具好坏将直接影响预制构件产品的外观质量（如图 16-11 所示）。在实际的建筑工程中，主要根据 GRC 预制外墙的样式和造型来进行设计模具。在确定建筑师及业主的设计要求之后，工程人员便会根据 GRC 预制外墙的大样图纸，绘制出模具的图纸，然后交由模具供应商进行加工生产。

图 16-11 GRC 预制构件模具

（1）模具选择

现在市场上的 GRC 产品多种多样，根据产品的质量要求、形状复杂程度、表面装饰效果以及生产成本等因素进行选择，在保证模具尺寸正确、精度符合要求、结构牢固前提下，对比木模、钢模、硅胶模这三种模具成型后质量、使用周转次数、做特殊造型的难易程度以及生产的综合成本等参数因素合理选择模具（如表 16-2 所示）。

三种模具性能对比表 表 16-2

模具 \ 参数	构件质量	周转次数（次）	特殊造型	综合成本
木模	易变形	6.5	易切割，易加工，可以做特殊造型	高
钢模	精度高，构件表面光滑	500～600	加工成本高，适合标准构件	较低
硅胶模	良好	100	造型方便	较高

研究发现使用木模生产的预制构件质量不稳定，尺寸误差较大，且产品的外表面粗糙，使用周转次数少，但优点是可以切割，能较方便地加工制作某些特殊造型；钢模具的刚度大、试生产固定后不易变形，使用周转次数多、拆模、装模方便，产品表面平整、光滑且精度高；硅胶模主要是用来做 GRC 特殊造型，特别是 GRC 外墙面的异形特殊造型。

在 GRC 预制外墙技术研究项目的过程中，基于项目的实际应用情况，确定以使用钢模具为主，钢模具能保证出模后的 GRC 预制产品表面光洁，构件精度高，能够保证所供应的模具质量稳定，从而确保 GRC 预制外墙的生产质量能满足工程要求。

（2）模具安装

钢模到达现场安装后，先对安装好的模台进行标高检查，检查无误后才能进行后续的安装工作。当模台的标高不在同一高程点上时，需要及时对模台进行调整，确保模台处于同一水平线上。模台安装完成后需要清理模台，用灰刀清理钢板表面石子，再用风管清除表面砂粒（如图 16-12 所示），确保模台内无铁锈、油脂等杂物。严禁用铁锤和铁撬棍敲打钢板表面，防止钢板表凹凸不平。

当模台清理完之后开始对模具旁板进行安装。在旁板安装前需要对旁板底部与模台和旁板连接处进行清理，确保模具旁板底部和模台连接处无混凝土等杂物，同时也要对旁板连接处进行检查，如果发现残留的混凝土等杂物需及时进行清理。旁板与模台间的螺杆、旁板与旁板之间的对拉螺杆需要确认拉紧，确保产品在生产过程中，不会出现螺杆松动的问题，螺杆的松动会造成产品出现尺寸偏差，外观变形（如图 16-13 所示）。

图 16-12　用风管吹干净模板面　　　　　图 16-13　模板拼装

（3）模具表面处理

模具安装完毕后，模具不平整的地方需刮原子灰。先用粗砂纸打磨模具表面，再用扫帚或风管将表面清理干净，然后分多次刮涂原子灰，并依次用粗砂纸、细砂纸打磨，经过平整度检查合格（误差小于 1mm）后，用风管吹干净模具上的灰尘，再在其面层喷一层薄薄的油漆（如图 16-14 所示）。原子灰由不饱和聚酯树脂、填料、颜料及苯乙烯配制而成，这些物质的比重不一样，所以在静置的过程中会分层，原子灰之前，一定要先对原子灰充分搅拌均匀，依据需要刮原子灰面积来确定原子灰的用量。

图 16-14　刮原子灰

（4）质量控制

GRC 预制部件生产企业根据预制部件的质量标准、生产工艺及技术要求、模具周转次数等条件选择模板及台（车）座。所有投入使用的模具都必须经过质检人员的检验，确认合格后方可投入使用。

钢模板安装完成后，需要对模具尺寸（长、宽、高、对角线）进行检查，使模具尺寸与产品设计尺寸无误，模具尺寸误差需要控制在 ±2mm（如表 16-3 所示）。当模具尺寸检查完之后，需再次清理干净钢模内的杂物。

预制构件模具组装几何尺寸允许偏差和检验方法　　　　　表 16-3

项次	项　目		允许偏差（mm）	检验方法
1	长度	≤ 6m	1，−2	用尺量平行构件高度方向，取其中偏差绝对值较大处
		> 6m 且≤ 12m	2，−4	
		> 12m	3，−5	

项次	项　　目		允许偏差（mm）	检验方法
2	宽度、高（厚）度	墙板	1，−2	用尺测量两端或中部，取其中偏差绝对值较大处
3		其他构件	2，−4	
4	对角线差		3	用尺量对角线
5	侧向弯曲		L/1500，且≤5	拉线，钢角尺测量弯曲最大处
6	翘曲		L/1500	对角拉线测量交点间距离值的两倍
7	底模板表面平整度		2	用 2m 靠尺和塞尺测量
8	拼装缝隙		1	用塞片或塞尺量，取最大值
9	端模与侧模高低差		1	钢角尺量测

注：L 为模具与混凝土接触面中最长边的尺寸。

固定在模板上的预埋件、预留孔洞位置的偏差应符合相关标准的规定，模板几何尺寸应准确，安装应牢固，拼缝应严密，模板、台（车）座应保持清洁。模具表面处理后应对模具表面进行验收检查，主要检查内容包括：平整度、平滑度、油漆是否起皮、起皱，是否喷涂到位，表面是否带灰尘等。脱模剂应涂刷均匀，应注意模具低洼的部位，不能有脱模剂积存的现象；模具堆放场地应平整坚实，并应有排水措施，避免模具变形及锈蚀。

2. GRC 原材料制备

（1）GRC 原材料及设备准备

① GRC 原材料

水泥：P·O 42.5；

骨料：6 号或 60～80 目的白色石英砂；

减水剂：采用 Sikament NN 减水剂；

纤维：进口耐碱纤维无捻粗纱；

聚合物：丙烯酸乳液；

颜料：根据不同的设计要求采用不同的颜料。

② 专业设备

与普通混凝土预制构件不同，喷射 GRC 需要用专门的设备——螺杆喷射机，因此，在试生产 GRC 预制外墙前，先准备好必备的制作工具，控制好环境温度，具体实施如下：

A. 准备好灰铲、毛刷、压辊等需要用到的工具（如图 16-15 所示）；

B. 检查螺杆喷射机、搅拌机是否运转正常（如图 16-16 和图 16-17 所示）；

C. 材料在称重前要对所有计量器具进行校验，确保计量器具的准确度；

D. 核对原材料的种类与质量要求，然后严格按照配比进行称量，误差不得大于 1%；

E. 环境温度大于 25℃时，料浆的搅拌须使用冰水或其他降温措施。

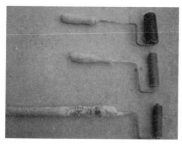

图 16-15　大、小压辊、灰铲、毛刷

图 16-16　螺杆喷射机

图 16-17　喷枪

（2）GRC 面层材料搅拌

GRC 面层质量的好坏，直接影响到 GRC 表面美观；而 GRC 面层料搅拌均匀与否则直接决定面层的色泽度与光滑程度。采用功率为 4 ~ 5.5kW，最大转数为 960 ~ 1400rpm（r/min）的高速搅拌机将面层料搅拌均匀，并依照面层材料配比，按下述步骤将 GRC 面层材料搅拌均匀（如图 16-18 所示）。

① 将称好的水加入到搅拌桶中，然后再将计量准确的高岭土、钛白粉、云母片、胶浆加入到水中，水泥和砂加入总量的 2/3，开机搅拌 30s，使其与水充分混合均匀。

② 在搅拌机开机的状态下，加入事先计量好的减水剂总量的 2/5 左右，搅拌约 1min，再将剩下的 1/3 水泥和砂加入到搅拌桶中搅拌。

③ 在搅拌过程中再加入剩下减水剂的 1/2。根据料浆的流动度来添加剩下的减水剂，确保搅拌过程的顺利进行，并使得料浆的坍落度控制在要求的范围内。

④ 在搅拌结束后需要立即对料浆做坍落度测试，面层坍落度一般控制在 4 ~ 6 环较合适，决不可超过 6 环（如图 16-19 所示）。

图 16-18　面层料的搅拌　　　　图 16-19　测试坍落度

　　⑤ 如果料浆在搅拌桶内呈现假凝现象，可适当加入少量的减水剂再搅拌均匀。搅拌人员需要在最短的时间内将所有原材料搅拌均匀，并在最短的时间内用完料浆。

（3）GRC 面层材料的喷射

　　由于 GRC 面层料的坍落度很大，流动性高，采用喷射机具将面层料均匀地喷在模具上，控制好喷射压力和喷射厚度，确保 GRC 面层的颜色均一、平整、光滑（如图 16-20 所示）。

图 16-20　喷涂 GRC 表面层

　　① 在喷射作业前，要先对模具的阴角面浆进行处理；喷射作业时要控制好喷枪的气压和浆料的流速。

　　② 将搅拌好的面层料浆加入到螺杆喷射车内，使用面层喷枪进行喷射，面层喷射厚度为 2 ～ 3mm。喷射时要求从模具的边缘和底部开始喷射，分两次进行喷射：第一次喷射的厚度为 1 ～ 2mm 左右。喷射时喷枪头距离模具不能超过 500mm，喷射时要求从模具的边缘和底部开始喷射，注意控制面浆的厚度，不可过厚，较薄的地方可进行补喷；注意把握连续喷浆的时间和表面浆的干燥程度，否则会导致滑浆现象。

　　③ 在面层料浆喷射完之后，面层料浆层需用毛刷将其轻刷一次，以减少表面气孔的产生，同时也要用毛刷和灰刀将模具的边缘和阴角轻刷处理，防止积砂和出现空鼓。对于没有喷涂到位或者漏喷的地方要适量进行处理，尤其是滴水线部位需要特别注意，不能有空鼓、积砂的现象，所有的阴、阳角和高立面不能有漏浆现象。

　　④ 处理完成后进行凉浆，要根据自然环境温度进行确定凉浆时间。凉浆时间以初凝时间的 80% 为宜（判断经验：用手指轻轻按压面浆，能见到有手指印但面浆不会粘在手

指上），再开始喷射结构料。

⑤ 在喷射第一层面浆时，如果出现浆料过干、喷枪雾化效果不好，以及喷射不均匀的现象，需要重新处理浆料后方可进行喷射作业；二层面浆喷射完成后要测试面浆厚度，如没有达到厚度要进行补喷，补喷厚度每次应控制在 0.5mm 范围内，不可超厚。

（4）GRC 结构料的搅拌

GRC 结构料配方不同于面层料，其直接与混凝土接触，对结构料与混凝土之间的结合和粘结有很大的影响。若结构层材料和混凝土材料不能很好的融合连接，在外界环境变化下将会导致 GRC 层材料与混凝土层之间出现分层开裂、甚至脱落的现象。因此，为保证 GRC 与混凝土之间实现牢固的粘结，必须先将 GRC 结构料搅拌均匀，然后对 GRC 结构层料进行分层喷射，确保结构层和混凝土层之间粘结牢固，结合紧密。

首先，将所有原材料按结构层材料的配合比称好，然后将称量好的水加入到搅拌桶中，同时也将胶浆加入到装有计量好的搅拌桶中，然后开机搅拌 10min；再将 2/3 的水泥及 2/3 的砂子加入到搅拌桶中搅拌 45s，此过程中须加计量准确的减水剂；再将剩下 1/3 的水泥和砂子加入到搅拌桶中，在搅拌的过程中根据浆料的流动度来适当的添加减水剂，确保搅拌过程的顺利进行，并使得浆料的坍落度控制在要求范围内，根据气温的变化可以适当的调节减水剂掺量使浆料的流动度达到相应的要求。在搅拌的过程中需要对浆料做坍落度测试，一般控制在 4 ~ 6 环较为合适（如图 16-21 所示）。

如果浆料在搅拌桶内出现假凝现象，则再搅拌 30s。搅拌人员需要在最短的时间内将全部原料搅拌均匀，并且在正常情况下需要在 45min 内将料喷完。

图 16-21　结构层料的搅拌

（5）GRC 结构料的喷射

结构层分多次进行喷射，每次厚度为 3 ~ 6mm，但第一层结构料须与面层料一样是有颜色效果的。结构料的喷射采用纵横交错的方法，这种方法更能使结构层纤维喷洒均匀，同时应注意的是：

① 结构料喷射时，当第一层有色结构料喷射完成后须进行凉浆，凉浆时间以初凝时间的 80% 为宜（判断经验：用手指轻轻按压面层，能见到有手指印但面浆不会粘在手指上）。以后的结构料喷射则不需凉浆，但也不能一次性喷太厚。

② 对于带有大立面的模具，喷制完立面部分后，表面有了初步固化时，用手指轻压表面，能见到有手指印但面浆不会粘在手指上为宜，这样可确保在喷射结构层时不会带动

立面部分浆料下滑，同时也不会因面层已经完全固化而造成面层与结构层分层，这时候开始制作结构层。

③ 每喷射完一层结构料后，都需要用压辊在其表面进行辊压，然后才能进行下一层的喷射。在第一层结构料喷射完成后，使用小压辊进行辊压，并且控制辊压的力度（尤其是对于立面部分，只能允许向上辊压），不能力度过重，以免穿底影响面层效果。辊压的力度也不能太小，而导致结构料与面料密实度不好。待第一层结构料有了初步固化之后再进行下一层结构料喷射（如图 16-22 所示）。

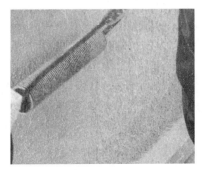

图 16-22　结构层料的喷射与滚压

④ 注意产品拐角处不能形成空鼓，对于模具的阳角即产品的阴角处，辊压时一定要从下往上进行辊压，把握好力度。在喷射最后一层结构料时，要用测厚尺检查产品厚度，厚度不够的地方要进行补喷，然后按要求辊压滚花。

3. 混凝土浇筑

（1）放置钢筋笼等配件及合模

待 GRC 结构层初步凝固（约 5h）后，便可开始制作传统预制混凝土外墙。于 GRC 结构层上放置钢筋笼等配件并开始装模，检查合格后方可准备摊铺混凝土（如图 16-23 所示）。

图 16-23　安装钢筋笼及合模

（2）浇筑混凝土

准备浇筑混凝土之前，在 GRC 结构层上均匀喷射一层粘结性能较好的胶浆材料，使 GRC 装饰层与混混凝土层能更加紧密结合，进而形成 GRC 复合预制外墙。振动混凝土时振动棒与 GRC 装饰层应保持有效距离，防止损伤 GRC（如图 16-24 所示）。

图 16-24　搅拌及浇筑混凝土

其各项性能根据项目技术要求是：GRC 预制外墙构件外饰面 GRC 层为 15mm，厚度偏差为 ±1mm，并依据美国 GRC 协会《Specification for the manufacture, curing and testing of GRC products》（IGRCA 2000）提出 GRC 复合制品技术要求如下：

① GRC 强度为 GRADE 18，即：

LOP = 7.2MPa，MOR = 18MPa；

LOP-characteristic limit of proportionality 抗弯；

MOR- characteristic modulus of Rupture 抗折。

② GRC 层与混凝土之间的粘结强度为 1.0MPa（BSEN 12004:2007）。

③ GRC 预制构件预制混凝土层设计强度为 35MPa。

通过对复合技术生产的产品进行现场抽样，测试结果表明：按照上述 GRC 面层制作方式和 GRC 结构层制作方式，能够很好的控制 GRC 面层厚度和结构层厚度，同时 GRC 结构与混凝土结合非常紧密，GRC 厚度误差控制范围在 ±1mm，预制外墙构件外饰面 GRC 层为 15mm，抗折强度为 18.8MPa；抗弯强度为 9.0MPa；GRC 层与混凝土之粘结强度为 2.04MPa，其结果明显高于标准要求。

4. 制品脱模与养护

（1）脱模技术

在 GRC 产品成型后立即进入自然养护（养护温度不小于 10℃）状态，产品初期在模内养护时，不能任意移动模具和产品，养护后进行脱模。

GRC 制品造型各异，其脱模方式亦不同于一般混凝土预制构件的脱模方式（如图 16-25 所示）。GRC 制品脱模没有固定的脱模方式，主要根据产品和模具的具体情况采取相应的脱模方法，如遇到造型复杂比较难脱模产品的时候，必须先将所有模具活动块拆完后，再将产品先适当从附着力最强的地方吊起，然后用橡皮锤敲打模具边缘，在产品另一边进行脱模，之后同时将产品两边吊起，使得产品能够平衡脱离模具，绝不允许强行脱模，造成产品或模具的损坏。

在产品装拆模时，要对模具的旁板、定位模具轻拿轻放，使模具在安装与拆模过程中不会因为人为因素而变形。在装拆模具过程中不能用撬棍、钢筋等对模具进行野蛮操作，否则会使钢模具因受力过大而导致变形。产品起吊后需要对模具进行清理，清理模台、边板因生产过程中残留的混凝土、玻璃胶等杂物。

图 16-25　GRC 预制外墙脱模

（2）养护措施

GRC 产品养护是十分关键的技术，GRC 成品应制定专项防护方案，全过程进行防尘、防油、防污染、防破损保护。产品生产完成最后一道工序后，进入养护状态。产品初期在模内养护时，不能将模具和产品进行移动。GRC 成品可采用蒸汽养护或薄膜养护，蒸汽养护应严格控制升降温速率及最高温度，并满足相应的湿度要求。

GRC—混凝土复合制品采用不透水、不透气的薄膜布（如塑料薄膜布）养护，即用薄膜布把混凝土表面暴露的部分全部严密地覆盖起来，防止部件干燥；保证混凝土在不失水的情况下得到充足的养护。构件预养时间宜为 2h，升温速率应为 10 ～ 20℃ /h，降温速率不宜大于 10℃ /h；养护最高温度为 40℃；恒温持续养护时间应不小于 3h；预制构件蒸汽养护后，蒸养罩内外温差小于 20℃时方可进行脱罩作业。产品在养护过程中，需要注意观察产品的失水状态，对于温度过高，或者空气流动过快的情况，需采取适当措施进行保湿养护。上述养护方法的优点是不必浇水，操作方便，能重复使用，并提高混凝土的早期强度，加速模具周转。

16.4　修补与清洁

1. 色差修补

GRC 的修补工作比较复杂，需要积累一定的经验，工人在正式参与 GRC 产品修补前需要进行技术培训。当 GRC 产品局部出现严重色差需要进行修补时，如果使用原来的配方，会因为时间差的作用，使得修补部位与整体产品出现色差，影响美观，故需要调整面层配比。面层材料中的钛白粉起增白作用，通过调节钛白粉用量来缩小修补部位与整体产品的色差，具体的方法是通过一系列钛白粉梯度试验，观察 GRC 表面颜色随时间的变化规律，并用高清相机拍照记录。在正式修补时，根据经验与照片数据，调整修补料的配比。

对于某些着色不均的预制件，还可以通过喷砂技术进行修补。喷砂技术原理是使用比面层所用石英砂粒径更小的砂（如钢砂、金刚砂、石英砂等），用高速气流把砂粒打到预制件饰面层上，比石英砂硬度低的硬化水泥饰面层会先被磨蚀，然后用弱碱清洗剂清洁打砂后的表面，最后用清水冲洗。在 GRC 面层喷砂处理后，最后涂上一层透明抗水及抗紫外线保护剂。

2. 损伤及裂缝修补

裂缝和面层损伤是 GRC 建筑制品最普遍、最常见的质量缺陷，它的形成原因复杂，归结起来主要包括：材料、结构、环境产生的裂缝以及因产品吊卸、运输和在安装施工过程中造成的面层损伤等。因此，在修补前应对各种裂缝和损伤进行全面调查与检测，考虑与之相关的因素，仔细分析其产生的原因，然后根据裂缝和损伤产生的原因，提出修补拟达到的目标，确定修补原则，制定修补方案。

国内外修补裂缝和损伤的方法有很多，GRC 预制外墙裂缝的修补方法可归纳为：面层修补、结构层凿槽填补和灌浆三大类，而面层损伤修补主要包括 GRC 外墙阴阳角位修补和明缝处修补。在修补过程中使用专门配制的，GRC 修补材料对崩角或微裂缝处进行修补，确保 GRC 预制构件修补完好（如图 16-26 所示）。

（1）面层损伤修补

图 16-26　GRC 修补

① 阴阳角位修补

先清理 GRC 表面浮灰，然后再轻轻地刮去破损部位的碎片，如果破损面积较大的，应保留好破损面，先进行打磨并清理干净，再在其与基层的结合面上分别涂上专用的粘结剂，然后迅速地将其粘合在一起，静置 30min 待其固化后，再用刮刀取水泥腻子抹于结合面的结合缝处并将其刮平，水泥腻子颜色与混凝土表面基本相同，待固化后用砂纸磨平，保证阴、阳角顺直，洒水养护覆盖塑料膜即可。

② 明缝处修补

先用铲刀铲平并打磨粗糙，再用水泥腻子进行修复平整，明缝处拉通线后，对超出部分进行切割，对缝上下阴、阳角损坏部分先清理浮渣和松动混凝土，用胶浆稀释液（约50%）调配水泥修复砂浆，将原有的明缝条平直嵌入明缝内，再将修复砂浆填补到缺陷部位，用刮刀压实刮平，待砂浆固化后，取出明缝条，擦净被污染的表面，洒水养护并覆盖塑料薄膜即可。

（2）面层裂缝修补

由于大部分 GRC 复合制品通过 GRC 与普通混凝土结合，二者之间的干缩值、冷缩值不同，因此容易产生开裂现象，从而影响构件的美观。GRC 会出现小于 0.3mm 的细裂缝以及极少部分粗裂缝（裂缝宽度大于 0.3mm），通常采用的裂缝修补方案如下：

① 粗裂缝修补（裂缝宽度大于 0.3mm）

用 200 号水磨砂布磨去裂缝附近的防水膜和污垢，用水枪将裂缝冲洗干净，然后风干；采用填缝剂或 120 目（0.125mm）的优质石英砂和白英泥以 2∶1 制备的修补砂浆将粗裂缝填满；再用 200 号水磨砂布磨去裂缝周围及多余的填缝料；用水枪冲洗干净、风干，最后喷涂防水、防尘油。

② 微裂缝修补（裂缝宽度小于 0.3mm）

修补 GRC 预制外墙微裂纹的修补方法分涂抹和喷浆两种方法。这两种表面修补方法施工难度小、工期短、造价低且抗裂性能好，是一种简单易行的裂缝修补方法；其缺点是修补工作无法深入到裂缝内部，对延伸裂缝难以追踪其变化。

涂抹法适用于修补深度未达到混凝土基层且表面难以灌入的发丝裂缝。施工时，首先将裂缝附近的 GRC 砂浆进行粗糙处理，清除表面的附着物和松动颗粒，并使之充分干燥，将配好的修补材料涂抹于 GRC 砂浆表面。修补材料要求具有密封性、水密性和耐久性，其变形性能与被修补的 GRC 变形性能相近。

喷浆法适用于 GRC 表面的微细裂缝（表面裂缝）。施工时，先进行粗糙处理并冲洗干净，保持湿润状态，再将喷上 GRC 修补砂浆，喷射压力为 0.1 ~ 0.3MPa，湿润养护 7d 以上。

（3）结构层裂缝修补

① 凿槽填补

凿槽填补主要用于修补对 GRC 结构影响较大、水平面上较宽的裂缝，这种方法作业简单，费用低。修补时，先沿裂缝凿一条 "U" 形或 "V" 形深槽（如图 16-27 所示），冲洗干净后涂抹一层界面粘结剂，然后在槽内填充修补材料。

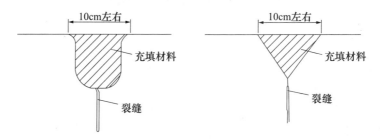

图 16-27　凿槽填补

② 灌浆修补

灌浆修补主要用于修补深层及贯穿性裂缝，是 GRC 预制外墙裂缝补强效果最好的一种方法。浆液为 GRC 专用灌浆料，灌浆修补工艺如图 16-31 所示。对于垂直裂缝，一般从下往上灌注灌浆料，水平裂缝可从一端向另一端或从中间向两边灌注，以便排除裂缝中空气和水分。

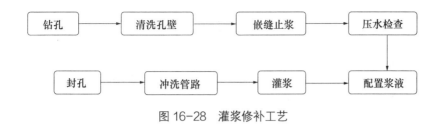

图 16-28　灌浆修补工艺

3. 表面清洁

由于生产的白色 GRC 预制外墙的表观颜色为白水泥色，经过长时间后白水泥会有由白变黄的倾向。在自然环境下，由于大气、环境温度、交叉施工作业的污染，也难免会对产品产生不同程度的污染。对于产品的污染可采用稀盐酸进行轻度酸洗，去掉表面被污染的油渍、杂质和交叉施工作业而产生的水泥浆。稀盐酸的调配比例是：工业盐酸：水＝1∶3，边酸洗边用清水冲洗即可。待 GRC 完全干燥后，在其表面涂刷一层环氧类表面密封剂或聚烃硅氧系憎水剂、丙烯酸系树脂等表面处理剂（如图 16-29 所示）。对于较大的混凝土块可用铲刀轻轻的铲除，但不可用力过大，以免破坏表面效果。

有一些预制件结构较薄的产品如阳台、百叶条、箱梁等，GRC 面层会增加部分防抗裂 PP 纤维，该产品修补、酸洗完成后，需用火焰快速均匀将外露的 PP 纤维除掉（如图 16-30 所示）。

图 16-29　酸洗 GRC 产品表面　　　　图 16-30　除 GRC 产品外露 PP 纤维

GRC 预制外墙在经过酸洗清洁后，在产品存放过程中为防止表面再次污染并保证其长久耐污，需要对产品表面喷涂防水、防尘油（如图 16-31 所示）。喷涂工作最好在产品生产完成 7d 后进行，喷涂前要对产品的湿度进行测试，一般湿度不能大于 14%，否则不能进行喷涂（如图 16-32 所示）。在保证产品表面干净状态下，再在表面分两次喷防水、防尘油，其厚度必须控制在 5 ～ 10 m²/kg，表面喷涂要均匀，不能出现漏喷涂或过量喷涂造成流淌的现象，避免造成不必要的浪费。待防水、防尘油完全渗透 GRC 面层干燥后，再用 0.3mmPVC 透明塑料布将 GRC 外墙全部包装保护，周边用透明胶布与草绳将塑料布封住，并用空心板将四周保护，防止运输产品途中碰撞损伤（如图 16-33 所示）。

图 16-31　喷涂防水、防尘油

图 16-32　湿度测试　　　　　图 16-33　GRC 产品外包装

16.5　GRC 构件安装

GRC 构件做成仿真石材用于建筑外立面，其装饰效果丝毫不亚于天然石材，和采用天然石材相比，采用 GRC 构件不但费用低廉、施工便捷，并且能以假乱真，不影响住宅外立面效果，其广泛用于欧式建筑，成为国内许多城市中一道亮丽的风景线。本节主要结合工程实例，探讨 GRC 构件在住宅建筑外立面装饰工程中的施工技术及应用。

1. 干挂法安装

GRC 构件主要采用干挂法安装，而干挂法一般分为：预埋焊接法、穿墙埋入法、预埋定入法。

① 预埋焊接法

根据构件尺寸大小、单位面积的重量，在生产过程中预埋 $\phi 8 \sim \phi 12$ 钢筋。施工时在实心外墙上打入 $\phi 12 \sim \phi 14$ 膨胀螺栓，然后将构件制品钢筋与螺栓进行焊接，焊好后用 GRC 材料修补，外观上不允许看到焊点。

② 穿墙埋入法

如 GRC 构件较重，或外墙为砌块、空心砖的轻质墙体时，可采用 $\phi 12$ 钢筋，加工好后在构件上标明位置并在墙体上打孔，钢筋通过孔洞穿墙而过，在内墙面再焊接一段较长的钢筋。

③ 预埋定入法

如 GRC 构件较轻、较小时，可在墙体埋入塑料膨胀管，或经防腐处理过的木塞，然后采用水泥钉或自攻螺丝，将构件预埋件直接钉入墙体表面。

2. 构件接缝处理

构件连接接缝处、构件与混凝土结构接触面、构件封口处采用耐候胶进行填实封严；面层第一层构件连接接缝处、构件与混凝土结构接触面、构件封口处涂刷水泥基防水涂料；面层第二层在 GRC 构件与混凝土结构交接处各向两侧延伸 50mm 铺设抗裂玻纤网格布；网格布面层采用 5mm 厚抗裂砂浆抹平（如图 16-34 所示）。

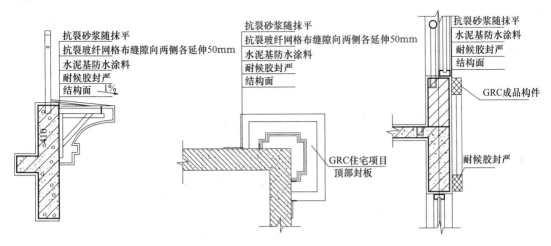

图 16-34　部分 GRC 构件封口做法大样

3. 面层装饰施工

构件安装工程（含局部工程）完成之后，应进行后续面层漆（含外墙漆、浮雕漆、石漆等）工序（下称涂色工程）的交接工作。涂色工程应进行相关的检查工作，对可能出现的构件崩缺、安装插筋、露缝等问题提出具体整改意见，并在安装工序按期整改后进行工序验收。

涂色工程应按涂色规范开展涂色工序，包括对构件进行酸碱度测试、干湿度测试，且一般须确保连续干爽气候且无遮蔽环境下 15d 以上的干爽期；所有 GRC 构件安装的固定点（螺丝孔）表面都要刮腻子灰后打磨直至产品表面光滑、平顺，方可上漆涂色；在刮腻子灰阶段，应对经防水防裂处理过的缝作适当打磨，用腻子灰刮顺，且在不短于 300mm 长度范围内将经防裂布处理过后的微凸部位处理成基本的平、直、顺；检查滴水线是否连续、畅通。

涂色工程进行卦闭底漆施工之后，已安装构件或其他涂色面层的缺点会较容易或彻底暴露出来，尤其是白色底漆，涂色工序人员应对有关的细微缺陷进行彻底修复后，方能进行后续涂层施工，以减少因涂色工序的不彻底和施工粗糙导致构件正常问题的被夸大和产生责任纠纷，减少返工浪费的损失。

16.6　工程应用

1. 柳州某住宅项目

柳州某住宅项目总建筑面积约 24.86 万 m²，该项目规划为多层住宅、高层住宅及公建配套。建筑高度 14～39m，地下室 1 层，每层 5.2m；地上 4～12 层，每层 3.2m。住宅外立面装饰采用 GRC 成品装饰线条进行装饰，包括：窗檐线、露台檐线、外墙装饰竖板、装饰柱、装饰线脚、檐口斜撑等。GRC 构件用钢筋网及抗碱玻纤网增加强度，构件同结构连接为预埋焊接法施工，安装完成后构件外表面装饰做法为真石漆（如图 16-35 所示）。

图 16-35　GRC 构件安装完成后实际效果

（1）施工要点及工艺流程

① 构件固定件安装

当 GRC 为单构件且自重小于 25kg 时（如单件窗套线和单件花饰等小构件），安装连接点不少于 3 个，采用上下、左右连接；当 GRC 构件自重大于 25kg 时，每增加 10kg，应至少增加两个连接点，连接点间距不得大于 400mm（如图 16-36 和图 16-37 所示）。

图 16-36　GRC 构件　　　　　　　　图 16-37　GRC 构件就位安装

采用焊接方式连接时，钢筋双面焊缝长度不应小于 5 倍钢筋直径；单面焊接时，焊缝长度不应小于 10 倍钢筋直径；焊缝高度不小于 3mm，焊缝等级不低于二级，禁止使用点对点、点对面的焊接方式。当墙体为轻质砌体时，特别注意需用 φ8 钢筋制作穿墙杆与构件预埋件焊接固定（如图 16-38 和图 16-39 所示）。

图 16-38　线条 GRC 构件固定件安装　图 16-39　装饰柱 GRC 构件固定件安装

② 饰线安装

当安装线条时，沿墨线底部用冲击钻打约 80mm 深、直径 8mm 的孔，孔与孔之间距离依据构件重量而定，一般为 800mm 左右，然后所有孔打入一条约 200mm 长、直径 8mm 的钢筋，将钢筋一端放于孔内，另一端露出墙面，在安装时用于临时承托 GRC 线条。将 GRC 置于已打好的抬钉上，并按要求调好水平（装饰柱直接靠于墙身上），确认达到标准后再用电焊机将已打入墙体的固定钢筋与构件中已磨开的骨架铁全部焊接牢固（如图 16-40 所示）。将焊接口涂刷防锈油漆，防锈漆凝固后将焊接口用水泥砂浆加胶水修补平整至外观与原构件成一整体，封口处一般用耐候胶或用高粘水泥砂浆补平。

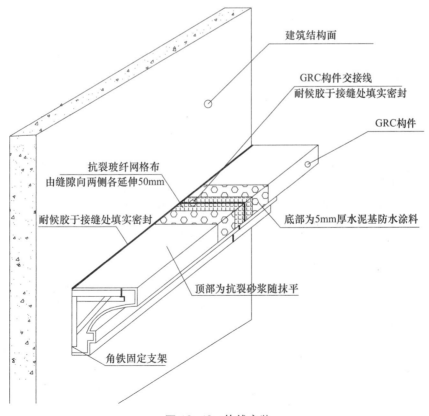

图 16-40　饰线安装

当安装装饰柱及浮雕等构件时，在墙面放出垂直及水平定位线后直接将装饰柱构件或浮雕构件靠于墙身，边沿对准定位墨线，构件下安放定位钢筋，安装完成后拆除定位钢筋。

③ 工艺流程

GRC 构件干挂安装工艺如图 16-41 所示。

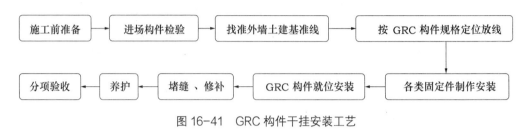

图 16-41　GRC 构件干挂安装工艺

（2）施工难点

该项目在完成整个 GRC 构件"深化—加工—安装—涂色"的一系列工序后，根据项目自身情况大致总结出 GRC 构件在住宅建筑中应用时的几个难点：

① 支架深化、安装工序耗时长

本工程 GRC 构件造型设计量较大、每栋建筑安装部位较多，导致角铁支架制作量庞大。同时，因为 GRC 构件的造型及应用部位不尽相同，所以需要参考建筑图纸对角铁支架进行合理深化。整个支架深化、安装工序的时间大概占用了 GRC 工程一半的工期，所以项目应提前进行相关深化设计，可提高后续工序的效率，合理缩短工期。

② 构件连接质量难控制

本工程设计采用 $\phi 8 \sim \phi 12$ 短钢筋将角铁支架与 GRC 构件内钢筋通过焊接方式连接固定，这种连接方式可能出现以下几个问题：

A. 焊接强度难保证

短钢筋与 GRC 构件内钢筋网片焊接，由于钢筋方向垂直相交，直接焊接很难保证焊接强度。解决办法是将短钢筋一端进行 20 ～ 40mm 弯折处理，再与 GRC 构件内部钢筋网片焊接，以确保焊缝长度，但此种处理方式可能会导致外露钢筋的防锈处理难度加大。

B. 外露钢筋防锈措施难施工

由于钢筋焊接接头部位位于 GRC 构件内部的空间内，无法进行钢筋防锈漆涂刷，存在安全隐患。可以考虑将钢筋改为镀锌圆钢，保证钢筋自身防锈效果。但此做法将会增大施工成本，同时会存在焊接裂纹、夹渣等焊缝质量问题。

③ 构件接缝处平整度难保证

GRC 构件与构件接头部位需要精心封闭处理，防止雨水进入腐蚀内部钢筋。当构件接头处平整度不满足要求、接头缝隙过大时，将无法采用耐候胶等密封胶进行构件封闭施工，而采用挂网抹灰进行封闭，又会导致接头处明显鼓包，影响整体平整度效果。解决的办法是在材料进场时应严格验收，接头处不平整部位进行打磨处理后方可使用；安装时尽量保证接头缝隙宽度在 2mm 以内，这样可使用耐候胶在接头处进行构件封闭施工，面层再采用防水涂料、耐碱玻纤网、抗裂砂浆进行加强，并保证面层平整度要求，不满足平整度要求时应及时进行后续打磨处理（如图 16-42 所示）。

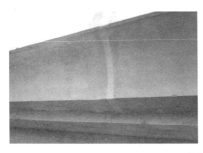

图 16-42　现场 GRC 构件连接接缝

2. 中华人民共和国香港特别行政区某工程项目

中华人民共和国香港特别行政区某工程项目位于新界大埔区南端，马料水以北的吐露港沿岸地区。该项目包括建造 18 座 8 ~ 10 层高的住宅楼（475 个单位），7 座 4 层高的别墅，一个会所及室外泳池、人工湖、瀑布等，占地面积 22126m²，建筑面积 103950m²，为低密度超高档住宅。该项目使用的 GRC 复合产品包括阳台、百叶、双层窗、平板、趟门、装饰构件等，总数量为 3200 件，总面积约 45000m²。其中单件产品的最大规格为 3.5m×6.8m，厚度为 100 ~ 300mm，最高重量为 13.8t；GRC 预制外墙在位于深圳海龙公司的工厂预制完成后，运输到项目现场整体吊运安装（如图 16-43 所示）。

图 16-43　GRC 混凝土复合构件在中国香港某工程项目的应用

3. 结语

GRC 构件因其自身强度高、韧性高、耐火性好、可塑性强、安装便捷等优势，正在被各类住宅建筑广泛使用，给住宅建筑外装饰带来无限的可能性。GRC 材料由于其独有的特性，在建筑装饰领域占有重要地位。目前国内 GRC 普遍存在开裂和耐候性较差的问题，GRC 成本偏高，GRC 构件相关规范还并不完善，施工、检验标准不能统一，导致 GRC 构件在住宅建筑中实际应用时仍存在各种各样的问题，需要我们不断去摸索，不断学习、借鉴国内外优秀的 GRC 施工工艺。

参 考 文 献

[1] 韩静云，蒋家奋.欧洲玻璃纤维增强水泥（GRC）的回顾与展望 [J].混凝土与水泥制品.2003,6(12).
[2] 曹永康.中国 GRC 的历史、现状与展望简介 [J].第六届全国纤维水泥制品学术、标准、技术信息

经验交流会.

［3］崔琪.中国 GRC 材料发展现状［J］.砌块与墙板.2004，10.

［4］熊吉如，王猛.一种超疏水性 GRC 制品及其制备工艺.中国，201710145133.1［P］.

［5］熊吉如.一种纳米光催化 GRC 幕墙板制品及其生产方法.中国，201410812590.8［P］.2015.05.06.

［6］姜绍杰，施汉盛，刘新伟，孙晶晶，徐忠波.防开裂 GRC 复合预制构件及其制备方法.中国，201510530982.X［P］.2015.12.09.

［7］熊吉如，张敦谱，刘以君，方寅生.一种可喷射低收缩 GRC 装饰砂浆及其制备方法：中国，201510592926.9［P］.2016.01.06.

［8］危学渊.GRC 制品：中国，201610127050.5［P］.2016.06.15.

［9］相变微胶囊自调温 GRC 干粉砂浆面层材料 CN201510143643.6.

［10］发明专利《采用微珠制备大纤维掺量高流动 GRC 材料及其制备方法》.

［11］屈爽，秦岩，黄征.轻质 GRC 配方及应用性能的研究［J］，山东建材，2007，3.

［12］汪宏涛，曹巨辉，薛明，杨铁军.粉煤灰、硅灰在 GRC 复合材料中的作用效应［J］，混凝土与水泥制品，2009 年 03 期.

［13］冯竟竟，阎培渝.基于性能的 GRC 材料配合比优化设计［J］.新型建筑材料，2010，37（7）.

［14］罗海川，施汉盛，熊国亮，薛建新，吴丁华，郭正廷，吴涛，廖逸安.预制 GRC 复合构件及其制造方法，中国，201220020871.6［P］.2012.09.26.

第17章 装饰砂浆

17.1 概述

装饰砂浆也称饰面砂浆，其技术起源于欧洲，是一种防水透气、高装饰性、高耐候性、绿色环保的建筑装饰材料。装饰砂浆涂层厚度一般在1.5～2.5mm，通过选择不同造型的模板、工具，采用拖、滚、刮、扭压、揉等不同手法，将表面加工成各种风格的纹理，装饰砂浆涂层凹凸均匀，有立体质感，艺术表现力强，其装饰效果质朴贴近自然，可与自然环境、建筑风格和历史风貌更完美地融合，广泛应用于德国等欧洲发达国家建筑外墙面。无机装饰砂浆主要用于建筑外墙饰面造型层，近些年装饰砂浆在我国新建住宅、特色小镇、以及新农村建设也有广泛应用，可广泛代替涂料和瓷砖应用于建筑物的内外墙装饰、外墙翻新改造等工程，饰面层与建筑同寿命，为新旧建筑外立面低成本装饰开辟了新的路径。

17.2 原材料及参考配方

装饰砂浆主要有加色或不加色水泥砂浆或水泥石灰浆、混合砂浆、石膏砂浆、水泥石碴浆等，可做成各种饰面抹灰层。根据所使用胶凝材料的不同可分为水泥石灰类装饰砂浆和聚合物水泥装饰砂浆，根据所使用骨料的不同可分为灰浆类装饰砂浆和石碴类装饰砂浆。

石碴类装饰砂浆与露骨料混凝土同属一种类型的饰面材料，石碴类装饰砂浆内容详见第6章露骨料混凝土，本章着重介绍灰浆类装饰砂浆。

1. 原材料要求

（1）胶凝材料

装饰砂浆是以水泥等胶凝材料与砂、颜料配制而成，呈现出各种色彩、线条或花样，具有特殊的表面效果。砂浆常用的胶凝材料有石膏、石灰、白色硅酸盐水泥、普通硅酸盐水泥和彩色硅酸盐水泥，或在水泥中掺加白色的大理石粉、使砂浆表面色彩更加明朗。白色或彩色灰浆砂浆通常采用白水泥配制，其常用水泥等级为32.5级；彩色水泥主要用在建筑物内外表面的装饰、艺术雕塑和制景等。硅灰、偏高岭土为活性填料，用以提高装饰砂浆的强度或适当节约水泥用量，通常用量不超过水泥量的10%，具体技术要求见第2.1节。

（2）骨料

骨料多用白色、浅色或彩色的天然砂、大理石、花岗岩等彩色的石碴、石屑、陶瓷粒或特制的塑料色粒，石屑可代替部分砂石。对于颜色较深的砂浆采用水洗河砂或水洗普通石英砂，对颜色较浅的砂浆应选用白色石英砂，有特殊要求也可以选用天然彩砂、人工染色砂。装饰砂浆中加入少量表面有光泽的云母片、玻璃碎片、小贝壳或长石等能使砂浆表面产生闪光效果。装饰砂浆的造型主要取决于骨料的粒径和比例，为了达到更好的饰面效果，骨料的级配分级比较窄，通常为如10～20目、20～40目、40～60目等，还可以根据造型进行比例调整。

（3）外加剂

装饰砂浆原材料中添加有机胶粉、填料、保水增稠材料、抗裂材料、憎水性材料、抗泛碱性材料等一系列材料，另外还可添加提高砂浆的耐水性及耐沾污性的防护剂。其中填料用以调整装饰砂浆和易性和孔结构，常用的填料有白度在 90 度以上的重质碳酸钙粉、石英粉、硅灰、偏高岭土等。装饰砂浆必须与基层之间有足够的粘结力，通常选用柔性较好、具有一定憎水性胶粉满足粘结强度要求，否则装饰砂浆与基层的粘结不牢固时，会导致砂浆面层空鼓、裂缝甚至剥落。

彩色装饰砂浆不仅要求砂浆具有很好的保水性，同时要求砂浆具有很好的施工性，常选用中等黏度或中等偏低黏度的保水剂。由于彩色装饰砂浆要求具有较低的吸水量，通常在产品配方中加入适量的憎水剂，以降低硬化砂浆的吸水量。常用憎水剂分为有机硅类、改性蒙脱石类及硬脂酸盐类（如硬脂酸钙、硬脂酸锌）等。

彩色装饰砂浆要求具有良好的初期抗裂性，所以通常情况下需要添加一定量的抗裂纤维以提高砂浆的抗裂性。在彩色装饰砂浆中不推荐使用聚丙烯纤维（PP）和聚乙烯纤维（PE），建议使用木质纤维，因为这种纤维比较细，易于分散且砂浆硬化后不会外露。彩色砂浆所用颜料必须具有耐碱、耐光、不溶的性质，具体性能要求见第 3 章。

2. 参考配合比

水泥基装饰砂浆配方中主要原材料有：水泥、熟石灰、可再分散胶粉、颜料、填料、不同粒径的砂和其他功能添加剂，其参考配方如表 17-1 所示。

装饰砂浆的参考配方[1]

表 17-1

原材料	质量比（%）	原材料	质量比（%）
普通硅酸盐水泥，白色或灰色	10～20	木质纤维	0.20～0.50
碳酸钙，300 目	0～15.00	纤维素醚	0.20～0.30
熟石灰	5.00	憎水剂	0.20～0.40
石英砂	平衡到 100	淀粉醚	0.01～0.03
颜料	0～5.00	可再分散胶粉	1.50～4.00
引气剂	0.00～0.03	总计	100.00

彩色装饰砂浆是以聚合物材料作为主要添加剂，配以优质矿物骨料、填料和天然矿物颜料精制而成。砂浆所用外加剂的种类繁多，不同性能的装饰砂浆具有不同的装饰应用，同时，使用水泥作为主要粘结剂，使装饰砂浆的价格极具竞争力。从环保与耐久性的角度考虑，无机水泥基彩色装饰砂浆更具有优势。装饰抹面类砂浆采用的底层和中层配比与一般抹面砂浆相同，而只改变面层的处理方式，装饰效果好，施工方便，经济适用。

17.3 彩色砂浆工业化生产

灰浆类彩色砂浆主要靠掺入颜料对水泥砂浆着色或对水泥砂浆表面进行艺术加工，获得一定色彩、线条、纹理质感的表面装饰效果。彩色砂浆通过喷涂、滚涂方式使表面呈现出各种色彩、线条和花样，产生特殊的表面造型效果，可以增加建筑物的美观（如图 17-1 所示）。

图 17-1 彩色砂浆装饰效果

墙体装饰砂浆是经烘干筛分处理的细骨料与无机胶结料、矿物掺合料和保水增稠材料按一定比例混合而成的一种颗粒状或粉状混合物，具有良好的物理力学性能（如表 17-2 所示）。市场上装饰砂浆以干粉砂浆的方式进行供料，用于墙体表面及顶棚装饰，使用厚度不大于 6mm。

墙体装饰砂浆技术性能[2]　　　　　　　　　　　　　　　　表 17-2

序 号	项 目		技术指标	
			E	I
1	可操作时间	30min	刮涂无障碍	
2	初期干燥抗裂性		无裂纹	
3	吸水量（g）	30min ≤	2.0	
		240min ≤	5.0	
4	强度（MPa）	抗折强度 ≥	2.5	
		抗压强度 ≥	4.5	
		拉伸粘结原强度 ≥	0.5	
		老化循环拉伸粘结强度 ≥	0.5	—
5	抗泛碱性		无可见泛碱，不掉粉	
6	耐沾污性	立体状（级）≤	2	
7	耐候性（750h）	≤	1 级	

注：抗泛碱性、耐粘污性、耐候性试验仅适用于外墙饰面砂浆。

1. 生产工艺

装饰砂浆产品属于特种干粉砂浆，干粉砂浆生产包括砂干燥、筛分、输送系统；粉状物料仓储系统；配料称量系统；混合搅拌系统；包装系统；收尘系统；控制系统。生产线常采用塔式工艺布局，采用了独特的粉料流动技术进行加料，摒弃了原有的水平加料设备，采用气动方式将所有预处理好的原料提升到原料筒仓顶部，原材料依靠自身的重力从料仓中流出，经电脑配料、螺旋输送计量、混合，再到包装机包装成袋、散装入散装车或入成品仓储存等工序后成为最终产品，全部生产由中央电脑系统控制，具有配料精度高、容量大、容量高，使用灵活、现场清洁、无粉尘污染的优点[3]。

2. 生产设备

干粉砂浆生产设备主要由配料计量称重系统、干粉砂浆设备控制系统、混合系统组成，分简易型、半自动型、全自动型三种类型。

简易型生产线主要由无重力混合机、干粉料仓、包装螺旋等构成，投资少、见效快，但产量低，人工消耗特别大，工作环境含尘量较高，适合投资初期购买。部分有条件的厂家可直接采购成品砂，然后将胶凝材料、矿物掺合料以及保水增稠材料灌入储料仓或入仓储存；砂预处理包括采石场破碎、干燥、（碾磨）、筛分、储存（河砂则只须干燥、筛分、然后储存），通过砂仓储，胶结料，填料以及添加剂的仓储，配料计量称重，高效均匀混合，成品料的包装或散装，实现整个生产过程全自动控制。

半自动型生产线主要由无重力混合机、成品料仓、包装机、斗式提升机、待混仓、除尘器、空压系统、控制系统等构成，该生产线投资较简易型大，但产量高、工作环境好，可拓展性好。

全自动型生产线主要由混合系统、储料系统、输送系统、提升系统、称量系统、待混系统、包装系统、除尘系统、料位控制系统、报警系统、空压系统、整机控制系统等构成。

（1）配料计量称重系统

高精度计量输送系统实现前提是计量装置具备计量一致性高、可调范围大的特点。螺旋计量输出量的大小和转速成线性关系，改进的螺旋输送机采用变频控制，水平布置，精确度高，寿命长，适用于砂浆里的所有粉体原料，其计量性能最好，可调范围大、计量精度高、耐磨损、维修简单且费用低、运行费用低。

（2）干粉砂浆设备控制系统

干粉砂浆设备控制系统可完美实现配料、称重和混合等整个生产工艺流程的自动控制；具有配方、记录和统计显示及数据库的 PC 监测控制功能；有客户服务器数据库的系统扩展及网络功能。在多点安全监视系统的辅助下，操作人员在控制室内就能了解整个生产线的重点工作部位情况。控制系统可提供定单处理程序，能控制干粉砂浆设备中的所有基础管理模块，界面模拟显示干粉生产线的整个动态工艺流程，操作直观、简单、方便。

（3）混合系统

干粉砂浆搅拌机采用的高效混合机混合均匀度高，（如图 17-2 所示），能有效混合纤维和颜料，从混合干性或潮湿物料到粉末物料和各类粗粒散装物料都适用；其卸料速度快，无残留料，改换生产不同产品时不用清理混合机，能源消耗低，维修保养方便，运行费用低。

图 17-2 干粉高效混合机

17.4 灰浆类装饰砂浆施工

灰浆类装饰砂浆分为石灰砂浆、混合砂浆、聚合物水泥砂浆、麻刀灰、纸筋灰，墙体底灰与中层灰处理与一般抹灰类相同，基本构造为底层 5 ～ 15mm；中间层 10 mm 左右；饰面层 10 mm 左右；总厚度为室外 20mm，室内 15 ～ 20mm（如图 17-3、图 17-4 所示）。

抹灰底层起保障饰面层与基层连接牢固及饰面层平整的作用；中间层与底层用料相同，起找平与粘结作用，可弥补底层砂浆的干缩裂缝，可一次抹成，也可多次抹成；饰面层要求表面平整，色彩均匀，无裂缝，可做成光滑、粗糙等不同质感。

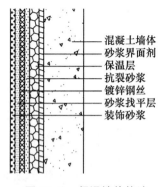

图 17-3 保温墙体构造

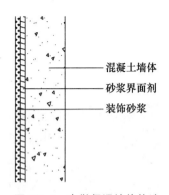

图 17-4 未做保温墙体构造

通常装饰砂浆分为底层、中层、面层、增强及罩面层施工，底层和中层施工与普通抹面砂浆基本相同，其工艺流程如图 17-5 所示。底层、中层起找平、做砖缝以及防止露底的作用；面层采用装饰砂浆，等砂浆表面初凝后，通过采用拉毛、喷涂、滚涂等特殊的表面处理工艺，用工具搓出不同的花纹，使表面呈现出不同的色彩、线条与花纹等装饰效果；增强及罩面层能提高砂浆的耐水及耐沾污性能。装饰砂浆施工 2d 后，对表面进行密封处理，如基面比较潮湿的还需要做封闭底漆。

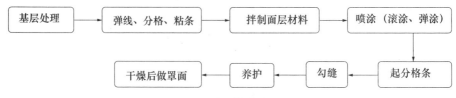

图 17-5　墙体装饰砂浆施工工艺

1. 施工准备

（1）施工要求

基层必须达到一定强度时才能施工，基层在未做增强剂及罩面剂之前不能被雨淋，严禁雨天施工。施工时合理安排施工进度，注意阳光和沙尘，避免在阳光直射的地方施工，严禁在炎热和大风的天气施工。

（2）施工设备

砂浆喷涂设备、弹涂器等（如图 17-6 和图 17-7 所示）。

图 17-6　砂浆喷涂设备　　　　图 17-7　弹涂器

（3）工具配件

工具配件主要有铁抹子、硬棕毛刷子、竹丝刷等、硬木抹子等（如图 17-8 和图 17-9 所示）。

图 17-8　铁抹子　　　　图 17-9　硬棕毛刷子

2. 基层处理

基层应无浮浆、灰尘、油污等，装饰砂浆施工前要确保基层的平整度，要求误差小于2mm，针对不同基层材料，采用不同处理方法；另外必须保证基层干燥，施工前对所有墙面进行检查，不应有渗水、潮湿的情况。如基层潮湿，基层需要涂刷一层抗碱封闭底漆。如基层有空鼓，应用机具切去后补修；如有裂缝、缺棱掉角、凹凸不平等质量缺陷，应用聚合物砂浆或其他等同材料修补找平。

（1）外墙外保温系统基层

对于外墙外保温系统，抹面砂浆最少养护7d后方可施工。要仔细检查抹面砂浆保护层是否有开裂、空鼓等现象，如有此现象应及时通知相关施工方处理。

（2）混凝土基层

水泥砂浆、混凝土基层表面需经过一段时间的通风干燥养护后，使基层充分干燥，通常水泥砂浆基层要干燥7d以上，现浇或预制的混凝土基底需要更长的养护期，混凝土基层至少要干燥21d以上，并彻底清除表面脱模剂。

（3）砖墙基层

砖墙面基体粗糙，有利于墙体与底层抹灰间的粘结，用10mm厚1:1:6水泥石灰砂浆作为底层砂浆进行处理。

（4）抹底层砂浆

严格控制用水量，保证每次的加水量一致，用电动搅拌器将底层砂浆搅拌成均匀呈无颗粒膏糊状，静置5min后，再略作搅拌即可使用。用抹刀将砂浆均匀地涂抹于基层墙体上，厚度控制在2mm左右，待底层砂浆干燥后进行下一步施工。

3. 分块与设缝

抹灰中的分格缝可以用来避免墙面大面积抹灰开裂，墙面产生不规则裂缝，采用专用的分格条嵌在抹灰中进行设缝，间距不宜大于6m。一般分格缝宽度不小于1.5cm，深度不小于1.5cm（或至结构层），分隔面积宜为10m²。设分格缝的方式有凸线、嵌线、凹线，最常用的是凹线。待中灰干至六七成时，按要求弹出分格线，镶嵌分格条。分格条两侧用素水泥浆与墙面抹成45°，横平竖直，接头平直。

分格条（木引条）需采用优质木材粘贴并在水中浸透，两侧抹八字形素水泥浆，以45°或60°为宜（如图17-10所示）。

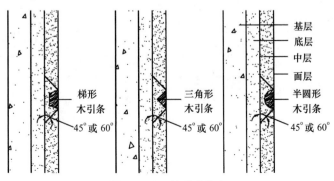

图17-10 粘贴分格条

4. 面层工艺

灰浆类装饰砂浆施工既可用抹刀抹面，也可以采用弹涂、喷涂的方式。彩色装饰砂浆以双方确认的色彩为准，为防止局部色差，宜将数桶彩色装饰砂浆投入一大容器内，严格控制加水量，用电动搅拌器将装饰砂浆搅拌均匀呈无颗粒膏糊状，静置 3～5min，再搅拌 10～30s 即可使用。搅拌好的砂浆应在 2h 内用完，不能将已干结的砂浆重新加水搅拌再用。

（1）刮涂工艺

用抹刀将砂浆均匀地涂抹于底层砂浆上，刮涂时注意按设计要求控制厚度在 1~3mm 左右，抹面要平整，手工施工时尽量一次成型，切忌反复刮涂，无透底、流坠现象。为保证整体效果，抹灰的交接处应在分格条处。在彩色装饰砂浆未完全干燥时，通过采用以下不同的施工工艺可以产生不同的装饰质感及纹理，带纹理的饰面要照顾整体均衡，使其质感布点均匀，颜色整体一致。

墙面需要成型仿石材、仿砖效果时（如图 17-11 所示），底层砂浆必须完全干燥，无灰尘污物，不得出现破裂、空鼓等。先在底层砂浆上用粉线弹出一条基准直线，然后再弹出第二条直线（要与第一条垂直），以此类推，可以弹出多条平行于第一条、第二条的直线，从而将施工面分成多个方格区域。在墙面直线上粘贴分格条，粘贴分格条（美纹纸）时应注意保持合适的粘结力，粘结力过低则密封不严，容易跑浆，粘结力过强则容易残留影响美观。分隔条（美纹纸）粘贴完成后，再进行面层装饰砂浆施工，分格条（美纹纸）揭起时应小心，避免破坏装饰砂浆。

假面砖是用彩色砂浆抹成外墙面砖分块形式与质感的装饰抹灰面层做法，彩色水泥砂浆面层厚度一般抹 3～4mm，待抹灰收水后，可以用铁梳子拉仿假面砖。先用铁梳子顺靠尺板由上向下划纹，后按面砖宽度用铁钩子或铁皮刨子沿着靠尺横向划沟，深度为 3～4mm，露出中层抹灰。

① 拉毛灰

拉毛灰是用铁抹子、硬棕毛刷子等专用工具，把面层砂浆拉出波纹和斑点的毛头状饰面，其凹凸质感很强（如图 17-12 所示）。拉毛灰有拉长毛、短毛、粗毛和细毛多种，通常采用棕毛刷子拉小拉毛，采用铁抹子拉大垃毛。拉毛灰墙面吸声效果好，一般用于有声学要求的礼堂、剧院等室内墙面，也常用于外墙面、阳台栏板或围墙等外饰面。

图 17-11 装饰砂浆仿砖效果　　　　　　图 17-12 拉毛灰[4]

② 甩毛灰

甩毛灰是用竹丝刷等工具将面层砂浆甩洒在墙面上，形成大小不一，但又很有规律的云朵状毛面（如图17-13所示）。也可先在墙面上涂抹面层砂浆，再甩上不同颜色的面层砂浆，用抹子轻轻压平，形成两种颜色的套色做法。

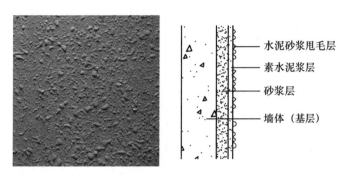

水泥砂浆甩毛层
素水泥浆层
砂浆层
墙体（基层）

图17-13　甩毛灰

③搓毛灰

搓毛灰是在面层砂浆初凝时用硬木抹子从上到下搓出一条细而直的纹路，也可从水平方向搓出一条L形细纹路。搓毛时，不允许干搓，如墙面太干应边洒水边搓毛。

④拉条灰

拉条灰是采用条形模具上下拉动，使面层砂浆呈规则细条形、粗条形、半圆形、波形、梯形、方形等多种形式的装饰做法。其优点是美观大方、成本低，并具有良好的声响效果，适用于公共建筑门厅、会议室、观众厅等。根据拉条粗细，面层砂浆有不同的配合比，一般细条形抹灰可采用同一种砂浆，多次加浆拉灰拉模而成；粗条形抹灰则采用底、面层两种配合比的砂浆（如表17-3所示），多次加浆拉灰拉模而成。

拉条灰参考配合比　　　　　　　　　　　　　　　　　　　　　　　表17-3

品　种	材料组成	比　例
细条形拉条	水泥：细纸筋石灰膏：砂（面层）	1：0.5：2
粗条形拉条	水泥：细纸筋石灰膏：砂（底层）	1：0.5：2.5
	水泥：细纸筋石灰膏（面层）	1：0.5

⑤扫毛、喷甩云片

扫毛是用竹扫帚在未硬化的砂浆面层上按不同的设计组合，扫出不同方向或直或曲的细密条纹装饰面。机喷、手甩云朵片可形成类似于树皮状的砂浆凸起拉毛，然后用铁抹子或胶辊压平一部分凸起砂浆块，产生一个个不规则又很美观的小平台面，似树皮纹，又像云朵，立体感很强。云朵片上还可以在部分或全部墙面上滚、喷涂料，并能变换不同的色彩。

（2）弹涂工艺

弹涂是在墙面上刷一道装饰砂浆后，将已配好的色点浆液注入弹涂器中，然后转动弹涂器平柄，将色点浆甩到底色浆上。弹色点浆时，应把不同色浆分别装入不同的弹涂器中，用弹涂器分几遍将不同色彩的装饰砂浆弹在已涂刷的基层上，每人操作一筒，流水作业，一人弹第一种色浆，另一人随后弹另外一种色浆。色点要弹均匀，互相衬托一致，弹的色浆点应近似圆粒状，形成 3~5mm 大小相近、颜色不同、相互交错的扁圆形花点（如图 17-14 所示）。深浅色点互相衬托，构成一种彩色的装饰面层。这种饰面粘结性好，可直接弹涂在基层较平整的混凝土板上，适用于建筑物内外墙面，也可用于顶棚饰面。

图 17-14　装饰砂浆弹涂

（3）喷涂工艺

喷涂多用于外墙面，施工时应注意喷涂时温度不得低于 5℃，风力在 5 级以下，避免雨天施工。用挤压式砂浆泵或喷斗，将聚合物水泥砂浆喷涂在墙面基层上，形成饰面层，最后在表面再喷一层防护剂，以提高饰面层的耐久性和减少墙面污染。

① 首先在喷涂彩色装饰砂浆前应先用塑料膜、报纸等将门窗等不需喷涂的部位保护好；如墙面需成型为仿石材效果或仿砖效果时，可按设计要求及成型规格在其表面上画出分格，并弹好线，喷涂前再用美纹纸等沿分格线贴好。如果分格线色彩有特殊要求时，则事先将封底漆调制成相应的色彩，并在外保温基墙面滚涂一遍。

② 在炎热干燥的季节，喷涂前应洒水湿润墙面。一般自上而下进行喷涂施工，分两遍喷涂彩色装饰砂浆，横向竖向各一遍，气泵压力应保持 0.6 ～ 0.8MPa，每一遍喷涂应以分格线、墙面、阴阳角交接处或落水管为界。喷涂时，喷枪口与墙面垂直略往上倾斜，喷枪口与墙面距离 300 ～ 350mm，喷斗内注入砂浆，开动气管开关，用高压空气将砂浆喷吹到墙面。喷第一遍时，应自左向右缓慢平行移动喷枪；喷第二遍时，从起端上下垂直移动，喷涂时注意找匀厚度，控制砂浆厚度，防止出现漏喷、流坠、透底、不均匀现象。如果喷涂时压力有变化，可适当地调整喷嘴与墙面的距离，喷枪喷嘴口径可根据彩色装饰砂浆粗细在 3 ～ 10mm 之间调整，以能顺利出料、墙面喷涂平整为准。

根据砂浆面层质感，喷涂工艺可分为波面喷涂、颗粒喷涂、花点喷涂，其参考配比如表 17-4 所示。波面喷涂表面灰浆饱满，波纹起伏；颗粒喷涂表面不出浆，布满细碎颗粒。波面喷涂和花点喷涂，一般控制三遍成活。第一遍涂层不要过厚，基层变色即可，如墙基不平，可将喷涂的涂层用木抹子搓平后重喷；第二遍喷至盖底，浆不流淌为止；第三遍喷至面层出浆，表面呈波状，灰浆饱满，不流坠，颜色一致，总厚度控制在 3 ～ 4mm。花点喷涂在波面喷涂层干燥后，根据设计要求加喷不同颜色的砂浆浆点，以增加面层质感，使之远看有水刷石、干粘石或花岗岩饰面的效果。颗粒喷涂一般两遍成活，第一遍要求喷射均匀，厚度掌握在 1.5mm 左右，过 1 ～ 2h 再继续喷第二遍，并使之喷涂成活。要求喷涂颜色一致，颗粒均匀，不出浆，厚薄一致，总厚度控制在 3 ～ 4mm。

喷涂砂浆参考配合比（kg） 表 17-4

抹面做法	水泥	颜料	细骨料	减水剂	聚乙烯醇缩甲醛胶	石灰膏	砂浆稠度（mm）
波面	100	适量	200	0.3	10～15	—	130～140
波面	100	适量	200	0.3	20	100	130～140
粒状	100	适量	200	0.3	10	—	100～110
粒状	100	适量	200	0.3	20	100	100～110

③ 分格使用的美纹纸要在保证砂浆内外干湿程度一致时揭掉美纹纸（刚施工完或者砂浆完全干燥时），先在不显眼的地方试揭一下，没有问题后再大面积揭掉美纹纸，否则因面层成膜而底层还未干燥容易造成表面被揭掉。

（4）滚涂工艺

滚涂是将装饰砂浆抹在墙体表面，用辊子滚出花纹，一般在滚完面层24h后喷防护剂形成饰面层。滚涂工艺有垂直滚涂和水平滚涂两种方法，施工方法简单，不易污染其他墙面及门窗，易于掌握，功效高，尤其适合局部施工。滚涂时应掌握底层的干湿度，底层吸水较快时应适当地加水湿润，浇水量以滚涂时不流淌为宜，操作时需两人合作，一人在前将事先拌好的砂浆刮一遍，随后紧跟抹一薄层，用铁抹子溜平，使涂层厚薄一致；另一人紧跟着拿辊子滚拉，否则涂层干后拉不出毛来，操作时辊子运行不能太快，且用力要一致，成活时辊子应从上往下拉，使滚出的花纹有自然向下的流水波向，以减少墙面积尘。滚完后起出分格条，如果要求做阳角，一般在大面成活时再进行捋角。水平滚涂基本上与垂直滚涂操作相同，可将辊子把接长一些进行滚拉，连续在两次滚拉的中间位置再滚拉一遍，即可防止滚空等现象[5]。

5. 辊涂增强剂及密封剂

水性或溶剂型的丙烯酸、聚氯酯、聚氟酯通常被用作密封剂，由于装饰砂浆饰面层凹凸起伏不大，滚涂增强剂及密封剂能提高砂浆的耐水及耐沾污性能。装饰面层干透后，用硬毛刷刷掉砂浆边缘带起的砂浆，然后辊涂增强剂，滚涂时横一遍、竖一遍，保证滚涂饱满且均匀，不得漏涂；增强剂干燥后再喷涂1～2遍密封剂，使装饰砂浆具有更好的耐候性和耐沾污性。对于窗口多，需要遮挡较多的墙面，密封剂也可以滚涂。涂刷增强剂和密封剂的辊筒不能放到同一个容器中储存，且不能混用。增强剂和密封剂一定要从上到下施工，增强剂污染过的墙面会对面层的颜色产生影响，因此一定要严格控制好施工流程。

17.5 质量控制

装饰砂浆的品种、质量必须符合设计要求；各抹灰层之间及抹灰层与基体之间必须粘结牢固，无脱层、空鼓和裂缝等缺陷，墙面采用喷涂、滚涂、弹涂工艺允许偏差项目如表17-5所示。

喷涂、滚涂、弹涂表面颜色一致，花纹、色点大小均匀，不显接槎，无漏涂、透底和流坠现象；分格条（缝）的宽度和深度均匀一致，条（缝）平整光滑，棱角整齐，横平竖直、通顺；流水坡向正确，滴水线顺直，滴水槽深度、宽度均不小于 10mm，整齐一致。

喷涂、滚涂、弹涂允许偏差 表 17-5

项 次	项 目	允许偏差（mm）	检查方法
1	立面垂直	5	2m 托线板检查
2	表面平整	4	2m 靠尺及楔形塞尺检查
3	阴、阳角垂直	4	2m 托线板检查
4	阴、阳角方正	4	20cm 方尺及楔形塞尺检查
5	分格条（缝）平直	3	拉 5m 线，不足 5m 拉通线检查

17.6 工程应用

彩色砂浆色彩丰富、材质轻、耐久性能好，生态环保，生产、施工和后期使用过程中均不产生有毒、有害物质；饰面层相对较薄，材质轻，喷涂、辊涂、刮涂均可，与基底有很强的粘结力；对异型形状建筑、圆柱体及弧形的造型施工不受限，施工简单（如图 17-15 所示）；可与外墙外保温构造复合，降低建筑物承载重量，使保温体系集保温、抗裂、透气、憎水、装饰功能于一体，既可以满足外墙装饰效果，又可解决普通瓷砖透气性差、负荷大、容易脱落等问题[6]；使城市外立面设计更加多样性，建筑风貌更完美。

图 17-15 北京工人体育馆

装饰砂浆流行有地中海风情、西班牙乡村风格、意大利式、托斯卡式与南加州建筑风格，不同装饰效果的装饰砂浆可以极大地丰富城市外立面设计的多样性，具有耐老化的优点，用于城市旧城改造、立面翻新，可大大节约了翻新成本、符合现代节约型社会的主题。装饰砂浆凭借独特的创意元素以及自然古朴、纹理丰富的装饰功能还可应用于高端豪宅别墅、高层住宅、公共及商业建筑，彰显独特的建筑艺术魅力（如图 17-16、图 17-17 所示）。

图 17-16　高层建筑立面翻新

图 17-17　公共建筑

参 考 文 献

［1］罗庚望. 彩色装饰砂浆的配方、调色与质量控制［J］. 商品混凝土，2013 年第 9 期，26-29.

［2］JC/T 1024—2007 墙体饰面砂浆.

［3］邱永侠. 浅议普通干粉砂浆原料与生产工艺设备［J］. 砖瓦，2010 年第二期，53-55.

［4］李芹. 东方网.

［5］本书编写组. 抹灰工长上岗指南——不可不知的 500 个关键细节［M］. 北京，中国建材工业出版社，2013.01.

［6］张东华. 现代建筑用彩色装饰砂浆的研究［J］. 商品混凝土，30-42.

第 18 章　装饰模板与脱模剂

18.1　概述

除混凝土拌合物本身的质量外，硬化混凝土表面纹理、质感和色彩与模板、脱模剂密切相关。对装饰混凝土，应使用能达到装饰设计效果的模板。在模板表面浇筑混凝土时，由于混凝土可塑性极强，混凝土会精确复制模板表面的纹理。混凝土脱模剂喷涂在模板表面会形成一层隔离膜，混凝土脱模剂起减小模板和混凝土之间的黏结力或表层混凝土自身内聚力的作用，通过化学或物理反应消减这种作用，有利于混凝土硬化脱离模板后能保持形状完整。模板可以使混凝土表面形成不同装饰效果，如光面饰面、纹理饰面及不同的表面质感，这种具有饰面功能的模板称为装饰模板。

应用于混凝土的装饰模板分为刚性模板和衬模，刚性模板可以单独使用，衬模必须依附在刚性模板上使用。单独使用的刚性模板适用于成型光滑面饰面混凝土或浅纹理、图案比较简单的饰面混凝土，可以在刚性模板面板上直接加工纹理，或用角刚、瓦楞铁、压型钢板等固定在刚性模板面板所需部位作为装饰模板使用；深纹理、图案比较复杂的饰面混凝土则通过将弹性衬模粘在刚性模板面板来实现，用材质和纹理好的木模板、带纹理的铝模板、塑料模板也能达到一定的装饰效果。

应用装饰模板成型混凝土，可实现混凝土结构装饰一体化，不论仿石、仿木等任意造型，均可达到与原物体高度仿真的效果。装饰模板还能实现大型曲面、镂空等特殊造型，满足混凝土特殊的几何空间造型需求，达到提高混凝土装饰艺术水平和美化建筑的效果。

18.2　刚性模板

混凝土的外观即外露面的形成直接取决于模板，应尽可能采用组合钢模板或大模板，模板制作时应具有足够的刚度，防止浇筑混凝土时模板有明显挠曲和变形。在混凝土浇筑前，模板应清理干净，不得有油污或其他杂物；模板拼缝要保证搭接平顺、严密，不能有错台和大缝隙。对于局部缝隙难以整合的地方要加贴胶条，保证不漏浆。装饰混凝土一旦成型后，其质量好坏已成定局，成型时必须做到模板尺寸准确、大面平整、线型规矩、纹理清晰，硬化混凝土表面无孔洞、气泡、龟裂等现象。根据清水混凝土分类，其模板类型选用如表 18-1 所示。根据模板面板材料的不同，刚性模板分为木模、钢模、钢木模、钢竹模、木胶合模、塑料模、铝模等，现浇清水混凝土主要采用胶合板模板，也可以采用其他材质的模板，相关技术性能见 5.2 节 2；预制清水混凝土构件通常采用钢模具成型，钢模板表面光洁平整，不能有小坑及凸起部分，其技术性能要求见 5.3 节 2。

现浇清水混凝土模板类型选用　　　　　表 18-1

编号	清水混凝土分类	建议选用模板类型
1	普通清水混凝土	木梁（含铝梁）胶合板模板、钢框胶合板大模板、轻型钢木板、全钢大模板、木框胶合板模板等
2	饰面清水混凝土	木梁（含铝梁）胶合板模板、钢框胶合板（面板不包边为主）大模板、不锈钢贴面模板等
3	装饰清水混凝土	木梁（含铝梁）胶合板模板、木模板、全钢装饰模板、铸铝装饰模板、木胶合板装饰木板

模板体系由面板、竖肋、背楞、边框、斜撑、挑架组成，不同类型模板其构造如表 18-2 所示。

不同类型模板的构造　　　　　表 18-2

序号	模板名称	模板构造
1	木梁胶合板模板	以木梁、铝梁或钢木肋作竖肋，胶合板采用螺钉连接
2	空腹钢框胶合板模板	以特制空腹型材为边框，冷弯管材、型材为肋，胶合板面板采用抽芯铆钉连接。品种有：面板不包边大模板、面板包边大模板、无脊楞轻型钢木模板
3	实腹钢框胶合板模板	以特制实腹型材为边框，冷弯管材、型材为肋，嵌入胶合板，抽芯铆钉连接
4	木框胶合板模板	以木枋为骨架，胶合板采用螺钉连接
5	钢（木）框胶合板装饰模板	在钢（木）框胶合板模板面板上钉木、铝或塑料装饰图案或线条
6	全钢大模板	以型钢为骨架，5～6mm 厚钢板为面板，焊接而成
7	全钢装饰模板	在全钢大模板的面板上焊接或螺栓连接装饰图案或线条
8	全钢铸铝模板	在全钢模板的面板上，螺栓固定铸铝图案
9	木模板	以刨光木板为面板，型钢为骨架，螺钉从背面连接
10	不锈钢贴面模板	采用镜面不锈钢，用强力胶贴于钢模板或木模上

1. 胶合板面板

混凝土模板用胶合板按表面处理方式分为未饰面混凝土模板用胶合板（简称素板）、树脂饰面混凝土模板用胶合板（简称涂胶板）、浸渍胶膜纸饰面混凝土模板用胶合板（简称覆膜板）。胶合板按原料分为竹胶合板和木胶合板，涂胶板具有保温性能好、易脱模和可两面使用等特点，其外观允许缺陷如表 18-3 所示。

涂胶板外观允许缺陷[1]　　　　　表 18-3

缺陷种类	检验项目	检量单位	一等品	二等品
缺胶	—	—	不允许	
凹陷、压痕、鼓包	单个最大面积	mm²	不允许	1000
	每平方米板面总个数	—		2
	凹凸高度，不超过	mm		1

续表

缺陷种类	检验项目	检量单位	一等品	二等品
鼓泡、分层	—	—	不允许	
色泽不均	占板面积的百分比，不超过	%	3	10
其他缺陷	—	—	不允许	按最类似缺陷考虑

覆膜板表面光洁平整，以优质的桦木、杉木、杨木等板材为材料，表面采用防水性强的酚醛树脂浸渍经过高温热压而成，其外观允许缺陷如表 18-4 所示。

覆膜板外观允许缺陷　　　　　　　　　　　　表 18-4

缺陷种类	检验项目	检量单位	A 等品	B 等品
覆膜纸重叠	占板面积的百分比，不超过	%	不允许	2
缺纸	—	—	不允许	
凹陷、压痕、鼓包	单个最大面积	mm²	不允许	1000
	每平方米板面总个数	—		1
	凹凸高度，不超过	mm		0.5
鼓泡、分层	—	—	不允许	
划痕	单个最大长度	mm	不允许	200
	每米板宽内条数	—		2
其他缺陷	—	—	不允许	按最类似缺陷考虑

木胶合板板材厚度不应小于 12mm，以杨木为主的木材旋出的夹芯为原料，通过加胶加热、加压粘合而成。竹胶合板是由竹席、竹帘、竹片等多种竹胚结构构成，或与木单板等其他材料复合而成，其物理力学性能如表 18-5 所示。

胶合板物理力学性能　　　　　　　　　　　　表 18-5

项　目		单位	厚度／（mm）			
			≥12，<15	≥15，<18	≥18，<21	≥21，<24
含水率		%	6～14			
胶合强度		MPa	≥0.70			
静曲强度	顺纹	MPa	≥50	≥45	≥40	≥35
	横纹		≥30	≥30	≥30	≥25
弹性模量	顺纹	MPa	≥6000	≥6000	≥5000	≥5000
	横纹		≥4500	≥4500	≥4000	≥4000
浸渍剥离性能			浸渍胶膜纸贴面与胶合板表层的每一边累计剥离长度不超 25mm			

竹胶合板幅面宽、拼缝少，支模、拆模速度快，板面平整光滑，遇水不变形，便于维护保养，表面吸水率接近钢模板，对混凝土的吸附力仅为钢模板的 1/8，容易脱模，其外

观质量要求如表 18-6 所示。

竹胶合板模板外观质量要求[2] 表 18-6

项 目	检测要求	单 位	优等品		合格品	
			表板	背板	表板	背板
腐朽、霉斑	任意部位	—	不允许			
缺损	自公称幅面内	mm²	不允许		≤ 400	
鼓泡	任意部位	—	不允许			
单板脱胶	单个面积 20 ～ 500mm²	个 /m²	不允许		1	3
	单个面积 20 ～ 1000mm²				不允许	2
表面污染	单个污染面积 100 ～ 2000mm²	个 /m²	不允许		4	不限
	单个污染面积 100 ～ 5000mm²				2	
凹陷	最大深度不超过 1mm 单个面积	mm²	不允许	10 ～ 500	10 ～ 1500	
	单位面积上数量	个 /m²	不允许	2	4	不限

常用竹胶合板模板厚度为 12 ～ 15mm，强度高、韧性好，其力学性能如表 18-7 所示。竹胶合板的静曲强度相当于木材强度的 8 ～ 10 倍，为木胶合板强度的 4 ～ 5 倍，可减少模板支撑的数量。竹胶合板模板防腐、防虫蛀，其导热系数远小于钢模板的导热系数，有利于冬季施工保温，使用周转次数高，经济效益明显。模板可双面倒用，无边框竹胶合板模板使用次数可达 20 ～ 30 次，取代了传统的木模板和钢模板，现已广泛应用于建筑工程中。竹木胶合板模板除了单张使用外，可锯裁成定型模块，经过封边处理后，与模板钢框组装成一体，作为中型组合模板使用。

竹胶合板模板物理力学性能要求 表 18-7

项 目		单 位	优等品	合格品
含水率		%	≤ 12	≤ 14
静曲弹性模量	板长向	N/mm²	≥ 7.5×10³	≥ 6.5×10³
	板宽向	N/mm²	≥ 5.5×10³	≥ 4.5×10³
静曲强度	板长向	N/mm²	≥ 90	≥ 70
	板宽向	N/mm²	≥ 60	≥ 50
冲击强度		kJ/m²	≥ 60	≥ 50
胶合性能		mm/ 层	≤ 25	≤ 50
水煮、冰冻、干燥的 保存强度	板长向	N/mm²	≥ 60	≥ 50
	板宽向	N/mm²	≥ 40	≥ 35
折减系数		—	0.85	0.80

2. 塑料面板及模具

塑料模板是一种复合材料,根据材质可分为聚氯乙烯(PVC)模板、聚丙烯(PP)模板、聚乙烯(PE)模板、聚碳酸酯(PC)模板、丙烯腈—丁二烯—苯乙烯(ABS)模板、高密度聚乙烯(HDPE)模板等,主要用作模板面板或制作塑料模具;根据外观可分为实心板、中空板、卡扣筋板、模块组装板、塑料阴阳角。塑料模板表面平整度、光洁度高,周转次数能达到30次以上,重量轻,可锯、刨、钻、钉,其面板镶于钢框内或钉在木框上,所制成的塑料模板能代替木模板、钢模板使用,可随意组成任意几何形状,满足长方体、正方体、L形、U形等各种形状的建筑支模需求,尤其适用于曲形、弧形构件。

塑料模板温度适应范围大,规格多样,有阻燃、防腐、抗水及抗化学品腐蚀的功能,还能回收再造,有较好的电绝缘性能。塑料模板力学性能如表18-8所示,其静曲强度和静曲弹性模量与其他模板相比较小,国内应用的塑料建筑模板承载力较低,在强度和刚度方面比竹(木)模板还低,主要以平板形式用作顶板和楼板模板,只要适当控制次梁的间距就能满足施工要求。国外模板公司开发的全塑料装饰墙模,其边框和肋均为高强塑料,面板为压制成各种花纹的塑料板,利用连接件可拼装成墙模或柱模[3],浇筑混凝土后,可以形成各种仿石材的混凝土墙面、柱面,外形逼真,装饰效果很好,这种模板还可与钢框胶合板模板组合使用。

塑料模板物理力学性能指标[4]　　　　　　　　　　　　　　　表 18-8

项　目	单　位	指　标		
		夹芯塑料模板	带肋塑料模板	空腹塑料模板
吸水率	%	≤ 0.5	≤ 0.5	≤ 0.5
表面硬度(邵氏硬度)		≥ 58	≥ 58	≥ 58
简支梁无缺口冲击强度	kJ/m²	≥ 14	≥ 25	≥ 30
弯曲强度	MPa	≥ 24	≥ 45	≥ 30
弯曲弹性模量	MPa	≥ 1200	≥ 4500	≥ 3000
维卡软化点	℃	≥ 75	≥ 80	≥ 80
加热后尺寸变化率	%	±0.2	±0.2	±0.2
施工最低温度	℃	−10	−10	−10
燃烧性能等级	级	≥ E	≥ E	≥ E

塑料模具常用于生产市政、水利、公路、铁路混凝土制品,品种繁多,主要有市政配套系列模具,如路面砖、植草砖、雨水井、沟盖、窨井盖、工艺护栏等制品模具(如图18-1所示);水利配套系列模具,如生态连锁块、挡墙、空心或实心六角护坡、渠道砌块、驳岸块等制品模具;高速公路配套系列模具,如路缘石、路肩、拱形骨架、人字形骨架、边沟板、踏步板、护坡等制品模具;高速铁路配套系列模具,如步行板、电缆槽、盖板、

桥栏、路基护栏、拱形防护等制品模具。

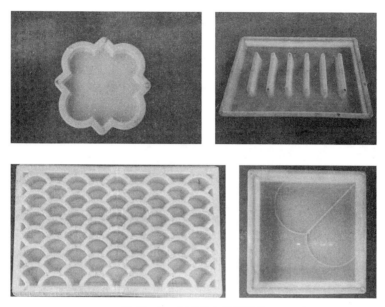

图 18-1 市政配套系列模具

3. 铝合金装饰模板

1962 年铝合金模板诞生于美国，为快拆模系统，适合墙体、水平楼板、柱子、梁、楼梯、窗台、飘板等构件的使用。一套模板正常施工可达到四天一层的施工速度，而且可以较好地展开流水线施工，大大加快施工进度。铝合金模板拼缝较少，精度较高；拆模后，混凝土表面平整、光洁，无需进行抹灰，基本上可达到饰面及清水混凝土的要求，可节省抹灰费用，备受国外建筑市场青睐（如图 18-2 所示）。

图 18-2 光面铝合金模板

铝合金建筑模板系统全部采用铝合金板组装而成，系统拼装完成后，形成一个整体框架，稳定性十分好，能够满足绝大多数住宅楼群的支模承载力要求。铝合金模板在规范施工内可重复使用 300 次（标准模板），平均使用成本低。铝合金模板系统设计较为简单，安装快捷，大大节约人工成本，而且由于重量较轻，用人力即可搬运和拼装，无需任何大型机械协助。铝合金模板规格较多，其常用规格如表 18-9 所示。

铝合金模板常用规格[5]（mm）　　　　　　　　　表 18-9

项　目	常　用　规　格
长度	100 200 300 400 500 600 800 900 1000 1100 1200 1500 1800 2100 2400 2700 3000
宽度	50 100 150 200 250 300 350 400 450 500 550 600 650 700 750 800 900
孔距	50 150 300

注：对规格、性质、尺寸有特殊要求，由供需双方确定。

　　铝合金模板可根据项目需求采用不同规格的板材进行拼装，通用性较强，其拼装质量检测内容及方法如表 18-10 所示。很多发达国家都已经规定建筑项目不准使用木模板，需使用可再生材料的模板。铝模板系统全部配件均可重复使用，铝合金建筑模板系统所有材料均为可再生材料，符合国家对建筑项目节能、环保、低碳、减排的规定。施工拆模后，现场无任何垃圾，支撑体系构造简单，拆除方便，所以整个施工环境安全、干净、整洁。

铝合金模板拼装质量检测项目　　　　　　　　　表 18-10

检测项目	检测方法	量　具
拼装模板长度	测量长度尺寸	钢卷尺
拼装模板宽度	测量宽度尺寸	钢卷尺
整板对角线差值	测量对角线尺寸	钢卷尺
整板平面度	测量任意部位	平尺、塞尺
相邻模板拼缝间隙	测量最大缝隙处	塞尺
相邻模板板面高低差	测量板面高度最大处	平尺、塞尺

注：组拼模板面积不小于 6m²。

　　铝合金模板面板既可以是光面的，也可以铸造成砖、石材等简单纹理（如图 18-3、图 18-4 所示），以浇筑各种图形的混凝土立面；铝合金压花辊表面加工成各种图案，在混凝土表面滚压后就可在混凝土平面形成各种连续的混凝土图案，具体见 4.3.3 节。

图 18-3　铝合金装饰模板（石材纹理）

图 18-4　铝合金装饰模板（砖纹理）

18.3 衬 模

衬模也称为模板内衬，为了在混凝土表面实现复杂、细腻的图案，保证混凝土成型后的观感效果，通常根据建筑设计的纹理要求选择衬模，将带有一定花纹和图案的衬模放置在混凝土的支撑模板内侧。衬模几何尺寸稳定、变形小，依附在刚性模板上，能经受放置钢筋网片、浇筑及振捣混凝土时产生的机械摩擦，在冬期施工蒸汽养护时，能耐温度变化、耐碱性好。衬模可选择纹理比较自由，容易变换花样，凹凸程度可大可小，层次多，分为弹性衬模、硬质衬模。弹性衬模主要有聚氨酯橡胶、硅胶、软质塑料等，主要用于质感纹理异常凸出的浮雕图案混凝土（如图 18-5 所示）。硬质衬模本身具有良好的质感，如木板（经聚合物处理）、钢板、玻璃钢或硬塑料衬板等，混凝土成型时可以采用较小脱模锥度的衬模，主要用于镜面或浅纹理的混凝土。

| （a）仿石材纹理 | （b）仿竹材纹理 | （c）影像纹理 |

图 18-5 弹性衬模

衬模有一次性衬模，也有多次重复使用的橡胶衬模，衬模与混凝土间粘附力不大，便于混凝土脱模，衬模使混凝土装饰面纹理逼真、造型准确、通过采用衬模技术可以使混凝土装饰效果达到无限可能。

1. 弹性衬模

弹性衬模通常采用聚氨酯橡胶、硅胶、塑料等软质材料浇注或压制而成，有较好的抗拉强度、抗撕裂强度和粘结强度，其耐磨性能和延伸率较好，且耐碱、耐油，易于与混凝土脱模而不损坏混凝土表面，可以在混凝土表面准确复制不同造型、肌理、凹槽等，可用于装饰结构一体化混凝土预制板、GRC 制品、混凝土幕墙等产品的加工，并能多次重复使用。利用混凝土表面肌理不同会显示颜色深浅不同的特点，针对高端混凝土市场定制一些影像弹性造型模板，由于这种模板复制到混凝土表面的条纹宽度不一样，从侧面照射过来的阳光可以使混凝土表面呈现不同的阴影，从而使做出来的混凝土构件表面图案仿佛是一张非常生动的照片。

（1）硅胶衬模

硅胶衬模多用于制作小型混凝土制品，其翻模次数多、使用寿命长、抗撕拉性能好、耐高温、收缩较大、硬度可选择。国内硅胶以混炼硅胶为主，质量不稳定，较进口硅胶品质较高，成本较高。硅胶外观是流动的液体，其模具做法是将硅胶和固化剂按照一定比例拌和均匀后，进行抽真空排气，时间不超过 10min；用涂刷或灌注的方法，先把硅胶倒在混凝土制品上面，然后再将硅胶均匀涂刷在混凝土制品上面，30min 后粘贴一层纤维网格布来增加硅胶的抗拉强度。然后再涂刷一层硅胶，再粘贴一层纤维网格布，这样制作的硅胶模具寿命及翻模次数能提高许多，能够节约成本（如图 18-6 所示）。

（2）聚氨酯衬模

聚氨酯衬模收缩较小，有较好的抗拉强度、抗撕裂强度和粘结强度，同时又有较好的耐磨性能和延伸率，且耐碱耐油，是制作装饰衬模的一种较为理想的材料。聚氨酯衬模以聚醚多元醇和异氰酸酯为主要原料做成双组分，双组分粘度低，制作衬模时，只需将双组分按一定比例混合均匀，采用常温浇注固化成型工艺即可注模，合成工艺简单。聚氨酯衬模温度适用范围在 65℃以内，温度高于 65℃时将损坏衬模材料。当衬模与混凝土相接触的部分表面温度高于 65℃时应采取措施降低温度，保证衬模在限定温度内正常使用。

聚胺酯衬模有两种用法，一种是预制成型，按设计要求制成带有图案的片状预制块，然后粘贴于模板上；另一种作法是用聚胺酯直接涂敷于模板表面，多做成花纹型。聚胺酯衬模主要应用于大型构件的生产，可重复使用 40 余次，在现浇混凝土墙体上直接形成图案，图案纹理清晰，可使饰面富有质感和纹理多样化，避免饰面的起壳脱落，且缩短工期，降低造价、使用效果较好（如图 18-7 所示）。

图 18-6　硅胶衬模　　　　　　　图 18-7　聚氨酯衬模

2. 硬质衬板

塑料衬板采用改性聚丙烯塑料经过真空成型二次加工而成，纹理清晰，花纹可不断更新，耐温、耐化学腐蚀、耐机械磨损、耐冲击，可锯、刨、钉铆焊，加工性能良好，与混凝土有良好的离型性，能满足成型装饰混凝土的需要[6]，可用于桥梁、立交桥、建筑外墙、公共建筑的地坪等，或用于成型常温养护的小型预制构件（如图 18-8 所示）。

木材衬板采用木质较软、收缩小的木材经干燥处理而成，表面纹理清晰、美观，用于制作木纹效果的混凝土，一般周转次数较少（如图 18-9 所示）。

玻璃纤维增强塑料（玻璃钢）衬模是以玻璃纤维布为基材，以不饱和树脂为粘结剂，利用不饱和树脂和玻璃纤维摊铺叠层后制成的一种刚性衬模，制作时应充分考虑分模位置和脱模锥度，可以用来制成各种各样造型。该衬模尺寸精度好，加工速度快模具费用低，变换花饰或规格尺寸较方便，耐油性能较好，能用于 100℃蒸汽养护，价格适中，周转次数可达 100 次以上[7]。

图 18-8 塑料衬板

图 18-9 木材衬板

3. 衬模铺贴

在混凝土正式施工前必须对装饰衬模相应部位进行排版，确定施工缝位置，然后自下而上进行纹理衬模排版，相邻衬模之间的接头应相互错开。在衬模表面弹出几道控制线作为基准，进行大面积衬模的安装，衬模接头处平滑过渡，面板之间接缝严密，可选用小錾子将衬模顶紧、固定[8]。

弹性衬模依附于刚性模板上使用，模板板缝必须采用密封材料密封，以防漏浆。为便于弹性衬模与刚性模板临时固定，撤换方便。保证弹性衬模粘贴平整、牢固，施工时，应绷紧弹性衬模，可采用粘合剂、钉锁扣、螺栓等使弹性衬模与刚性面板结合在一起，防止弹性衬模与基模面板之间产生气泡。由于弹性衬模具有热胀冷缩的性质，为防止弹性衬模因降温收缩产生拉应力，施工时可采用码钉钉在大模板的周边及螺栓孔堵头周边进行加固。

衬模铺贴好以后，在模板内浇筑新拌混凝土，混凝土硬化拆模后，衬模上的装饰造型纹理便被精确复制到在混凝土表面，形成立体装饰效果。

18.4 混凝土脱模机理

不同材质的模板面板或衬模会对混凝土色彩、质感、纹理及造型产生不同的影响。模板吸水性不同会影响硬化混凝土表面颜色，如木模板吸水多，拆模后混凝土表面颜色则较深；钢模板吸水少，拆模后混凝土表面颜色则较浅。

脱模剂喷涂（刷涂）于模板工作面，与混凝土之间的粘附力很小，主要起隔离、润滑作用，混凝土硬化后与脱模剂、模板之间形成界面，混凝土与脱模剂的接触面为Ⅰ面，脱模剂面为Ⅱ面，也称凝聚层；脱模剂与模板的接触面为Ⅲ面（如图 18-10 所示）。

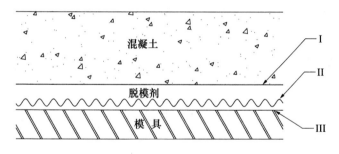

图 18-10 混凝土脱模剂脱模机理图

不同类型的脱模剂对混凝土与模板之间作用机理各不相同[9]，脱模效果不尽相同。如纯油类及加表面活性剂的纯油脱模剂在模板与混凝土之间起机械润滑作用，混凝土可以因克服两者之间的黏结力而脱模；如水包油或油包水型乳化类脱模剂涂刷后迅速在模板表面干燥成膜，在混凝土与模板之间起隔离作用而脱模；如脂肪酸类化学脱模剂，涂刷于模板后，首先使模板表面具有憎水性，然后与模内新拌混凝土中的游离氢氧化钙起皂化反应，生成具有物理隔离作用的非水溶性皂，脱模剂即起润滑作用，又能延缓模板接触面上很薄一层混凝土的凝固而利于混凝土脱模。

混凝土在脱模过程中，脱模剂会不同程度转移到成型产品上，从而影响混凝土表面装饰效果，因此脱模剂转移率是衡量混凝土脱模效果及表面装饰效果的一个重要指标。在外力作用下混凝土从脱模剂Ⅰ界面剥离，脱模剂发生少量转移，脱模后混凝土表面不受任何影响。在Ⅱ处剥离时，脱模剂发生少量转移，在Ⅱ处或兼有Ⅰ、Ⅱ两处的剥离脱模效果较好。因凝聚层的破坏及Ⅲ处的剥离而脱模，模具和脱模剂接触面会产生粘附力破坏，导致大量脱模剂转移；混凝土与脱模剂接触，发生混和、粘结，脱模剂全部转移至混凝土中，此类脱模会严重污染混凝土表面，给后续的表面装饰带来极大的问题[10]。

当模板上涂刷脱模剂过厚时，脱模剂在脱模时尚未成膜或者虽已成膜但成膜强度很低，内聚力较低。在外力作用下，脱模剂内聚力破坏，造成混凝土表面和模具表面均沾有脱模剂，混凝土表面会有轻微污染。当模板上涂刷的化学活性类脱模剂过厚时，脱模剂同水泥的水化产物氢氧化钙反应生成非水溶皂会延缓与模板接触的混凝土凝固，或者混凝土强度不高，以至拆模时混凝土与脱模剂之间的粘附力大于混凝土表层内聚力，脱模后模板和混凝土表面残留较多的混凝土碎屑末，从而导致混凝土装饰面破坏。

18.5　脱模剂

脱模剂喷涂（刷）涂于模具面板上，起隔离作用，在拆模时能使混凝土与模具顺利脱离，保持混凝土形状完整，棱角整齐无损及模具无损[11]。

1. 脱模剂品种及选用

目前国内外商品混凝土脱模剂种类繁多，分类方法多样，按产品状态分为固态粉末、膏体、乳化液、溶液和悬浮液脱模剂等；按产品的亲、疏水性分为憎水型和亲水型脱模剂；按产品作用效果分为一涂多用型脱模剂和一涂一用型脱模剂；按产品主要原材料分为皂类脱模剂、水质类及废液类脱模剂、矿物油类脱模剂、乳化油类脱模剂、油漆类脱模剂、石蜡类脱模剂、合成树脂类脱模剂、化学活性类脱模剂和有机高分子类脱模剂等，其使用性能各有差异，如，石蜡类脱模剂是将石蜡溶于汽油、柴油制成的脱模剂，成本不高，脱模效果好，但影响表面装饰，气温低时不易涂匀；矿物油类脱模剂多采用石油产品中黏度较低、流动性较好的机油、润滑油、废机油，但会污染混凝土表面，影响随后的装饰或导致混凝土表面粉化；水性脱模剂采用海藻酸钠、滑石粉、水等制成，常用于涂刷钢模板，每涂刷一次时不能多次使用，冬、雨期使用有困难；乳化油类脱模剂由乳化机油、水、脂肪酸、煤（汽）油、磷酸、苛性钠等配制而成，可用于木模、钢模，脱模效果好，但耐雨淋能力较差。

选用脱模剂时，脱模效果和经济性都是不可忽视的重要因素。质量差的脱模剂会使混凝土表面产生龟裂纹，影响产品的外观质量和模具的使用寿命，并带来环境污染。初次使用脱模剂时，必须模拟实际施工条件对脱模剂进行适应性检验，包括脱模剂对混凝土外加剂、模板封闭性、混凝土掺合料、施工温度、浇筑及振捣成型和养护条件等的适应性。此外，还需进行乳液稳定性及涂抹均匀性检验（如表 18-11 所示）。

匀质性指标 表 18-11

检验项目		指　标
匀质性	密度	液体产品应在生产厂控制值的 ±0.02g/mL 以内
	黏度	液体产品应在生产厂控制值的 ±2s 以内
	pH 值	产品应在生产厂控制值的 ±1 以内
	固体含量	液体产品应在生产厂控制值的相对量的 6% 以内
		固体产品应在生产厂控制值的相对量的 10% 以内
	稳定性	产品稀释至使用浓度的稀释液无分层离析，能保持均匀状态

为了便于施工和保证使用效果，脱模剂必须具备脱模效果良好的特点，其施工性能如表 18-12 所示。现场施工及露天预制混凝土生产使用的脱模剂要具有一定的耐雨水冲刷能力，即模板上涂刷的脱模剂被雨淋后，还能保持脱模性能；对于热养护的混凝土构件，使用的脱模剂应具有耐热性；在寒冷气候条件下使用的脱模剂应具有耐冻性。拆模后脱模剂易于清除，在涂布量合理的前提下，脱模剂不会残留在制品表面，混凝土表面不留浸渍印痕、返黄变色，对混凝土无渗透危害，无损于混凝土表面质量；不污染混凝土内部配筋；不腐蚀模板；既能涂刷又能喷涂，成膜快、成膜连续；不影响施工进度和制品生产率，具有良好的耐水性和耐暴晒性、较好的稳定性和较长的贮存期。

施工性能指标 表 18-12

检验项目		指　标
施工性能	干燥成膜时间	10 ～ 50min
	脱模性能	能顺利脱模，保持棱角完整无损，表面光滑；混凝土粘附量不大于 5g/m²
	耐水性能 [a]	按试验规定水中浸泡后不出现溶解、粘手等现象
	对钢模具锈蚀作用	对钢模具无锈蚀危害
	极限使用温度	能顺利脱模，保持棱角完整无损，表面光滑；混凝土粘附量不大于 5g/m²

a 脱模剂在室内使用时，耐水性可不检验。

装饰混凝土构件表面要求平整、光洁、无油污，不影响装饰效果。通过对不同品种脱模剂的研究，表明纯油类脱模剂会使混凝土表面出现更多疵孔、色差和油迹，影响混凝土表面的装饰效果，不适合采用。对于木、竹硬质衬板，应选择木器用清漆作为模板的脱模剂，清漆可很好地在内衬面板表面形成防水膜阻止内衬板吸收水分；对于弹性橡胶衬模，脱模剂宜选用吸水率适中的无机轻机油。

2. 脱模剂涂刷

（1）模板预处理

为了保护模板及改善模板性能，需要对模板进行预处理。使用新木模时，为了克服木材中的糖对水泥水化速度的影响，通常用水泥净浆涂于模板，保留 24h 后，轻轻刷去洒落的水泥粉末，再涂刷脱模剂。木模用脱模剂应能渗入木模表面，对模板起维护和填缝的作用，并能防止模板多次使用后由于木质和边角的变异而产生膨胀、隆起、开裂及其疵病。钢模用脱模剂应具有防止钢模锈蚀及由此导致混凝土表面产生锈斑的作用。

（2）涂刷技术

模板或衬板（模）安装完成以后，表面应涂刷脱模剂。涂刷技术的选择需考虑脱模剂的黏稠度、模板种类及形状、施工温度和实际施工条件等因素。流态脱模剂、异形模板可进行喷涂；膏状或蜡状产品用软抹布、海绵等进行涂抹。脱模剂涂刷厚度随模具粗糙度和吸收能力的增加而增加，乳浊液脱模剂的涂刷厚度常随稀释度的增加而增加。脱模剂涂刷厚度应适宜，过薄时脱模效果欠佳，过厚则不经济，尤其是化学活性脱模剂涂刷过薄会影响混凝土表面质量，给清理模板带来困难。

（3）清除脱模剂残余物

模板上的脱模剂残余物可采用钢丝刷、刮刀、硬泡沫、玻璃、浮石和钢丝绒等工具进行清除，也可先用清水预冲洗，再用稀盐酸或市场销售的模板清洗剂浸泡冲洗，最后用清水漂洗干净或用喷砂法进行清除。

参 考 文 献

［1］中国林业科学研究院木材工业研究所. GB T 17656—2018 混凝土模板用胶合板［S］.

［2］JG/T 156—2004 竹胶合板模板［S］.

［3］糜嘉平. 美国装饰模板的发展与应用技术［J］. 建筑技术，第 45 卷第 8 期 2014 年 8 月 687-689.

［4］中国模板脚手架协会. JG/T 418—2013 塑料模板［S］.

［5］中国建筑金属结构协会. JG/T 522—2017 铝合金模板［S］.

［6］谢征薇，刘维中. 塑料衬模和玻璃钢衬模在装饰混凝土外墙中的应用［J］. 建筑技术，1986 年 09 期：6-8.

［7］乔欢欢. 仿木混凝土制品生产技术介绍［J］. 混凝土与水泥制品，2015 年第 1 期：40-41.

［8］黄海，沈兴东，欧阳召生等. 仿生态装饰混凝土施工工法，中建八局.

［9］李昂，脱模剂及其作用机理［J］. 特种橡胶制品，2002，（4）：26-29.

［10］久木严，新庄正义. 离佳型剂しろよ污染防止［J］. 日本ゴム协会志，1985，58（6）:362.

［11］苏州混凝土水泥制品研究院. JC/T 949—2005 混凝土制品用脱模剂［S］.

第 19 章　混凝土 3D 打印技术

19.1　概述

在现代信息化飞速发展的背景下，信息化和数字化是现代社会各个行业发展的必然趋势，如今全世界正面临着历史上的"第三次工业革命"的浪潮[1, 2]。增材制造技术作为数字化技术中的新兴技术，又被称为 3D 打印技术，由于其在制造工艺方面的创新，与新能源、互联网并称为"第三次工业革命"的三大核心技术[3]。3D 打印的思想起源于 19 世纪末的美国，并在 20 世纪 80 年代得以发展推广，由于其打印速度快、成本低廉且能够打印复杂形状等优点[4, 5]，该项技术在航空航天、生物医疗、珠宝制作、食品以及模具制造等诸多领域得到广泛应用。

与上述各个领域相比，3D 打印技术在建筑行业发展相对缓慢。建筑业在 3D 打印技术中所占比重较小，限制其在建筑业发展的一项重要因素就是传统的水泥与混凝土材料难以满足 3D 打印技术在建筑中的应用需求，亟待研究一种具有良好的可挤出性和可建造性、凝结速度适宜等特点的水泥基材料[6]。相对于传统建造技术（如图 19-1 所示[7]），这项技术不仅可以缩短建筑时间，而且可以降低建筑成本、节约劳动力、提高建筑安全保障[8, 9]。

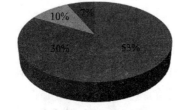

■ 模板人工　　　　　　■ 混凝土材料
■ 模板材料　　　　　　■ 混凝土人工

图 19-1　新建混凝土建筑的典型支出分布

目前，建筑 3D 打印技术主要处于研发阶段和技术改进阶段，现在已经能够打印一些建筑构件以及一些形状不太复杂的小型建筑。而在实际工程施工阶段，建筑 3D 打印技术还处于不断的探究和摸索阶段。与传统建筑相比，混凝土 3D 打印技术优势在于速度快，不需要使用模板，不需要数量庞大的建筑工人，可以节省人力成本、提高建造效率，非常容易地打印出其他方式难以实现的曲线建筑[10]。

19.2　3D 打印工艺的分类

进入 21 世纪后，数字化建筑的概念，即建筑 3D 打印技术逐渐被设计师们所熟知。建筑 3D 打印工艺的分类主要有粘结沉降成型工艺、轮廓工艺、砖块堆叠工艺、喷挤堆积成型工艺。

1. 粘结沉降成型工艺

粘结沉降成型工艺 "D-Shape" 由意大利 Enrico Dini 发明[11]。"D-Shape" 打印机底部有数百喷嘴，可喷射出镁质黏合物，在黏合物上喷撒砂子可逐渐铸成石质固体，通过一层层黏合物和砂子的结合，最终形成石质建筑物。

2. 轮廓工艺

2001 年，美国南加州大学教授 Behrokh Khoshnevis 提出了一种 "轮廓工艺" 的建筑 3D 打印技术[12]，通过将混合料分层堆积成型而成。经过多年的发展，轮廓工艺能够利用一定的材料实现大型建筑构件甚至是整体建筑实现自动建造。目前国内外的 3D 打印构件及小型的建筑大多是基于 "轮廓工艺" 技术，该工艺不需要使用模具，可减少传统建筑技术中的材料浪费、降低成本和节省施工工期。该工艺采用可移动的大型、轻便的 3D 打印机，在施工现场组装，实现现场打印，打印出来的建筑物轮廓将成为建筑物的一部分，以水泥、砂等为主要原材料，按照设计图用 3D 打印机喷嘴喷出高性能混凝土，逐层打印出外墙、内隔墙等，再用机械手臂安装完成整座房子的基本构架。

3. 砖块堆叠技术

瑞士苏黎世联邦理工学院 2006 年开始进行了由大型机械臂主导的数字建造研究，其中较为独特和典型的建筑 3D 技术即为砖块堆叠（Brick Stacking）技术，以砖块作为材料单元，环氧树脂作为粘结剂连接补强[13]。采用砂石粉末为原材料，经过数字算法建模、分块三维打印、垒砌组装等过程完成了一个 3.2m 高的 Grotesque 构筑物的 3D 打印建造，称作数字异形体。

4. 喷挤堆积成型工艺

英国 Monolite 公司在 2007 年提出了一种通过逐层铺设砂砾、层间再喷挤粘结剂、实现砂砾选择性胶凝硬化的粉末堆积成型方法，即 D-shape 工艺。该团队已经于 2009 年成功打印了高 1.6m 的雕塑，利用 D-shape 技术对采用月壤用于月球基地的建造技术研究[14]。

在 2008 年，英国拉夫堡大学创新和建筑研究中心提出了后来被称为 "混凝土打印"3D 打印技术，该技术也是基于混凝土喷挤堆积成型的工艺[15]。针对水泥基建筑 3D 打印材料的打印效率，通过试验测试发现，在建筑 3D 打印的过程中，3D 打印结构的打印高度和材料的累积积荷载关系密切，通过相关打印参数的研究找到可以接受的最快 3D 打印建造速度[16]。为了满足建筑 3D 打印工艺的要求，通过对材料关键参数的控制来制备一种新型的地质聚合物建筑 3D 打印材料，这些关键参数包括粒度分布、粉末表面质量、堆积密度、颗粒粘合剂的颗粒间渗透性等，同时这些参数也用来评价这种地质聚合物的可打印性[17]。

该团队研发出一种用于建筑 3D 打印的高性能纤维增强混凝土，该混凝土通过喷嘴挤出来逐层构建结构部件，通过研究该新拌浆体的可挤出性和可建造性，发现它们与工作性和凝结时间的相互关联，这些性能受配合比和超塑化剂、缓凝剂、促凝剂和聚丙烯纤维等因素的影响显著。2009 年该团队成功打印出一个尺寸 2m×0.9m×0.8m 混凝土靠背椅，并对其原位剥离等性能进行测试[18]。

19.3　建筑 3D 打印材料

建筑 3D 打印最重要的技术之一是材料技术，3D 打印机是实现材料到产品的一个途径，随着工业精密机床技术和机器人技术不断发展趋于成熟，使得制造一个符合技术要求的 3D 打印机成为可能。但是能够满足 3D 打印技术去制造产品的材料技术才是 3D 打印技术的根本。因此，建筑 3D 打印材料是实现建筑 3D 打印首要解决的技术问题之一。

1. 国内外研究进展

在国内，随着数字化建筑技术概念得到普及，数字化建筑技术也逐渐走进国内大众视野，在国内相关政策的支持下，国内众多科研院所和企事业单位开始追赶欧美等国，开始研究建筑 3D 打印技术及材料，推动了我国建筑 3D 打印技术的快速发展。

2014 年，清华大学以石膏硬化体为例，研究了工程结构中可能采用的粉末和液体混合胶凝体系的 3D 打印结构的细观特征和力学性能；通过打印的立方体抗压、棱柱体抗折等试块获得了力学性能参数，并提出了相应的应力应变关系模型[19]。同年，上海交通大学对建筑 3D 打印材料进行了相关研究，根据磷酸盐水泥具有快硬、早强、粘结强度高和良好生物相容性等特点，将碱性氧化物和磷酸盐以及添加剂等按一定配合比研磨成一定细度的固体粉末后配制成磷酸盐水泥，并通过外加剂将水泥凝结时间调整在 1 ～ 15min 之间，水泥 1h 抗压强度达到 45 ～ 65MPa，1h 抗折强度达 5.5 ～ 10.5MPa，并将其用于建筑 3D 打印[20]。

以快硬硫铝酸盐水泥和矿物掺合料组成复合胶凝材料，通过添加复合调凝剂和复合体积稳定剂制备可用于建筑 3D 打印的混凝土材料，可以灵活控制凝结时间：其初凝时间为 20 ～ 50min，终凝时间为 30 ～ 60min，2h 抗压强度为 10 ～ 20MPa，28d 抗压强度为 50 ～ 60MPa，可以满足建筑 3D 打印的连续性和强度要求[21]。为了解决建筑 3D 打印的性能、成本及技术应用等问题，通过工业固体废弃物为原料制备了硫铝酸盐胶凝基质材料，配以促凝剂、缓凝剂等形成建筑 3D 打印粉料，其凝结时间可控制在 10 ～ 30min，2h 抗压强度达到 15 ～ 20MPa[22]。

研究碱金属激发剂的 Si/Na 比对 3D 打印地质聚合物浆体的黏度、屈服应力和发展速率以及结构重建速率的影响。同时，也研究了钢渣掺量对 3D 打印地质聚合物材料新拌浆体流变性的影响[23]。通过掺入纳米黏土（NC）和硅灰（SF）对水泥浆体进行改性[24]，使水泥浆体在输送过程中具有良好的流动性，在静置状态下具有令人满意的形状保持性；研究了该新拌 3D 打印混凝土的可建造性，流变性（黏度、屈服应力和触变性），和易性，初始强度，开放时间和水化热；结果表明，少量 NC 和 SF 显著提高了混凝土的触变性和初始强度，使混凝土的可建造性分别提高了 150% 和 117%。

3D 打印的高性能混凝土克服了现有技术的缺陷，采用掺入活性矿粉掺合料、增稠剂、快速凝结时间调节剂以及纤维制备了一种固化速度快、粘结性能优良的高性能混凝土[25]。还可以充分利用不同长度和规格的耐碱玻璃纤维以及 HPMC 纤维素醚增加混凝土的粘结能力，开发出抗压性能和抗拉性能都很好的且可用于建筑 3D 打印的混凝土材料[26]。

2. 技术要求

建筑 3D 打印材料是在传统建筑原材料基础上对传统混凝土材料的改进与升华，从经济性和环保性能讲，它应该满足原材料就地取材方便，成本低，绿色环保等要求。建筑 3D 打印工艺由于是无模板支撑的堆积成型技术，打印材料的可堆积性和在塑性阶段下层材料对逐渐增加的上层材料的承载力是最重要的性能，其性能首先要满足现有标准中建筑物对混凝土强度和耐久性能的要求，最重要的必须具备满足建筑 3D 打印工艺要求的性能（如图 19-2 所示）。

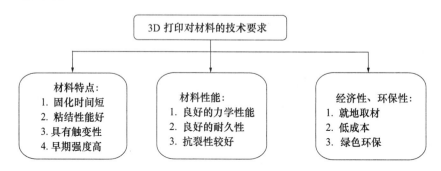

图 19-2　3D 打印对材料的技术要求

（1）凝结时间

3D 打印材料应具有初凝时间可调和初、终凝时间间隔小的特点。初凝时间可调是指可根据打印长度和高度以及打印速度的快慢，调整材料达到初凝的时间；初、终凝时间间隔小，是为了保证打印材料具有足够的强度发展速率，在不同高度材料自重作用下材料具有保证自身不变形的承载力。一般在中小型试验打印机中，根据 3D 打印机供料系统和搅拌过程所需的工作时间，将材料的凝结时间控制在 20～40min，终凝时间以小于 60min 为宜。

（2）强度

3D 打印材料应具有较高的早期强度，特别是在 1～2h 内其早期强度发展较快，能够保证在连续 3D 打印施工过程中对建筑结构整体荷载具有足够的承载力，保证打印结构稳固不变形，建筑 3D 打印材料的后期强度保持一定的增长，从而满足建筑物本身对材料强度的要求。

（3）工作性

首先 3D 打印材料在被输送过程中应该具有一定的流动性，避免输送管路被堵塞，其次要求建筑 3D 打印材料具有一定的触变性，3D 打印材料从打印头挤出后能够具有承受荷载及自身不变形的能力，能够支撑自重以及打印过程中的动荷载。

（4）层间粘结性

3D 打印材料应该具有良好的层间粘结力，保证成型墙体的各项异性小，保证层间的连接致密不渗水，打印的建筑物致密、稳固。

19.4　3D 打印用混凝土制备与生产

建筑材料一般具有用量大，工业化集中生产的特点，所以建筑 3D 打印材料也应该考虑满足制备简便、易于搅拌的特点。建筑 3D 打印材料生产技术关系到材料的应用方法、施工的组织管理和对泵送机械设备的要求，所以根据材料的特性，制定有效的工业化生产方法对建筑 3D 打印技术的推广至关重要。3D 打印混凝土主要分为三种类型：普通硅酸盐水泥基 3D 打印混凝土、特种水泥基 3D 打印混凝土和以工业固废为主要原材料的地质聚合物 3D 打印混凝土。建筑 3D 打印材料制备简便、易于搅拌，根据开发的水泥基 3D 打印材料的原材料及性能特点，从以下几方面提出生产制备方案。

1. 原材料

3D 打印用混凝土的原材料包括水泥、掺合料、骨料、外加剂和纤维等（如图 19-3 所示）。其中水泥可选用硅酸盐水泥、普通硅酸盐水泥、硫铝酸盐水泥、矿渣硅酸盐水泥、火山灰硅酸盐水泥、粉煤灰硅酸盐水泥、复合硅酸盐水泥；普通硅酸盐水泥是目前工程中应用最广泛的水泥品种，具有成本低、生产厂家分布广、性能稳定等优点。所以，利用普通硅酸盐水泥制备建筑 3D 打印材料，对建筑 3D 技术的推进具有重要意义。由于普通硅酸盐水泥水化速度慢、凝结时间较长、早期强度低等特点，限制了其作为建筑 3D 打印材料中的应用。硫铝酸盐水泥具有凝结时间短、早期强度较高、后期强度不断增长等特点，这些性能特点满足了建筑 3D 打印工艺对原材料的要求，其应用技术成熟，各项性能满足工程需要[25]，在中国已成功地应用于各种建筑工程（尤其是冬期施工工程）、海港工程、地下工程，各种水泥制品和预制构件。

3D 打印混凝土可以使用具有一定活性的工业固体废弃物粉料作为掺合料，如采用粉煤灰、粒化高炉矿渣粉、硅灰等掺合料，掺合料质量应符合现行国家相关标准。掺合料如粉煤灰、粒化高炉矿渣粉、活化煤矸石、硅灰等，本身不产生硬化或者硬化速度很慢，其主要活性氧化物组成有 SiO_2 和 Al_2O_3 等，能在常温下与水泥中的氢氧化钙发生化学反应，生成具有水硬性胶凝化合物，成为一种改善强度和耐久性的材料。活性掺合料在掺有减水剂的情况下，能增加新拌混凝土的流动性、黏聚性、保水性、改善 3D 打印混凝土的可泵性。

骨料应符合现行行业标准《普通混凝土用砂、石质量及检验方法标准》JGJ 52 的规定；再生粗骨料应符合现行国家标准《混凝土用再生粗骨料》GB/T 25177 的规定；再生细骨料应符合现行国家标准《混凝土和砂浆用再生细骨料》GB/T 25176 的规定。

3D 打印混凝土的关键技术主要是混凝土的凝结时间和工作性的控制，这些性能能够通过混凝土外加剂实现调节。配制 3D 打印混凝土可选用具有减水、调凝、早强、消泡和增稠等功能的外加剂，不同的材料体系所用种类和掺量有所差别，需根据具体的材料性能进行选用，其质量应符合现行国家标准的规定。可根据需要加入纤维，其性能应符合现行国家行业标准；拌合用水应符合现行行业标准《混凝土用水标准》JGJ 63 的要求；当使用其他材料时，其质量也应符合现行国家相关标准。

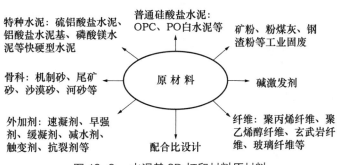

图 19-3　水泥基 3D 打印材料原材料

2. 配合比设计

建筑 3D 打印工艺对打印材料的性能要求主要有：第一，打印材料凝结时间应能根据 3D 打印施工的不同要求灵活控制；第二，打印材料具有一定的流动性，打印头挤出混凝土后能够堆积成型并具有一定的承载力，能够承受自重以及打印过程中的动荷载；第三，打印材料具有良好的层间粘结力，成型结构的不同受力方向的力学性能差异较小；第四，打印材料具有较高的早期强度，保证 3D 打印的连续进行。

混凝土配合比应综合考虑结构设计、工作性、力学性能与耐久性要求进行混凝土配合比设计。配合比依据三相图结合鲍罗米公式和最佳浆骨比的经验值进行设计，为 3D 打印混凝土提供一个可借鉴的取值范围（如图 19-4 所示）。

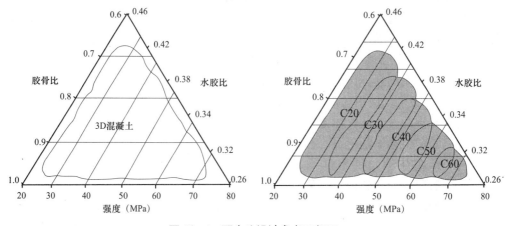

图 19-4　配合比设计参考三相图

三相图表示强度、胶骨比和水胶比的基本关系，通过调整胶凝材料和骨料比例和水胶比，并根据材料的凝结时间和其他性能的要求添加外加剂，这样就可以得到 3D 打印混凝土或者砂浆基本配合比，并通过试验调整得到试验配合比（如表 19-1 所示）。

不同强度等级 3D 打印混凝土的配合比参考取值范围　　　　　　　　表 19-1

强度（MPa）	20 ～ 30	30 ～ 40	40 ～ 50	50 ～ 60	60 ～ 70
水胶比	0.40 ～ 0.46	0.36 ～ 0.42	0.33 ～ 0.40	0.32 ～ 0.36	0.26 ～ 0.34
胶材 / 骨料	0.60 ～ 0.75	0.65 ～ 0.80	0.75 ～ 0.85	0.80 ～ 0.93	0.85 ～ 1.0
掺合料	≤ 50%	≤ 40%	≤ 30%	≤ 20%	≤ 10%
外加剂	根据性能去调整掺量和种类				

在实际设计过程中，如配合比取值超出表 19-1 范围时，但打印混凝土的性能满足各项技术要求，其材料配合比也是合理的。

3. 预拌 3D 打印混凝土

根据表 19-1 开发水泥基 3D 打印混凝土干粉料，其原材料和外加剂均采用粉体材料，可以利用干粉砂浆设备，将细骨料、水泥和外加剂等原材料按配比精确称量混匀后进行工业化生产，以固定包装的形式提供干粉料产品，干粉料在现场加水搅拌即可使用。干粉料使用方便快捷，在施工现场采用干粉料制备的预拌 3D 打印混凝土具有品质稳定可靠的优点，可以满足不同性能需求，有利于应用自动化施工机具，提高工程质量。（如图 19-5 所示）。

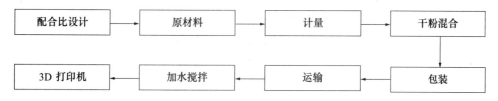

图 19-5 预拌 3D 打印混凝土

水泥基 3D 打印混凝土干粉料集中搅拌生产，相对于施工现场搅拌的传统工艺减少了粉尘、噪音、废水等污染。设备配置成熟，不仅产量大、生产周期短，搅拌均匀，质量稳定，同时可实现大规模的商业化生产和罐装运送，提高了生产效率。

预拌 3D 打印混凝土也可采用混凝土、外加剂双组分加水的制备原理生产，如图 19-6 所示。

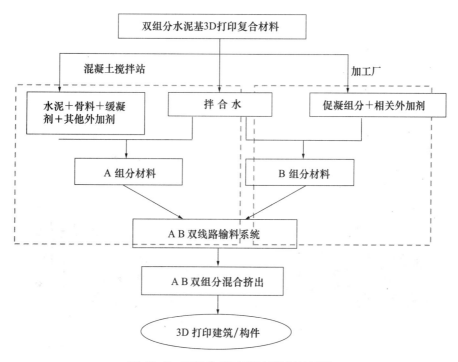

图 19-6 双组分 3D 打印材料制备原理

19.5 混凝土 3D 打印工艺及质量控制

1. 混凝土 3D 打印工艺

混凝土 3D 打印工艺原理是将建筑的图形设计模型转化成三维的打印路径，利用计算机软件对建筑构件进行模型分割，将三维的图形信息转化为打印路径以及打印速度，3D 打印系统将凝结时间短、强度发展快的混凝土精确分层布料，将混凝土或砂浆拌合物通过输送系统泵送至打印头，通过建筑 3D 打印机按照软件预先处理好的路径在 XYZ 轴走位，使打印材料逐层叠加，实现免模板施工，最终打印得到建筑构件（如图 19-7 所示）。

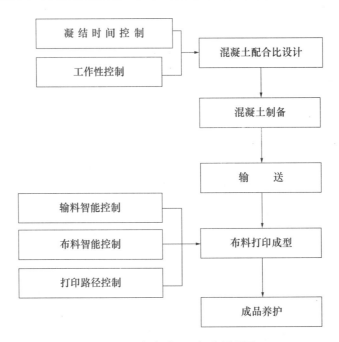

图 19-7　混凝土 3D 打印原理图

混凝土 3D 打印系统由混凝土输料系统、混凝土布料系统和打印路径控制系统组成（如图 19-8 所示），三个系统在计算机控制下协同工作，实现施工过程的智能化。

图 19-8　混凝土 3D 打印设备

以某平面为矩形，尺寸为 12.2m×9.2m，占地面积为 122.24m² 的某两层办公室为打印目标，该计划建造的办公室一层层高为 4.2m，二层层高为 2.45m，楼面板厚度为 0.25m，打印墙体总体积约为 27m³，房屋构造柱、墙体布筋及屋面形式如图 19-9 所示。办公室结构形式为：底板采用 30cm 厚现浇混凝土，3D 打印墙体；墙体内水平布置桁架式钢筋网，在墙体转角处利用预留空腔，放置钢筋笼现浇混凝土；墙体厚度为 20cm、15cm、10cm，在门洞口和墙体上下边缘 50cm 内加密布置钢筋网片，间距 10cm，墙体中间钢筋网片间距 20cm；楼面板采用压型钢板现浇打印材料。

该施工采用 3D 打印工艺（如图 19-9 所示），可实现免模板、降低材料损耗、减少人工成本。利用对建筑设计图的数字化处理，转化成打印路径，采用逐层叠加的轮廓工艺，累积形成墙体（如图 19-10 所示）。

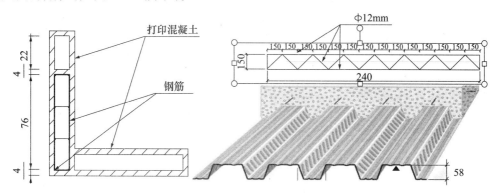

图 19-9　房屋构造柱、墙体布筋及屋面形式

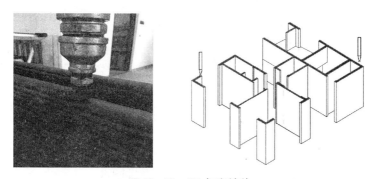

图 19-10　3D 打印墙体

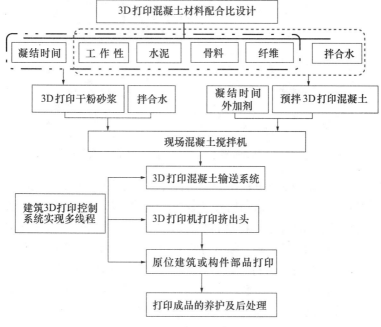

图 19-11　3D 打印工艺流程控制

施工准备：根据建筑设计图纸及 3D 打印工艺特点，在水平和竖直方向将墙体分层分块，并结合水电管线的布置要求，设置预留孔洞位置。同时根据设计图纸，确定打印机安放位置，然后设定墙体打印的顺序及打印路径（如图 19-12、图 19-13 所示），以便能顺利进行打印。

测量放线：在底板上根据建筑设计图纸，标画墙体轮廓线和打印设备安装位置，并根据打印顺序，标注打印起始原点。

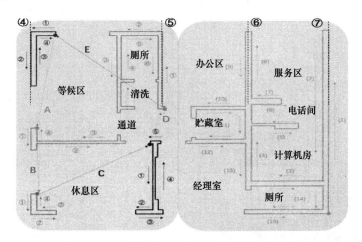

图 19-12　建筑首层多头打印顺序及打印路径

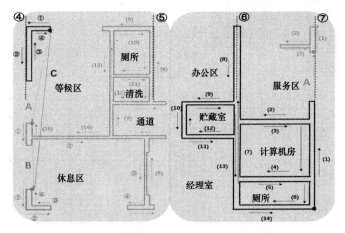

图 19-13　建筑第二层多头打印顺序及打印路径

打印设备安装：在底板标注位置安装固定打印架体，吊装好打印横梁，组装好搅拌输送设备，连接输料管路、确定电路和信号控制线路连接正常，启动设备运行调试。

材料制备：将配制好的打印干粉材料加入搅拌机，按配合比设计加入水，搅拌均匀，准备供料。打印材料为水泥基材料，强度等级 C30，凝结固化时间不少于 30min。

开始打印：该施工采用双头打印，打印顺序安排如图 19-12、图 19-13 所示，图中英文字母表示墙体打印的先后顺序，数字和箭头表示打印路径和方向。整个墙体打印上下分三层，水平分两部分，第一层打印 2.2m，利用双打印头同时打印左右两个部分，第二层为了找平，打印 0.25cm，只打印右半部分，第三层打印 1.75m，利用双头同时打印。打印过程中根据结构设计，布设钢筋网片，门洞和墙体上下端部加密布置钢筋网片。

墙体填充：根据结构设计图纸在墙体构造柱处放置钢筋网笼，灌注砂浆。

楼板浇筑：楼板作为水平构件，无法直接进行 3D 打印，采用压型钢板利用打印材料浇筑的叠合楼板施工方案，利用压型钢板作为楼板的钢模板，在压型钢板的跨中位置，根据需要布置钢支撑作为浇筑混凝土的临时支撑。楼板与圈梁、构造柱浇筑在一起，圈梁嵌入墙体深度为 0.15m。

墙体养护：打印过程中及打印完成后应保持墙体表面湿润，遮阳防风。

打印机拆除：打印完成后，清洗输送管路及打印头，先拆除打印横架，再拆除打印架体，做到活完场清。

施工时间计划：打印设备安装调试，计划 1 ～ 2d；墙体施工打印 102h；构造柱灌注 1d；楼板浇筑 1 ～ 2d。

打印前，应结合水电管路设计，准备好预留孔管件，打印中由专人根据设计图安放管件。制订打印过程中应急处理措施，由于突发事件造成打印终止，应在 30min 内及时解决，超过 30min 需要及时清理输送管路、搅拌设备和打印头。打印中应随时观测打印墙体的尺寸及标高，出现偏差时及时纠正。

2. 混凝土 3D 打印质量控制

建筑 3D 打印混凝土、打印砂浆材料是一种新型建筑材料[27]，其可塑性、工作性、触变性以及早期的力学性能有别于传统材料，其本质上是综合利用材料、计算机与机械等工程技术的特定组合完成工程建造[28]。

目前对 3D 打印混凝土的性能和质量控制主要在于一般性能和可打印性能的评定和控制，除满足国家和行业现行技术标准以外，用于 3D 打印的混凝土拌合物应满足表 19-2 的技术要求。表 19-2 和表 19-3 是在试验和应用过程中 3D 打印混凝土性能控制参数。

<table>
<tr><td colspan="5" style="text-align:left">3D 打印混凝土一般性能要求及检验方法　　　　　　　　　　　　　　　　表 19-2</td></tr>
<tr><td rowspan="2" colspan="2">项　　目</td><td colspan="2">技　术　要　求</td><td rowspan="2">检　验　方　法</td></tr>
<tr><td>骨料粒径≤ 5mm</td><td>最大骨料粒径＞ 5mm</td></tr>
<tr><td rowspan="2">流动性</td><td>流动度（mm）</td><td>不小于 160 ～ 220</td><td>—</td><td>《水泥胶砂流动度测定方法》GB/T 2419</td></tr>
<tr><td>坍落度（mm）</td><td>—</td><td>180 ～ 150</td><td>《普通混凝土拌合物性能试验方法标准》GB/T 50080</td></tr>
<tr><td colspan="2">初凝时间（浆体开始失去塑性的时间）</td><td colspan="2">30 ～ 60min</td><td>《建筑砂浆基本性能试验方法标准》JGJ/T 70</td></tr>
<tr><td colspan="2">终凝时间</td><td colspan="2">30 ～ 90min</td><td rowspan="2">《水泥胶砂干缩试验方法》JC/T 603</td></tr>
<tr><td colspan="2">收缩率</td><td colspan="2">在标准养护条件下的，3D 打印混凝土的 28d 收缩率不大于 0.05%</td></tr>
<tr><td colspan="2">抗压强度</td><td colspan="2">抗压强度在 3d、28d 的养护时间分别要达到设计强度的 50%、100%</td><td>《水泥胶砂流动度测定方法》GB/T 2419《普通混凝土力学性能试验方法标准》GB/T 50081</td></tr>
</table>

打印性能应满足表 19-3 的技术要求。

混凝土打印性能技术要求及检验方法　　　　　　表 19-3

项　目	技　术　要　求	检　验　方　法
挤出性	连续均匀、无撕裂、无离析、无中断	观测
可打印时间（流动性维持时间）	$0 \leqslant T_{可打印时间} \leqslant 0.8 * T_{初凝时间}$	实测
打印强度折减率（28d）	$\leqslant 30\%$	《水泥胶砂流动度测定方法》GB/T 2419
层间粘结强度	$\geqslant 1MPa$	《普通混凝土力学性能试验方法标准》GB/T 50081　直接拉伸法/劈裂法

19.6　混凝土 3D 打印技术的应用

混凝土 3D 打印具有免模板的技术优势，除了打印一般房屋建筑的用途外，另外一个潜在的应用是打印特殊形状的市政景观部品，甚至是打印大型的混凝土雕塑，这些特殊的应用也能够体现出混凝土 3D 打印的特点和优势。同时，对市政景观部品和设计的特殊造型构件，一般要求具有一定的色彩和装饰效果，一般的水泥灰的颜色比较单调，而彩色3D 打印混凝土则能满足这样要求。

1. 应用情况

国内也有一些项目开始在建筑 3D 打印领域涉足和发力，中国建筑股份有限公司技术中心等大批企业单位都对建筑 3D 打印技术及材料的研究研发投入大量精力。国内有关企业于 2014 年 4 月在上海张江高新青浦园区内打印了 10 幢建筑；2015 年 1 月打印出了一栋5 层楼楼房和一套 1100m² 的精致别墅；8 月在苏州太阳伞 4A 级景区打印出全球首批 3D 打印绿色环保厕所；9 月在山东省滨州市用时 2 个月一次性打印出两套中式风格别墅。

在实际建造中，相对于传统建造技术，3D 打印技术的成本高昂，使 3D 打印技术仅局限于制作建筑模型的应用中。3D 打印技术在建筑领域的应用关键在于成本问题，相信这一门槛的跨越只是时间问题。建筑 3D 打印技术与现有施工技术是相互补充的、相互依靠的关系，今后的发展趋势不是建筑 3D 打印技术去替代现有的施工技术，而是对现有施工技术的一个强有力的补充。3D 打印技术无疑将推动制造业向数字化发展，建筑师、工程师和建筑工人将借助科技之力，将建筑与 3D 打印结合，完成对现有建筑技术的提升再造。

（1）小型建筑的打印

如图 19-14 ~ 图 19-16 所示。

图 19-14　3D 打印设备控制室及墙体构件

图 19-15 公共卫生间及打印的构件

图 19-16 圆形茶水亭及其构件

（2）装饰多功能墙体、构件

目前，彩色装饰砂浆已在国内外广泛应用，制备的原材料也广泛可取。3D 打印彩色混凝土与彩色装饰砂浆在原材料选用上具有一定的共性，都可以普遍应用白水泥、白色骨料或彩色骨料，和一些无机颜料搭配就可以获得想要的颜色。不同点在于彩色 3D 打印混凝土在胶凝材料组成、外加剂的选用上要满足 3D 打印工艺对材料的凝结时间和工作性能的要求（如图 19-17 ～图 19-20 所示）。

图 19-17 曲面墙体　　　　　图 19-18 打印长椅

图 19-19 彩色长椅

图 19-20　中国建筑股份有限公司企业标识

（3）打印装饰板

　　水泥基 3D 打印工艺也可以用来打印一些具有艺术形式的装饰构件。比如，将经典名家书法作品打印出来做成墙体装饰挂板，或者打印一些特殊形状的小品器具、公共场所的椅子、花盆等，我们可以期待，混凝土 3D 打印技术更多的用途在将来会被逐渐被发掘出来（如图 19-21 ～图 19-26 所示）。

图 19-21　行书"永"字装饰板　　　图 19-22　楷书"幸福林带"

图 19-23　装饰板"海纳百川"　　　　图 19-24　异形小品构件

图 19-25　扭转花盆打印　　　图 19-26　编织形状花盆打印

2. 存在的问题

建筑史很大程度上是设计和建造技术史，技术手段往往决定了建筑的设计表达方式，也决定了建筑的空间形式，进而成为影响建筑观念和建筑美学的重要因素。3D 打印技术虽然是一个新技术，但是它在继承传统的 3D 打印机技术以及工艺的基础上也有相应的新要求。目前 3D 打印建造还处于起步阶段，在实体建造的相关基础性研究和工程应用技术上略显不足，但 3D 打印建造发展潜力巨大，是目前建筑产业实现转型升级的重要突破口。

从材料成型的概念来说，混凝土是典型的模塑材料。传统钢筋混凝土结构的建造也是一种典型的增材制造。在数字化技术的支撑下，3D 打印混凝土在减少模板工程、提高结构的整体性、设计建造复杂建筑工程等方面提供了实现的可能。

混凝土是一种由水泥将砂石骨料胶结形成的脆性材料，需要复合短切纤维或其他材料以改善其脆性问题，建筑所用的钢筋混凝土是由混凝土与整体钢筋网架复合构造形成的。混凝土如果作为 3D 打印结构材料，存在许多其他 3D 打印材料所不具有的特殊问题与挑战，如现有 3D 打印工艺还无法做到在钢筋网架内外"打印"，只能在局部采用钢筋网片或钢筋进行加强，难以满足钢筋混凝土结构设计规范要求，目前简单的平面层叠的混凝土 3D 打印方式需要进一步改进。

对 3D 打印用混凝土性能的特殊要求还体现在混凝土拌合物性能。由于不采用模板，3D 打印用混凝土从打印（挤出）口出来后要有很好的塑性以保持形状，并能够迅速凝结和发展强度，以承担其上部逐渐增加的材料重量。这种从拌合物状态的工作性能到硬化后的强度性能要求，对 3D 打印混凝土材料性能的设计和控制提出了很高的要求。由于 3D 打印混凝土按层层叠加成型，其材料的组成和性能都不同于传统浇注成型的混凝土，因此需要大量材性试验来获取 3D 打印混凝土的各项性能指标，例如混凝土的抗剪、抗弯、抗拉、抗扭、拉压以及耐久性等。

建筑 3D 打印拥有广阔的应用前景，目前，3D 打印混凝土建筑还处于探索发展阶段，与传统的钢筋混凝土结构和砌体结构在材料性能和建造工艺上有较大的区别，没有现成的材料和结构设计理论和方法可以采用。在打印材料、打印方式、打印设备、结构体系、设计方法、施工工艺和标准体系等方面存在着一系列问题亟待解决，需要在借鉴现有相关规范的基础上，研究适合于 3D 打印建筑结构的设计理论和设计方法，建立 3D 打印建造材料体系、3D 打印建造设备体系、3D 打印建造标准体系以及 3D 打印建造示范工程体系是必要的。

3. 展望

3D 打印技术是一个多学科跨界融合的技术体系，包括建筑模型的数字化、结构设计、混凝土材料、适应建筑大体量特点的智能打印系统、混凝土体内或体外钢筋增强、整体打印或打印构件部品等，其复杂性不言而喻。机械打印系统不能简单地随着建筑尺寸的增大而增大，因为机械越大，打印精度和打印速度就会越差。对于大型建筑来说，采取打印结构构件、现场拼装的技术路线是可行的。若要现场 3D 打印大型混凝土建筑则需要另辟蹊径，例如设计开发能在工作平台上可移动、灵巧的小型智能化打印设备进行多台同时打印，或对现行的滑模施工工艺设备进行改造，这是 3D 打印混凝土建筑技术突破的方向。

　　3D 打印混凝土建筑的发展只是对建筑工业化技术的一个补充，建筑 3D 打印技术的出现，给材料、建筑设计、城市规划等带来创新机遇，让人们在设计时能够突破常规，解放思想，实现建筑、艺术、功能和环境的大融合。同时，迅速发展的 3D 打印业将会导致建设成本降低，这就意味着"不久的将来"整体现场打印的建筑包括个性化房屋将在经济方面具有很大竞争力。所以，我们需要结合建筑行业的要求，并基于目前 3D 打印技术状况理性地进行创新实践，确定 3D 打印建筑的未来研发领域和方向，特别是在打印材料方面，做到真正意义上的节能环保，实现高质量的绿色建筑。

参 考 文 献

［1］戴鹏. 增材制造技术原理及其在建筑行业的应用研究［D］. 江苏大学，2016.

［2］霍亮，蔺喜强，张涛. 混凝土 3D 打印技术及应用［M］. 北京：地质出版社，2018.

［3］王帅，沈震. 3D 打印技术对规划建设领域的创新变革［C］. 北京：中国城市规划年会，2015.

［4］Hager I，Golonka A，Putanowicz R. 3D printing of buildings and building components as the future of sustainable construction?［M］//Drdlova M，Kubatova D，Bohac M. Procedia Engineering. 2016:292-299.

［5］李昕. 3D 打印技术及其应用综述［J］. 凿岩机械气动工具，2014（04）：36-41.

［6］刘晓瑜，杨立荣，宋扬. 3D 打印建筑用水泥基材料的研究进展［J］. 华北理工大学学报（自然科学版），2018（03）：46-50.

［7］Paul S C，Tay Y W D，Panda B，et al. Fresh and hardened properties of 3D printable cementitious materials for building and construction［J］. Archives of Civil and Mechanical Engineering，2018,18（1）:311-319.

［8］Wu P，Wang J，Wang X. A critical review of the use of 3-D printing in the construction industry［J］. Automation in Construction，2016，68:21-31.

［9］Mechtcherine V，Grafe J，Nerella V N，et al. 3D-printed steel reinforcement for digital concrete construction – Manufacture，mechanical properties and bond behaviour［J］. Construction and Building Materials，2018，179:125-137.

［10］Le T T，Austin S A，Lim S，et al. Mix design and fresh properties for high-performance printing concrete［J］.Materials and Structures，2012，45（8）:1221-1232.

［11］景绿路. 国外增材制造技术标准分析［J］. 航空标准化与质量，2013（04）:44-48.

［12］Bosscher P，Ii R L W，Bryson L S，et al. Cable-suspended robotic contour crafting system［J］. Automation in Construction，2008，17（1）:45-55.

［13］Lim S，Buswell R A，Le T T，et al. Developments in construction-scale additive manufacturing processes［J］.Automation in Construction，2012，21（1）:262-268.

［14］Le T T，Austin S A，Lim S，et al. Hardened properties of high-performance printing concrete［J］. Cement and Concrete Research，2012，42（3）:558-566.

［15］Perrot A，Rangeard D，Pierre A. Structural built-up of cement-based materials used for 3D-printing extrusion techniques［J］. Materials and Structures，2016，49（4）:1213-1220.

［16］Khalil N，Aouad G，El Cheikh K，et al. Use of calcium sulfoaluminate cements for setting control of 3D-printing mortars［J］. Construction and Building Materials，2017，157:382-391.

［17］张大旺，王栋民，朴春爱. 钢渣掺量对 3D 打印地质聚合物材料新拌浆体流变性的影响［J］. 应用基础与工程科学学报，2018（03）:596-604.

［18］Perrot A，Rangeard D，Pierre A. Structural built-up of cement-based materials used for 3D-printing extrusion techniques［J］. Materials and Structures，2016，49（4）:1213-1220.

［19］冯鹏，孟鑫淼，叶列平 . 具有层状结构的 3D 打印树脂增强石膏硬化体的力学性能研究［J］. 建筑材料学报，2015（2）:1-15.

［20］范诗建，杜骁，陈兵 . 磷酸盐水泥在 3D 打印技术中的应用研究［J］. 新型建筑材料，2015,42(1): 1-4.

［21］蔺喜强，张涛，霍亮 . 水泥基建筑 3D 打印材料的制备及应用研究［J］. 混凝土，2016（6）:141-144.

［22］任常在，王文龙，李国麟 . 固废基硫铝酸盐胶凝材料用于建筑 3D 打印的特性与过程仿真［J］. 化工学报，2018（7）:3270-3278.

［23］Da-Wang Z, Dong-Min W, Xi-Qiang L, et al. The study of the structure rebuilding and yield stress of 3D printing geopolymer pastes［J］. Construction and Building Materials, 2018，184:575-580.

［24］张大旺，王栋民，朴春爱 . 钢渣掺量对 3D 打印地质聚合物材料新拌浆体流变性的影响［J］. 应用基础与工程科学学报，2018（03）:596-604.

［25］Zhang Y, Zhang Y, Liu G, et al. Fresh properties of a novel 3D printing concrete ink［J］. Construction and Building Materials, 2018，174:263-271.

［26］刘福财，王贻远，肖敏 . 一种用于 3D 打印的高性能粉末混凝土 : 中国，201510375110.0［P］.2015-10-07.

［27］Hu Y, Blouin V Y, Fadel G M. Design for manufacturing of 3D heterogeneous objects with processing time consideration［J］. Journal of Mechanical Design, 2008，130（0317013）:1-9.

［28］肖绪文，马荣全，田伟 . 3D 打印建造研发现状及发展战略［J］. 施工技术，2017（01）:5-8.

第 20 章　混凝土表面防护

20.1　概述

硬化混凝土的原始效果体现出一种不加修饰、质朴的自然美,其清洁感、素材感等出色的美学效果深受设计师欢迎。由于混凝土属于碱性多孔材料,裸露的混凝土在自然界中会遭受雨水、紫外线、油污等侵蚀,混凝土内部氢氧化钙和水的数量以及渗透通路会引起混凝土泛碱,混凝土自洁性差。混凝土在干燥过程中,其内部的氢氧化钙会由于水分蒸发被水带至混凝土表面并析出晶体,造成初次泛碱;混凝土干燥后,由于养护用水或雨水等外部水的侵入,混凝土表面很容易吸收水份,吸水后混凝土表面颜色会变深、变脏;混凝土中氢氧化钙、硫酸钠等可溶性盐又再次被溶解,这些可溶性盐被水带至混凝土表面并析出晶体,表面再次出现"泛白",造成混凝土二次泛碱[1],对混凝土饰面性能造成不良影响。因此混凝土表面抵抗污物保持其原有颜色和光泽的能力是混凝土经久常新,长期保持装饰效果的重要保证。

通常在混凝土中加入掺合料,在提高混凝土强度的同时能减少混凝土内部氢氧化钙等可溶性盐的数量,有效细化混凝土孔隙结构,改善界面强度、降低混凝土的孔隙率;还可采用较小水胶比及在混凝土表面涂刷防护剂等措施来减少渗水通路,减少混凝土毛细吸水率,减少水分蒸发,从而减少泛碱,提高混凝土饰面性能。

20.2　混凝土防护要求

混凝土自身是一种亲水性材料,当混凝土表面的孔隙与水接触时,混凝土表面容易被水吸附、润湿,使得混凝土表面吸水率较高。混凝土防护剂喷涂或涂刷在混凝土表面,能够渗透到混凝土内部或表面形成一道保护屏障,可以大幅降低混凝土吸水率,从而提高混凝土防水性能,减小表面泛碱。

1. 防护剂作用机理

混凝土防护剂的作用机理主要有物理方式和化学方式,物理方式是混凝土防护涂层自身形成的膜能阻挡腐蚀介质进入到混凝土内部;化学方式是混凝土防护剂能渗入到混凝土内部,与水泥水化产物发生反应生成新物质,填充到内部孔隙中,堵塞腐蚀介质侵入的通道[2]。物理方式的防护剂属于成膜型,其涂刷在混凝土表面一般形成一层带有一层光泽致密的膜,对于不需要光泽的混凝土产品有一定的质感影响,可以有效阻止水分进入到混凝土的内部,但也阻碍了混凝土的透气性。渗透型防护剂应用最为普遍,主要通过从混凝土的表面孔隙渗入到内部,与混凝土发生化学反应,形成憎水层,其疏水基团的斥水作用可以有效地起到防水作用,对混凝土表面的质感色泽没有显著影响。

2. 防护剂品种及性能

防护剂的种类繁杂，性能各有优势，防护剂材料的选择应着重关注其渗透性能、抗紫外线性能、抗酸碱侵蚀性能、表干时间和固化时间等参数[3]。防护剂按材料颜色可分为着色型和半透明型；按作用机理可分为渗透型和成膜型；按原料类型可分为有机硅型、丙烯酸树脂型和氟碳型（如表 20-1 所示）。渗透型防护剂根据溶剂类型还可分为油性防护剂和水性防护剂，水性防护剂是以水作为防护剂中有效成分的分散介质，可挥发有机物较低，对施工人员的危害性较小，比较环保；油性防护剂是以易挥发性有机溶剂作为分散介质，挥发的溶剂会对人体造成伤害，在施工过程中容易对环境造成污染。

常用防护剂 表 20-1

类型	原理	优缺点
有机硅树脂	有机硅能过水解脱醇、缩聚交联形成三维网络有机硅树脂，然后终端羟基同混凝土缩合，从而使它牢固地和基材连接起来，其非极性的有机基团排列向外形成立体憎水层	其优点是具有较好的耐久性、环保性、装饰性、耐污性、透气性及耐碱性等优点，同时也存在着纯有机硅树脂固化温度高、不利于大面积施工、高温力学性能差等缺点
丙烯酸树脂	属于亲水基团的大分子材料丙烯酸	该类涂料为水溶性，透明度高、耐腐蚀、健康环保、便于施工，涂膜性能优异，是常用的涂层材料。通过选择不同的树脂品种，使用寿命可达 5～15 年。缺点就是耐久性偏弱，在涂装 3～5 年后，墙体颜色逐渐发黄，吸湿（水）会非常严重，加速混凝土的碳化
氟碳聚合物	由于引入的氟元素电负性大，碳氟键能强，具有特别优越的各项性能	耐候、耐久性好，使用寿命可达 15～20 年；耐污染性、化学稳定性好，雨水冲刷后墙面涂层如同新刷一般；附着力强，不用底涂可直接涂饰；可常温干燥，施工性好。氟树脂涂料性能虽好，但价格昂贵，限制了氟树脂涂料的推广应用领域

20.3 混凝土表面缺陷修复

混凝土跨季节、跨年度施工，浇筑过程历时较长，需用不同性能的外加剂来保证混凝土的施工性。混凝土泌水、含气量较大，模板支撑体系及工人操作水平不同，拆模后会出现参差不同的效果，导致混凝土颜色不一致，容易出现色差、蜂窝、麻面、错台、裂缝及胀模等各种表面缺陷。

混凝土防护剂施涂前应修复好混凝土表面缺陷，通过修补混凝土外观，在其表面涂刷防护剂，才能维持混凝土原有装饰效果的耐久性，达到设计要求的美观度。根据具体修补部位及实际情况采用不同修补材料和修补方案。使用合适打磨工具，清除混凝土表面尘土、粉末及附着物，清理后的混凝土表面应光滑平整，无灰尘浮浆、无油迹锈斑、无霉点及盐类析出物等污物。混凝土修补、清理至涂装前，可用塑料布保护起来，所有修补效果应尽量接近现浇混凝土表面效果。修补后的混凝土整体上要求面层基本平整，颜色自然，阴阳角的棱角整齐平直。蝉缝原则上不进行修补，以免破坏蝉缝的自然效果；对严重影响外观效果的明显缺陷需要采用修补材料进行调色、修复，混凝土修复后无明显色差及修复痕迹，尽量保持混凝土原有肌理，使之接近现浇混凝土表面效果，并起到提高耐久性的作用。

1. 混凝土调色

为确保修补部位的颜色及外观效果尽可能接近原混凝土，应先做试配，采用相同品种、相同强度等级的水泥配制成与现场混凝土颜色接近的修补材料，也可以从专业厂家订购修补材料。修补材料选用标准是颜色与现场混凝土基本一致，高强度、无收缩。在修补时，应先清除混凝土表面的浮浆和松动砂子，将修补材料颜色与周围混凝土颜色调成一致，再用调配好的修补材料修补外表面。针对混凝土浇注时产生的施工色差（如施工接缝，脱模剂残留，浇注污染等造成的色差）和缺陷修补后造成的色差，可人工对存在的色差进行局部修补，或采用混凝土专用色差修复剂对上述色差部分进行弱化色差的调整，修复后用细砂纸将整个修复表面均匀打磨，用水冲洗干净，并进行适当养护。对流水痕迹、修补痕迹进行部分或全面调整，然后统一调整整体混凝土表面使混凝土表面整体上达到颜色均匀，无明显修补和调整痕迹，保持混凝土原有的自然肌理和质感。彩色混凝土修复后要求达到表面平整光洁，颜色均一，5m 内看不出明显修复痕迹和色差[4]。

2. 修补措施

混凝土的缺陷主要有麻面、蜂窝、漏筋、孔洞、松顶、墙梁表面凹凸鼓胀、缺棱掉角。对混凝土表面油迹、锈斑、明显裂缝、流淌及冲刷污染痕迹等明显缺陷需进行表面处理；明显的蜂窝、麻面和孔洞、露筋等现象需要做修补处理。所有修补工艺尽量保持混凝土的原貌，无明显处理痕迹；所有修补部位必须用防护剂完全覆盖，不留渗水隐患。

（1）蜂窝麻面

浇水充分湿润混凝土麻面部分后，再用与混凝土强度等级相当的砂浆将麻面抹平压光，使颜色一致。修补完后，用草帘或草袋覆盖在修补部位进行保湿养护。混凝土表面直径大于 4mm 以上的蜂窝孔洞和宽度大于 0.3mm 的裂缝需进行填充修补，对于一些较小的缺陷，如小于 4mm 孔洞和小于 0.3mm 的裂缝基本不做修补，以修补越少越好为原则。小蜂窝用水洗刷干净后用 1:2 或 1:2.5 水泥砂浆压实抹平；对较大的蜂窝，先凿去蜂窝处薄弱松散的混凝土和突出的颗粒，刷洗干净后支模，再用高一强度等级的细石混凝土填塞捣实，并认真养护。采用经过调配后的修补材料，对蜂窝比较集中的地方进行统一修补，修补材料的颜色应与混凝土的表面颜色尽可能一致，如果难以达到一致，其颜色应比混凝土表面颜色稍浅。

（2）漏筋孔洞

对构件表面漏筋部位冲洗干净后，用 1:2 的水泥砂浆将漏筋部位抹平压实，如漏筋较深，应将薄弱混凝土和突出的颗粒凿去，洗刷干净后，用专用灌浆料填塞严实，并认真养护。将孔洞周围松散的混凝土和软弱浆膜凿除，用压力水冲洗，支设带托盒的模板，洒水湿润后，用比结构混凝土高一个强度等级的细石混凝土仔细分层浇筑，强力捣实，并养护。

（3）凹凸鼓胀

混凝土表面的凹凸、鼓胀不影响结构质量时，待其强度达到 50% 后凿去，然后用 1:2 水泥砂浆抹平表面。凡影响结构受力性能时，应研究编写处理方案后，再进行处理。错台部位应尽量铲平，确实需要砂轮机磨平的，磨后需要用调色后的水泥浆修补平整。

（4）缺棱掉角

混凝土构件有较小缺棱掉角的部位，可将该处松散石子凿除，用钢丝刷刷干净，然后用清水冲洗后并充分湿润，用水泥砂浆抹补齐整；混凝土构件有较大缺棱掉角的部位，冲洗剔凿清理后，重新支模，用高一个强度等级的细石混凝土填灌捣实，并养护。

（5）裂缝修补

缝隙、细小裂缝采用薄薄刷一层腻子的方式进行修补，干燥后用砂纸打平；对于大的裂缝，可将裂缝部位凿成"V"形槽，清扫干净后嵌填防水砂浆，干燥后用水泥砂纸打磨平整（详细内容可参考第 16.4 节 2. 内容）。

20.4　防护剂施工工艺

防护剂应在晴朗天气进行施工，施工现场环境温度不得低于 5℃，避免大风、大雾、阴雨天施工，雨前 6h 或雨后 24h 内严禁施工。防护剂应避免阳光直射，并储存在阴凉、干燥、无冻害处。通常在混凝土干燥后再进行施工，这时混凝土表面含水率较低时，有利于防充分吸收护剂。

防护剂可采用喷涂、辊涂和刷涂等多种施工工艺，这几种施工工艺对防护剂本身的流变性要求不一样，需要根据具体的施工工艺来选择合适的防护剂稀释比。建议分两次刷涂防护剂，每层之间要达到规定的干燥时间，要求涂刷的防护剂厚薄均匀一致，避免露底漏涂、多涂，严格按照施工工艺进行，涂刷遍数可根据现场需要酌情增减。

1. 底涂施工

在干净平整的混凝土上，滚涂一遍封闭底漆，增加与基层的结合力，混凝土封闭底漆施工前要严格按照规定的比例进行稀释，并对底漆充分搅拌均匀。混凝土封闭底漆施工时应先小面后大面，从上而下均匀涂刷一遍，确保无漏涂、流挂，防止泛碱。

2. 润色施工

采用色差修复剂先对混凝土表面微细裂纹和明显瑕疵部位进行局部封闭，调制的颜色与现场混凝土相匹配，用色差修复剂进行润色处理，待混凝土干透后，进行色差修复剂整体涂装，涂层应薄而均匀并形成色泽一致的外观。待涂刷的色差修复剂干燥养护 3 天后即可投入使用。

3. 面涂施工

润色施工完成的质量满足要求，待其干燥后进行面涂施工，均匀涂刷面层，无漏涂即可。面涂应严格按照厂家指定的材料和稀释比，并充分搅拌均匀。在底漆施工完毕 12h 后，可以进行第一遍面漆施工。面涂施工应自上而下，先小面后大面，不同颜色应使用不同施工工具，避免混色。

第一遍面涂施工结束 12h 后方可进行第二遍面涂施工。第二遍面涂要求涂刷均匀，施工后应达到色泽一致，无流挂、漏底，阴阳角处无积料的效果。如果面漆需要施工修补，应在第二遍面涂施工前尽量采用与以前批号相同的产品，避免色差。

4. 检查验收

防护剂的品种、型号和性能应符合设计要求。防护工程的颜色、图案应符合设计要求。防护工程应涂刷均匀、粘结牢固，不得漏涂、透底、起皮和掉粉。防护工程的基层处理腻子应平整、坚实、牢固，无粉化、起皮和裂缝。防护剂涂刷作业结束后，应对饰面进行必要的保护，防止外用吊篮拆除时污染防护面，影响涂刷效果。在气温 25℃左右，涂膜型防护剂保持在物体表面 7d 后能达到最佳性能，在此期间尽可能减少对涂膜表面的污染、磕碰，避免因局部修补出现的印迹影响整体效果。

参 考 文 献

［1］王培铭，朱绘美，张国防. 水泥砂浆表面碱浸出率表征泛白程度的研究，商品砂浆的理论与实践，148-153.

［2］徐锦平. 盐碱干燥大温差环境下桥梁混凝土结构腐蚀机理与防护研究［D］. 武汉：武汉理工大学，2008：47-54.

［3］胡洋，付效铎，李云杰. 清水混凝土表面修复与防护［J］. 天津建设科技. 第 27 卷第 5 期.

［4］程景铭，杨建达，郭京旭. 彩色建筑混凝土在施工中的应用［J］. 建筑技术. 2005 年第 10 期，745-747.